数据库技术丛书

Oracle 19c
从入门到精通

视频教学
超值版

王英英 编著

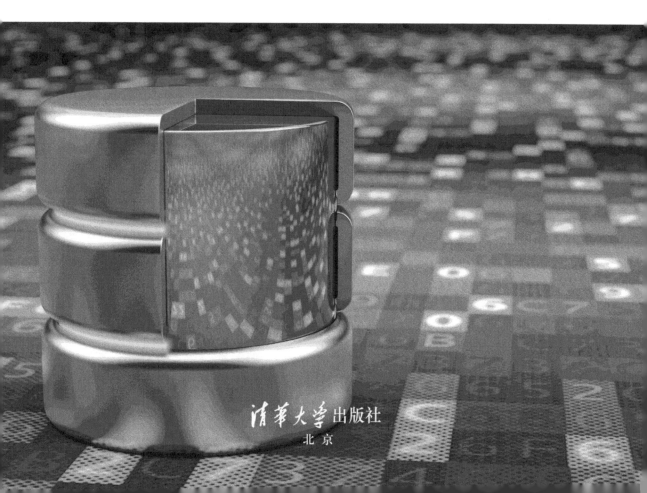

清华大学出版社
北京

内 容 简 介

本书主要介绍 Oracle 的安装与配置、数据库的创建、数据表的创建、数据类型和运算符、Oracle 函数、查询数据、数据表的操作（插入、更新与删除数据）、视图、PL/SQL 编程、存储过程和函数、触发器、游标、管理表空间、事务与锁、安全管理、控制文件和日志、数据备份与还原、日志、性能优化、Java 操作 Oracle 数据库等。本书最后通过 3 个综合案例的数据库设计进一步讲述 Oracle 在实际工作中的应用，重点介绍 Oracle 的安装与配置、数据类型和运算符以及数据表的操作。本书注重实战操作，帮助读者循序渐进地掌握 Oracle 中的各项技术。

本书共有 480 个实例，还配有大量的经典习题。配套下载资源中赠送了培训班形式的视频教学录像，详细讲解每一个数据库操作的方法和技巧，同时提供所有示例源代码，读者可以直接查看和使用。

本书适合 Oracle 数据库初学者、Oracle 数据库开发人员和 Oracle 数据库管理员学习，同时也能作为高等院校计算机相关专业师生的教学用书。

图书在版编目（CIP）数据

Oracle 19c 从入门到精通：视频教学超值版 / 王英英编著.—北京：清华大学出版社，2021.7（2024.8重印）
（数据库技术丛书）
ISBN 978-7-302-58260-1

Ⅰ. ①O… Ⅱ. ①王… Ⅲ. ①关系数据库系统 Ⅳ. ①TP311.138

中国版本图书馆 CIP 数据核字（2021）第 105735 号

责任编辑：夏毓彦
封面设计：王 翔
责任校对：闫秀华
责任印制：杨 艳

出版发行：清华大学出版社
   网 址：https://www.tup.com.cn, https://www.wqxuetang.com
   地 址：北京清华大学学研大厦 A 座   邮 编：100084
   社 总 机：010-83470000   邮 购：010-62786544
   投稿与读者服务：010-62776969，c-service@tup.tsinghua.edu.cn
   质 量 反 馈：010-62772015，zhiliang@tup.tsinghua.edu.cn
印 装 者：三河市君旺印务有限公司
经 销：全国新华书店
开 本：190mm×260mm   印 张：23.75   字 数：608 千字
版 次：2021 年 8 月第 1 版   印 次：2024 年 8 月第 5 次印刷
定 价：89.00 元

产品编号：090574-01

前　　言

本书是面向 Oracle 数据库管理系统初学者的一本高质量的图书。目前国内 Oracle 数据库应用非常广泛，各大知名企业都在高薪招聘技术能力强的 Oracle 开发人员和管理人员。本书在这个背景下，针对初学者量身订做，内容注重实战，通过实例的操作与分析，引领读者快速学习和掌握 Oracle 开发和管理技术。

本书内容

第 1 章主要介绍数据库的技术构成和什么是 Oracle，包括数据库的基本概念和 Oracle 工具。

第 2 章介绍 Oracle 的安装和配置，主要包括 Windows 平台下的安装和配置、如何启动 Oracle 服务、如何卸载 Oracle 等。

第 3 章介绍 Oracle 数据库和数据表的基本操作，包括创建数据库、删除数据库、创建数据表、查看数据表结构、修改数据表和删除数据表。

第 4 章介绍 Oracle 中的数据类型和运算符，以及如何选择数据类型。

第 5 章介绍介绍 Oracle 函数，包括数学函数、字符串函数、日期和时间函数、转换函数、系统信息函数等。

第 6 章介绍如何查询数据表中的数据，主要包括基本查询语句、单表查询、使用集合函数查询、连接查询、子查询、合并查询结果、为表和字段取别名以及使用正则表达式查询。

第 7 章介绍如何插入、更新与删除数据，包括插入数据、更新数据、删除数据。

第 8 章介绍视图，主要介绍视图的概念、创建视图、查看视图、修改视图、更新视图和删除视图等。

第 9 章介绍 PL/SQL 编程，主要介绍 PL/SQL 的基本概念、使用常量和变量、使用表达式、控制结构和语句、异常和函数。

第 10 章介绍存储过程，包括存储过程的创建、调用、查看、修改和删除。

第 11 章介绍 Oracle 触发器，包括创建触发器、查看触发器、修改触发器和删除触发器。

第 12 章介绍游标，包括游标的基本概念、显式游标、隐式游标和游标的综合应用。

第 13 章介绍管理表空间，包括表空间的基本概念、查看表空间、管理表空间、管理临时表空间、管理数据文件等知识。

第 14 章介绍事务与锁，包括事务的基本知识、事务的管理方法和应用案例、锁的基本知识、锁的应用案例等。

第 15 章介绍 Oracle 的安全管理，主要包括 Oracle 中的账户管理、权限管理、角色管理和管理概要文件的知识。

第 16 章介绍控制文件和日志，包括控制文件的基本知识、控制文件的应用案例、日志的基本知识、管理日志文件的方法。

第 17 章介绍数据库备份与还原，主要包括数据备份、数据还原和数据表的导出和导入。

第 18 章介绍 Oracle 性能优化，包括优化简介、优化查询、优化数据库结构和优化 Oracle 服务器。

第 19 章介绍 Java 操作 Oracle 数据库，包括 JDBC 的基本概念、Java 连接数据库、Java 操作 Oracle 数据库。

第 20 章介绍新闻发布系统数据库的设计方法和实现过程。

第 21 章介绍论坛管理系统数据库的设计方法和实现过程。

第 22 章介绍综合购物网站系统的设计方法和实现过程。

本书特色

内容全面：知识点由浅入深，涵盖所有 Oracle 的基础知识点，由浅入深地介绍 Oracle 数据库开发技术。

图文并茂：注重操作，在介绍案例的过程中，每一个操作均有对应的步骤和过程图例的说明。这种图文结合的方式使读者在学习的过程中能够直观、清晰地看到操作的过程以及效果，便于读者更快地理解和掌握。

易学易用：颠覆传统"看"书的观念，变成一本能"操作"的图书。

案例丰富：把知识点融汇于系统的案例实训中，并且结合综合案例进行讲解和拓展。进而达到"知其然，并知其所以然"的效果。

提示技巧：本书对读者在学习过程中可能会遇到的疑难问题以"提示"和"技巧"的形式进行说明，以免读者在学习的过程中走弯路。

超值资源：本书共有 480 个实例的源代码，能让读者在实战应用中掌握 Oracle 的每一项技能。随书赠送培训班形式的视频教学录像，使本书真正体现"自学无忧"，令其物超所值。

源码下载与技术支持

本书配套的资源请用微信扫描右边的二维码获取，也可按扫描出来的页面提示把下载链接转到自己的邮箱中下载。如果学习本书的过程中发现问题，请联系 booksaga@163.com，邮件主题为"Oracle 19c 从入门到精通"。技术支持信息参见下载资源中的相关文件。

读者对象

本书是一本完整介绍 Oracle 数据库技术的教程，内容丰富、条理清晰、实用性强，适合以下读者学习使用：

- Oracle 数据库初学者。
- 对数据库开发有兴趣，希望快速、全面掌握 Oracle 的人员。
- 对其他数据库有一定的了解，想转到 Oracle 平台上的开发者。
- 高等院校相关专业的师生。

鸣谢

　　本书由王英英主创，参加编写的还有张工厂、刘增杰、李小威、胡同夫、刘玉萍、王攀登、王微微、王婷婷、李小威。虽然倾注了编者的努力，但由于水平有限、时间仓促，书中难免有疏漏之处，请读者谅解。如果遇到问题或有意见和建议，敬请与我们联系，我们将全力提供帮助。

编者

2021 年 1 月

目　　录

第1章

初识 Oracle

学习目标 Objective

Oracle 是一款关系数据库管理系统，支持 SQL 语言，运行的硬件平台定位为高端工作站，以及作为服务器的小型计算机，如 IBM P 系列服务器、HP 的 Integrity 服务器和 Sun Fire 服务器等。本章主要介绍数据库的基础知识，通过本章的学习，读者可以了解数据库的基本概念、数据库的构成和 Oracle 的基本知识。

内容导航 Navigation

- 了解什么是数据库
- 掌握什么是数据表、数据类型和主键
- 熟悉数据库的技术构成
- 熟悉什么是 Oracle
- 掌握常见的 Oracle 工具
- 了解如何学习 Oracle

1.1 数据库基础

数据库是由一批数据构成有序的集合，这些数据被存放在结构化的数据表中。数据表之间相互关联，反映了客观事物间的本质联系。数据库系统提供对数据的安全控制和完整性控制。本节将介绍数据库中的一些基本概念，包括数据库的定义、数据表的定义和数据类型等。

1.1.1 什么是数据库

数据库的概念诞生于 60 年前，随着信息技术和市场的快速发展，数据库技术层出不穷，随着应用的拓展和深入，数据库的数量和规模越来越大，其诞生和发展给计算机信息管理带来了一场巨大的革命。

数据库的发展大致划分为 4 个阶段：人工管理阶段、文件系统阶段、数据库系统阶段、高级数据库阶段。其种类大概有 3 种：层次式数据库、网络式数据库和关系式数据库。不同种类的数据库按不同的数据结构来联系和组织。

对于数据库的概念，没有一个完全固定的定义，随着数据库历史的发展，定义的内容也有很大的差异，其中一种比较普遍的观点认为，数据库是一个长期存储在计算机内的、有组织的、共享的、统一管理的数据集合。它是一个按数据结构来存储和管理数据的计算机软件系统。即数据库包含两层含义：保管数据的"仓库"，以及数据管理的方法和技术。

数据库的特点包括：实现数据共享，减少数据冗余；采用特定的数据类型；具有较高的数据独立性；具有统一的数据控制功能。

1.1.2 数据表

在关系数据库中，数据表是一系列二维数组的集合，也简称表，用来存储数据和操作数据的逻辑结构。它由纵向的列和横向的行组成，行被称为记录，是组织数据的单位；列被称为字段，每一列表示记录的一个属性，都有相应的描述信息，如数据类型、数据宽度等。

例如，一个有关人员信息的 person 表中，每个列包含所有人员的某个特定类型的信息，比如"姓名"，而每行则包含某个特定人员的所有信息：编号、姓名、性别、专业，如图 1-1 所示。

图 1-1　person 表的结构与记录

1.1.3 数据类型

数据类型决定了数据在计算机中的存储格式，代表不同的信息类型。常用的数据类型有整数数据类型、浮点数数据类型、精确小数类型、二进制数据类型、日期/时间数据类型、字符串数据类型。

数据表中的每一个字段就是某种指定的数据类型，比如图 1-1 中的"编号"字段为整数数据，

"性别"字段为字符型数据。

1.1.4 主键

主键（PRIMARY KEY）又称主码，用于唯一地标识数据表中的每一条记录。可以定义数据表中的一列或多列为主键，主键列上不能有两行相同的值，也不能为空值。假如，定义 authors 表，该表给每一个作者分配一个"作者编号"，该编号作为数据表的主键，如果出现相同的值，就提示错误，系统不能确定查询的究竟是哪一条记录；如果把作者的"姓名"作为主键，就不能出现重复的名字，这与现实不符，因此"姓名"字段不适合作为主键。

1.2 数据库技术构成

数据库系统由硬件部分和软件部分共同构成，硬件主要用于存储数据库中的数据，包括计算机、存储设备等。软件部分则主要包括 DBMS、支持 DBMS 运行的操作系统以及支持多种语言进行应用开发的访问技术等。本节将介绍数据库的技术构成。

1.2.1 数据库系统

数据库系统有 3 个主要的组成部分，分别说明如下：

- 数据库：用于存储数据的地方。
- 数据库管理系统：用于管理数据库的软件。
- 数据库应用程序：为了提高数据库系统的处理能力所使用的管理数据库的补充软件。

数据库提供了一个存储空间用以存储各种数据，可以将数据库视为一个存储数据的容器。一个数据库可能包含许多文件，一个数据库系统中通常包含许多数据库。

数据库管理系统（Database Management System，DBMS）是用户创建、管理和维护数据库时所使用的软件，位于用户与操作系统之间，对数据库进行统一管理。DBMS 能定义数据存储结构，提供数据的操作机制，维护数据库的安全性、完整性和可靠性。

数据库应用程序（Database Application）虽然已经有了 DBMS，但是在很多情况下，DBMS 无法满足对数据管理的要求。数据库应用程序的使用可以满足对数据管理的更高要求，还可以使数据管理过程更加直观和友好。数据库应用程序负责与 DBMS 进行通信，访问和管理 DBMS 中存储的数据，允许用户插入、修改、删除 DB 中的数据。

数据库系统如图 1-2 所示。

图 1-2　数据库系统

1.2.2　SQL 语言

SQL（Structured Query Language，结构化查询语言）是对数据库进行查询和修改操作的语言。SQL 有许多不同的类型，有 3 个主要的标准：ANSI（美国国家标准机构）SQL；对 ANSI SQL 修改后在 1992 年采纳的标准，称为 SQL-92 或 SQL2；最近的 SQL-99 标准，SQL-99 标准从 SQL2 扩充而来，并增加了对象关系特征和许多其他新功能。其次，各大数据库厂商提供不同版本的 SQL，这些版本的 SQL 不但能包括原始的 ANSI 标准，而且在很大程度上支持新推出的 SQL-92 标准。

SQL 语言包含以下 4 部分：

（1）数据定义语言（DDL）：DROP、CREATE、ALTER 等语句。

（2）数据操作语言（DML）：INSERT（插入）、UPDATE（修改）、DELETE（删除）语句。

（3）数据查询语言（DQL）：SELECT 语句。

（4）数据控制语言（DCL）：GRANT、REVOKE、COMMIT、ROLLBACK 等语句。

下面是一条 SQL 语句的例子，该语句创建一个名为 students 的数据表：

```
CREATE TABLE students
(
   student_id number (11),
   name VARCHAR2(30),
   sex CHAR(2),
   PRIMARY KEY (student_id)
);
```

该数据表包含 3 个字段，分别为 student_id、name、sex，其中 student_id 定义为数据表的主键。

现在只是定义了一个数据表，并没有任何数据，下面这条 SQL 语句将在 students 表中插入一条数据记录：

```
INSERT INTO students (student_id, name, sex, birth)
VALUES (41048101, 'Lucy Green', '1');
```

成功执行完该 SQL 语句之后，students 表中就会增加一条新记录，该记录中 student_id 字段的值为 41048101，name 字段的值为 Lucy Green，sex 字段的值为 1。

再使用 SELECT 查询语句获取刚才插入的数据，如下：

```
SELECT name FROM students WHERE student_id = 41048101;

NAME
----------------
Lucy Green
```

上面简单列举了常用的数据库操作语句，给读者一个直观的印象，如果有些读者目前还不能理解，那么不用担心，因为接下来我们会在学习 Oracle 的过程中详细介绍这些知识。

1.2.3　数据库访问技术

不同的程序设计语言会有各自不同的数据库访问技术，程序设计语言通过这些技术执行 SQL 语句来对数据库进行管理。主要的数据库访问技术有：

1. ODBC

ODBC（Open Database Connectivity，开放数据库互连）技术为访问不同的 SQL 数据库提供了一个共同的接口。ODBC 使用 SQL 作为访问数据的标准。这一接口提供了最大限度的互操作性：一个应用程序可以通过共同的一组代码访问不同的 SQL 数据库管理系统（DBMS）。

一个基于 ODBC 的应用程序对数据库的操作不依赖任何 DBMS，即不直接与 DBMS 打交道，所有对数据库的操作均由不同 DBMS 所对应的 ODBC 驱动程序来完成。也就是说，不论是 Access、Oracle 还是 Oracle 数据库，均可用 ODBC API 来访问。由此可见，ODBC 的最大优点是能以统一的方式操作所有的数据库。

2. JDBC

JDBC（Java Database Connectivity，Java 数据库连接）是 Java 应用程序连接数据库的标准方法，是一种用于执行 SQL 语句的 Java API，可以为多种关系数据库提供统一访问，它由一组用 Java 语言编写的类和接口组成。

3. ADO.NET

ADO.NET 是微软在.NET 框架下开发设计的一组用于和数据源进行交互的面向对象类库。ADO.NET 提供了对关系数据、XML 和应用程序数据的访问，允许和不同类型的数据源以及数据库进行交互。

4. PDO

PDO（PHP Data Object）为 PHP 访问数据库定义了一个轻量级的、一致性的接口，它提供了一个数据访问抽象层。这样，无论使用什么数据库，都可以通过一致的函数执行查询和获取数据。PDO 是 PHP 5 新加入的一个重大功能。

1.3　熟悉新版 Oracle 19c

Oracle 数据库是积聚了众多领先性的数据库系统，在集群技术、高可用性、商业智能、安全性、系统管理等方面都领跑业界。Oracle 是一个大型关系数据库管理系统，目前已经成为企业级开发的首选。本节主要介绍 Oracle 数据库的发展历程和 Oracle 19c 的新功能。

1.3.1　Oracle 的发展历程

Oracle 是由甲骨文公司开发出来的，并于 1989 年正式进入中国市场，成为第一家进入中国的世界软件巨头。Oracle 发展历程大致如下：

1977 年，Larry Ellison、Bob Miner 和 Ed Oates 等人组建了 Relational 软件公司（Relational Software Inc.，RSI），他们决定使用 C 语言和 SQL 界面构建一个关系数据库管理系统（Relational Database Management System，RDBMS），并很快发布了第一个版本（仅是原型系统）。

1979 年，RSI 首次向客户发布了产品，即第 2 版。该版本的 RDBMS 可以在装有 RSX-11 操作系统的 PDP-11 机器上运行，后来又移植到了 DEC VAX 系统。

1983 年，发布的第 3 个版本中加入了 SQL 语言，而且性能也有所提升，其他功能也得到了增强。与前几个版本不同的是，这个版本是完全用 C 语言编写的。同年，RSI 更名为 Oracle Corporation，也就是今天的 Oracle 公司。

1984 年，Oracle 的第 4 版发布。该版本既支持 VAX 系统，又支持 IBM VM 操作系统。这也是第一个加入读一致性（Read-Consistency）的版本。

1985 年，Oracle 的第 5 版发布。该版本可称作是 Oracle 发展史上的里程碑，因为它通过 SQL*Net 引入了客户端/服务器的计算机模式，同时它也是第一个打破 640KB 内存限制的 MS-DOS 产品。

1988 年，Oracle 的第 6 版发布。该版本除了改进性能、增强序列生成与延迟写入（Deferred Writes）功能以外，还引入了底层锁。除此之外，该版本还加入了 PL/SQL 和热备份等功能。这时 Oracle 已经可以在许多平台和操作系统上运行。

1991 年，Oracle RDBMS 的 6.1 版在 DEC VAX 平台中引入了 Parallel Server 选项，很快该选项也可用于许多其他平台。

1992 年，Oracle 7 版本发布。Oracle 7 在对内存、CPU 和 I/O 的利用方面做了许多体系结构上的变动，这是一个功能完整的关系数据库管理系统，在易用性方面也做了许多改进，引入了 SQL*DBA 工具和 Database 角色。

1997 年，Oracle 8 版本发布。Oracle 8 除了增加许多新特性和管理工具以外，还加入了对象扩展（Object Extension）特性（开始用于 Windows 系统，以前的版本都是在 UNIX 环境下运行的）。

2001 年，Oracle 9i Release 1 版本发布。这是 Oracle 9i 的第一个发行版，包含 RAC（Real Application Cluster）等新功能。

2002 年，Oracle 9i Release 2 版本发布，它在 Release 1 的基础上增加了集群文件系统（Cluster File System）等特性。

2004 年，针对网格计算的 Oracle 10g 版本发布。该版本中 Oracle 的功能、稳定性和性能的实现都达到了一个新的水平。

2007 年 7 月 12 日，甲骨文公司推出了新数据库软件 Oracle 11g，Oracle 11g 有 400 多项功能，经过了 1500 万个小时的测试，开发工作量达到了 3.6 万人/月。相对过往的版本而言，Oracle 11g 具有与众不同的特性。

2013 年 6 月 26 日，Oracle Database 12c 版本发布，12c 里面的 c 代表 cloud，即"云计算"的意思。

2018 年 2 月 16 日，Oracle Database 版本 18c 发布，它是广受欢迎的数据库的新一代产品，目前已在 Oracle Exadata 和 Oracle 数据库云上推出。

目前，Oracle 数据库的新版本是 Oracle Database 19c，在 Oracle Database 19c 中，自动化索引创建和实施技术被引入进来，同时通过模拟人工索引的思路建立了内置专家系统。

Oracle 数据库系统在银行业使用较多。Oracle 数据库产品是当前数据库技术的典型代表，除了数据库系统外，还有应用系统和开发工具等。

1.3.2　Oracle 19c 版本的新功能

新版 Oracle Database 19c 汇集了参会者最多的目光，Larry Ellison 也在开幕演讲中重点介绍了 19c 的一些新特性。在学习 Oracle Database 19c 之前，数据库管理员需要提前了解它的一些新功能、新特性。

（1）PL/SQL 性能增强：类似在匿名块中定义过程，现在可以通过 WITH 语句在 SQL 中定义一个函数，采用这种方式可以提高 SQL 调用的性能。

（2）改善了 Defaults（默认值）：可以为自增列、空的数据列指定默认值，还可以在增加一个新列时指定默认值。与 11g 版本不同的是，11g 的 default 值要求 NOT NULL（非空）列。

（3）放宽了多种数据类型的长度限制：增加 VARCHAR2、NVARCHAR2 和 RAW 类型的长度到 32KB，要求兼容性设置为 19.0.0.0 以上，且设置初始化参数 MAX_SQL_STRING_SIZE 为 EXTENDED，这个功能不支持 CLUSTER 表和索引组织表。最后，这个功能并不是真正改变了 VARCHAR2 的限制，而是通过 OUT OF LINE 的 CLOB 实现。

（4）TOP N 的语句实现：在 SELECT 语句中使用 FETCH next N rows 或者 OFFSET 可以指定前 N 条或前百分之多少的记录。

（5）行模式匹配：类似分析函数的功能，可以在行间进行匹配判断并进行计算。在 SQL 中，新的模式匹配语句是 match_recognize。

（6）分区改进：Oracle Database 19c 中对分区功能做了较多的调整，其中共分成 6 部分：

- INTERVAL-REFERENCE 分区：把 11g 的 interval 分区和 reference 分区相结合，这样主表自动增加一个分区后，所有的子表、孙子表、重孙子表、重重孙子表……都可以自动随着外接列新数据的增加，自动创建新的分区。

- TRUNCATE 和 EXCHANGE 分区及子分区：无论是 TRUNCATE 还是 EXCHANGE 分区，在主表上执行，都可以级联地同时运行于子表、孙子表、重孙子表、重重孙子表……。对于 TRUNCATE 而言，所有表的 TRUNCATE 操作在同一个事务中，如果中途失败，就会回滚到命令执行之前的状态。这两个功能通过关键字 CASCADE 实现。

- 在线移动分区：通过 MOVE ONLINE 关键字实现在线分区移动。在移动的过程中，对数据表和被移动的分区可以执行查询、DML 语句以及分区的创建和维护操作。整个移动过程对应用透明。这个功能极大地提高了整体可用性，缩短了分区维护窗口。

- 多个分区同时操作：可以对多个分区同时进行维护操作，比如将一年的 12 个分区 MERGE 到 1 个新的分区中，比如将一个分区 SPLIT（分割）成多个分区。可以通过 FOR 语句指定操作的每个分区，对于 RANGE 分区而言，也可以通过 TO 来指定处理分区的范围。多个分区同时操作自动并行完成。

- 异步全局索引维护：对于非常大的分区表而言，UPDATE GLOBAL INDEX 不再是痛苦的事情。Oracle 可以实现异步全局索引维护的功能，即使是几亿条记录的全局索引，在分区维护操作（比如 DROP 或 TRUNCATE）后，仍然是 VALID 状态，索引不会失效，不过索引的状态是包含 OBSOLETE 数据，当维护操作完成时，索引状态恢复。

- 部分本地和全局索引：Oracle 的索引可以在分区级别定义。无论是全局索引还是本地索引，都可以在分区表的部分分区上建立，其他分区上则没有索引。当通过索引列访问全表数据时，Oracle 通过 UNION ALL 来实现，一部分通过索引扫描，另一部分通过全分区扫描。这样可以减少对历史数据的索引量，极大地增加了灵活性。

（7）Adaptive 执行计划：拥有学习功能的执行计划。Oracle 会把实际运行过程中读取到的返回结果进行判断，以确定进一步的执行计划，因此统计信息不准确或查询的真正结果与计算结果不准时，可以得到更好的执行计划。

（8）统计信息增强：增加了动态统计信息收集，使得动态统计信息收集的功能更强；增加了混合统计信息，用以支持包含大量不同值且个别值数据倾斜的情况；添加了数据加载过程收集统计信息的能力；对于临时表增加了会话私有统计信息。

（9）临时 UNDO：将临时段的 UNDO 独立出来，放到 TEMP 表空间中，优点包括：减少 UNDO 产生的数量，减少 REDO 产生的数量，在 ACTIVE DATA GUARD 上允许对临时表进行 DML 操作。

（10）数据优化：新增了 ILM（数据生命周期管理）功能，添加了"数据库热图"（Database Heat Map），可以在视图中直接看到数据的利用率，找到哪些数据是最"热"的数据。可以自动实现数据的在线压缩和数据分级，其中数据分级可以在线将指定时间内的数据文件转移到归档存储，可以将数据表定时转移至归档文件，也可以实现在线的数据压缩。

（11）应用连续性：Oracle Database 19c 之前 RAC 的 FAILOVER 只能做到 SESSION 和 SELECT 级别，对于 DML 操作无能为力，当设置为 SESSION 时，进行到一半的 DML 自动回滚；而对于 SELECT，虽然 FAILOVER 可以不中断查询，但是对于 DML 的问题更甚之，必须要手工回滚。而 Oracle Database 19c 中，Oracle 终于支持事务的 FAILOVER。

（12）Oracle Pluggable Database：Oracle PDB 体系结构由一个容器数据库（CDB）和多个可组装式数据库（PDB）构成，PDB 包含独立的系统表空间和 SYSAUX 表空间等，但是所有 PDB 共享 CDB 的控制文件、日志文件和 UNDO 表空间。

1.3.3 Oracle 数据库的优势

Oracle 的主要优势如下：

（1）速度：运行速度快。

（2）稳定性：Oracle 是目前数据库中稳定性非常好的数据库。

（3）共享 SQL 和多线索服务器体系结构：Oracle 7.x 以来引入了共享 SQL 和多线索服务器体系结构。这减少了 Oracle 的资源占用，并增强了 Oracle 的能力，使之在低档软硬件平台上用较少的资源就可以支持更多的用户，而在高档平台上可以支持成百上千个用户。

（4）可移植性：能够工作在不同的系统平台上，例如 Windows 和 Linux 等。

（5）安全性强：提供了基于角色（ROLE）分工的安全保密管理。在数据库管理功能、完整性检查、安全性、一致性方面都有良好的表现。

（6）支持类型多：支持大量多媒体数据，如二进制图形、声音、动画以及多维数据结构等。

（7）方便管理数据：提供了新的分布式数据库能力。可通过网络较方便地读写远端数据库中的数据，并有对称复制的技术。

1.4 了解 Oracle 工具

Oracle 数据库管理系统提供了许多命令行工具，这些工具可以用来管理 Oracle 服务器、对数据库进行访问控制、管理 Oracle 用户以及数据库备份和恢复工具等。而且 Oracle 提供图形化的管理工具，这使得对数据库的操作更加简单。本节将为读者介绍这些工具的作用。

1.4.1 SQL Plus

客户端工具。在 SQL Plus 中，可以运行 SQL Plus 命令与 SQL 语句。

通常所说的 DML、DDL、DCL 语句都是 SQL 语句，它们执行完后，都可以保存在一个被称为 SQL Buffer 的内存区域中，并且只能保存一条最近执行的 SQL 语句，可以对保存在 SQL Buffer 中的 SQL 语句进行修改，然后再次执行，SQL Plus 一般都与数据库打交道。

除了 SQL 语句外，在 SQL Plus 中执行的其他语句称为 SQL Plus 命令。它们执行完成后，不保存在 SQL Buffer 的内存区域中，一般用来对输出的结果进行格式化显示，以便于制作报表。

SQL Plus 是目前常用的工具，具有很强的功能，主要功能如下：

（1）数据库的维护，如启动、关闭等，这一般在服务器上操作。

（2）执行 SQL 语句。

（3）执行 SQL 脚本。

（4）数据导出为报表。

（5）应用程序开发、测试 SQL。

（6）生成新的 SQL 脚本。

（7）供应用程序调用，如在安装程序中进行脚本的安装。

（8）用户管理及权限维护等。

SQL Plus 的运行界面如图 1-3 所示。

图 1-3　SQL Plus 的运行界面

1.4.2　Oracle SQL Developer

Oracle SQL Developer 是 Oracle 公司出品的一个免费的集成开发环境。使用 SQL Developer 可以浏览数据库对象、运行 SQL 语句和脚本、编辑和调试 PL/SQL 语句。另外，还可以创建执行和保存报表。Oracle SQL Developer 可以连接任何 Oracle 9.2.0.1 或者以上版本的 Oracle 数据库，支持 Windows、Linux 和 Mac OS X 系统。

Oracle 19c 系统不自带 SQL Developer 开发工具，要想使用则需要下载并安装，具体操作步骤如下：

01 在地址栏中输入 SQL Developer 工具的下载地址：https://www.oracle.com/tools/downloads/sqldev-v192-downloads.html，进入下载页面，如图 1-4 所示。

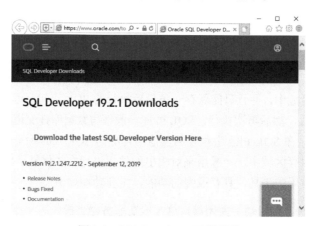

图 1-4　SQL Developer 下载页面

02 选择适合自己计算机系统的版本进行下载。这里选择第一项，包含 JDK 8 安装包，如图 1-5 所示。

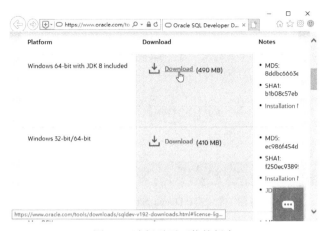

图 1-5 选择需要下载的版本

03 下载完成后，直接解压进行安装即可。在解压包下找到 sqldeveloper.exe 并双击之，启动后默认只能连接 Oracle 数据库，如图 1-6 所示。

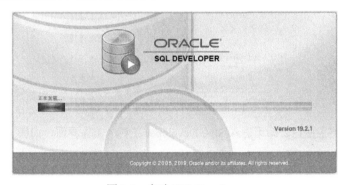

图 1-6 启动 SQL Developer

04 在启动的过程中会弹出【确认导入首选项】对话框，在其中单击【否】按钮，如图 1-7 所示。

图 1-7 【确认导入首选项】对话框

05 开始启动 SQL Developer，并显示启动的进度，如图 1-8 所示。

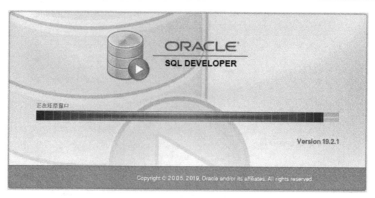

图 1-8　SQL Developer 启动的进度

06 启动完毕后，会弹出【Oracle 使用情况跟踪】对话框，选择【允许自动将使用情况报告给 Oracle(A)】复选框，如图 1-9 所示。

图 1-9　【Oracle 使用情况跟踪】对话框

07 单击【确定】按钮，即可进入 SQL Developer 工具的工作界面，如图 1-10 所示。

图 1-10　【Oracle SQL Developer】窗口

1.5 如何快速掌握 Oracle

在学习 Oracle 数据库之前，很多读者都会问如何才能学习好 Oracle 的相关技能呢？下面就来讲述学习 Oracle 的方法。

1. 培养兴趣

兴趣是最好的老师，不论学习什么知识，兴趣都可以极大地提高学习效率。当然，学习 Oracle 也不例外。

2. 夯实基础

计算机领域的技术非常强调基础，刚开始学习可能还认识不到这一点，随着技术应用的深入，只有有着扎实的基础功底，才能在技术的道路上走得更快、更远。对于 Oracle 的学习来说，SQL 语句是其中最为基础的部分，很多操作都是通过 SQL 语句来实现的。所以在学习的过程中，读者要多编写 SQL 语句，对于同一个功能，使用不同的 SQL 语句来完成，从而深刻理解其不同之处。

3. 及时学习新知识

正确、有效地利用搜索引擎可以搜索到很多关于 Oracle 19c 的相关知识。同时，参考别人解决问题的思路，也可以吸取别人的经验，及时获取新的技术资料。

4. 多实践操作

数据库系统具有极强的操作性，需要多动手上机操作。在实际操作的过程中才能发现问题，并思考解决问题的方法和思路，这样才能提高实战的操作能力。

第 2 章

Oracle 19c 的安装与配置

 学习目标|Objective

在 Windows 平台下安装 Oracle 19c，图形化的安装包提供了详细的安装向导，通过向导，读者可以一步一步地完成对 Oracle 的安装。本章将主要讲述 Windows 平台下 Oracle 的安装和配置过程，最后讲解 Oracle 的完全卸载方法。

 内容导航|Navigation

- 掌握如何在 Windows 平台下安装和配置 Oracle 19c
- 掌握启动服务并登录 Oracle 19c 数据库
- 掌握 Oracle 的完全卸载方法

2.1　下载并安装 Oracle 19c

安装 Oracle 19c 之前，需要到 Oracle 官方网站（www.oracle.com）下载该数据库软件，根据不同的系统下载不同的 Oracle 版本，这里选择 Windows x64 系统的版本，如图 2-1 所示。

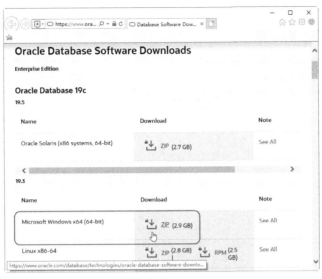

图 2-1　Oracle 下载界面

　　要想在 Windows 中运行 Oracle 19c 的 64 位版，需要 64 位 Windows 操作系统。本书的操作系统为 Windows 10 的 64 位版本。Windows 可以将 Oracle 服务器作为服务来运行。通常，在安装时需要具有系统的管理员权限。

01　双击下载的 setup.exe 文件，提示用户正在启动 Oracle 数据库安装向导，如图 2-2 所示。

图 2-2　检查操作系统

02　稍等片刻，打开【选择配置选项】窗口，选中【仅设置软件】单选按钮，单击【下一步】按钮，如图 2-3 所示。

图 2-3　【选择配置选项】窗口

03 打开【选择数据库安装选项】窗口，在这里选中【单实例数据库安装】单选按钮，单击【下一步】按钮，如图 2-4 所示。

图 2-4 【选择数据库安装选项】窗口

04 打开【选择数据库版本】窗口，在这里选中【企业版】单选按钮，单击【下一步】按钮，如图 2-5 所示。

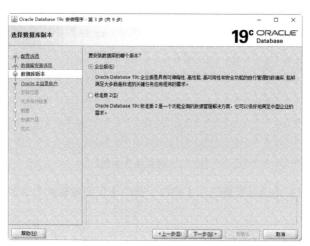

图 2-5 【选择数据库版本】窗口

05 打开【指定 Oracle 主目录用户】窗口，在这里选中【创建新 Windows 用户】单选按钮，在【用户名】文本框中输入用户名，在【口令】或【确认口令】文本框中输入口令，然后单击【下一步】按钮，如图 2-6 所示。

图 2-6　【指定 Oracle 主目录用户】窗口

注　意

Oracle 为了安全起见，要求密码强度比较高，输入的密码 Oracle 认为不能复制，Oracle 建议的标准密码组合为：小写字母+数字+大写字母，当然字符长度还必须保持在 Oracle 19c 数据库要求的范围之内。

06 打开【指定安装位置】窗口，在这里指定 Oracle 数据库的基目录，单击【下一步】按钮，如图 2-7 所示。

图 2-7　【指定安装位置】窗口

07 打开【执行先决条件检查】窗口，开始检查目标环境是否满足最低安装和配置要求，如图 2-8 所示。

图 2-8　【执行先决条件检查】窗口

08 检查完成后进入【概要】窗口，单击【安装】按钮，如图 2-9 所示。

图 2-9　【概要】窗口

09 进入【安装产品】窗口，开始安装 Oracle 文件，并显示具体内容和进度，如图 2-10 所示。

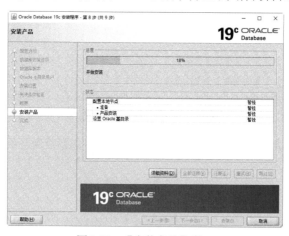

图 2-10　【安装产品】窗口

10 数据库安装成功后，打开【完成】窗口，单击【关闭】按钮，即可完成 Oracle 的安装，如图 2-11 所示。

图 2-11　【完成】窗口

2.2　启动服务并登录 Oracle 数据库

Oracle 安装完毕之后，需要启动服务器进程，不然客户端无法连接数据库，客户端通过命令行工具登录数据库。本节将介绍启动 Oracle 服务器和登录 Oracle 的方法。

2.2.1　配置 Oracle 监听程序

Oracle 19c 数据库软件安装完毕后，还需要配置它的监听程序，具体操作步骤如下：

01 单击【开始】菜单，在弹出的菜单列表中选择【Oracle - OraDB19Home1】→【Net Configuration Assistant】菜单命令，如图 2-12 所示。

02 打开【欢迎使用】对话框，在其中选择【监听程序配置】单选按钮，单击【下一步】按钮，如图 2-13 所示。

图 2-12　选择【Net Configuration Assistant】菜单命令

图 2-13　【欢迎使用】对话框

03 打开【监听程序配置，监听程序】对话框，选择【添加】单选按钮，单击【下一步】按钮，如图 2-14 所示。

04 打开【监听程序配置，监听程序名】对话框，在其中填写监听程序的名称和 Oracle 主目录用户口令，单击【下一步】按钮，如图 2-15 所示。

图 2-14 　【监听程序配置，监听程序】对话框 　　图 2-15 　【监听程序配置，监听程序名】对话框

05 打开【监听程序配置，选择协议】对话框，在【选定的协议】列表框中选择 TCP，单击【下一步】按钮，如图 2-16 所示。

06 打开【监听程序配置，TCP/IP 协议】对话框，选择【使用标准端口号 1521】单选按钮，单击【下一步】按钮，如图 2-17 所示。

图 2-16 　【监听程序配置，选择协议】对话框 　　图 2-17 　【监听程序配置，TCP/IP 协议】对话框

07 打开【监听程序配置，更多的监听程序?】对话框，选择【否】单选按钮，单击【下一步】按钮，如图 2-18 所示。

08 打开【监听程序配置完成】对话框，提示用户监听程序配置完成，单击【下一步】按钮，如图 2-19 所示。

09 打开【欢迎使用】对话框，单击【完成】按钮，即可关闭【欢迎使用】对话框，完成监听程序的配置操作，如图 2-20 所示。

图 2-18　【监听程序配置，更多的监听程序？】对话框

图 2-19　【监听程序配置完成】对话框

图 2-20　关闭【欢迎使用】对话框

2.2.2　启动 Oracle 服务

在前面的配置过程中，已经将 Oracle 安装为 Windows 服务，当 Windows 启动、停止时，Oracle 也自动启动、停止。不过，用户还可以使用图形服务工具来控制 Oracle 服务器。

可以通过 Windows 的服务管理器来查看，具体的操作步骤如下：

01 单击【开始】菜单，在弹出的菜单中选择【运行】命令，打开【运行】对话框，在【打开】文本框中输入"services.msc"，如图 2-21 所示。

图 2-21　【运行】对话框

02 单击【确定】按钮，打开 Windows 的【服务】窗口，在其中可以看到服务名以 "Oracle" 开头的 5 个服务项，其右边状态全部为 "正在运行"，表明该服务已经启动，如图 2-22 所示。

图 2-22 【服务】窗口

由于设置了 Oracle 为自动启动，在这里可以看到服务已经启动，而且启动类型为自动。如果没有 "已启动" 字样，就说明 Oracle 服务未启动。此时可以选择服务并右击，在弹出的快捷菜单中选择【启动】菜单命令即可，如图 2-23 所示。

图 2-23 启动 Oracle 服务

也可以直接双击 Oracle 服务，在打开的对话框中通过单击【启动】或【停止】按钮来更改服务状态，如图 2-24 所示。

图 2-24　Oracle 服务属性对话框

2.2.3　登录 Oracle 数据库

当 Oracle 服务启动完成后，便可以通过客户端来登录 Oracle 数据库。在 Windows 操作系统下，可以通过两种方式登录 Oracle 数据库。

1. 以 SQL Plus 命令行方式登录

通过 SQL Plus 命令行方式登录的方法很多，常见的方式如下：

（1）通过 DOS 窗口的方式登录，具体的操作步骤如下：

01 单击【开始】菜单，在弹出的菜单中选择【运行】菜单命令，打开【运行】对话框，在其中输入命令"cmd"，如图 2-25 所示。

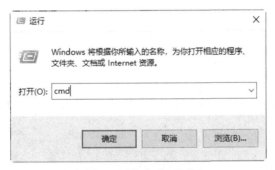

图 2-25　【运行】对话框

02 单击【确定】按钮，打开 DOS 窗口，输入以下命令并按 Enter 键确认，如图 2-26 所示。

```
sqlplus "/as sysdba"
```

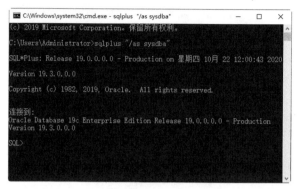

图 2-26　DOS 窗口

（2）直接利用 SQL Plus 登录，具体操作步骤如下：

01 依次选择【开始】|【Oracle OraDB19Home1】|【SQL Plus】菜单命令，如图 2-27 所示。

图 2-27　选择【SQL Plus】菜单命令

02 打开 SQL Plus 窗口，输入用户名和口令并按 Enter 键确认，如图 2-28 所示。

请输入用户名：sys
输入口令：安装时密码 as sysdba

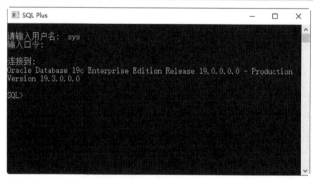

图 2-28　SQL Plus 窗口

提　示

当窗口中出现如图 2-28 所示的说明信息，命令提示符变为 "SQL>" 时，表明已经成功登录 Oracle 服务器了，可以开始对数据库进行操作。

2. 使用 SQL Developer 登录

具体操作步骤如下：

01 依次选择【开始】|【SQL Developer】菜单命令，或双击桌面上的【SQL Developer】图标，打开【Oracle SQL Developer】窗口，如图 2-29 所示。

图 2-29　【Oracle SQL Developer】窗口

02 在【Oracle SQL Developer】窗口中，单击【连接】选项卡下的【新建连接】右侧的下拉按钮，在弹出的下拉列表中选择【新建数据库连接】选项，如图 2-30 所示。

图 2-30　【新建数据库连接】选项

03 打开【新建/选择数据库连接】对话框，输入连接名为"OracleConnect"，选择【验证类型】为【默认值】，并输入用户名与密码，选择【角色】为【SYSDBA】，选择【连接类型】为【基本】，主机名为 localhost，端口号为 1521，SID 为 orcl，如图 2-31 所示。

图 2-31　【新建/选择数据库连接】对话框

04　单击【连接】按钮，打开【连接信息】对话框，在其中输入用户名与密码，如图 2-32 所示。

图 2-32　【连接信息】对话框

05　单击【确定】按钮，即可打开 Oracle SQL Developer 主界面窗口，在打开的窗口中输入 SQL 命令，就可以进行相关数据库文件的操作，如图 2-33 所示。

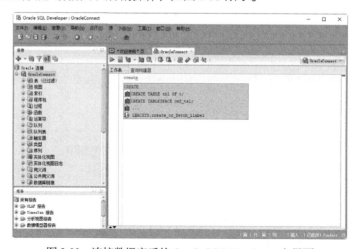

图 2-33　连接数据库后的 Oracle SQL Developer 主界面

2.3　卸载 Oracle 19c

卸载 Oracle 和卸载普通软件是不一样的，本节主要讲述如何完全卸载 Oracle 19c，主要分为以下几个步骤：

1. 停止服务列表的 5 个服务

单击【开始】菜单，在弹出的菜单中选择【运行】命令，在【打开】文本框中输入 "services.msc"，单击【确定】按钮，打开 Windows 的【服务】窗口，如图 2-34 所示。在其中可以看到服务名以 Oracle 开头的 5 个服务项，分别选中 Oracle 的 5 个服务名称，右击并在弹出的快捷菜单中选择【停止】菜单命令。

图 2-34　【服务】窗口

2. 卸载 Oracle 软件

具体操作步骤如下：

通过菜单命令可以卸载 Oracle 产品，具体操作步骤如下：

01 依次选择【开始】→【Oracle OraDB19Home1】→【Universal Installer】菜单命令，如图 2-35 所示。

图 2-35　选择【Universal Installer】菜单命令

02 打开【Oracle Universal Installer】窗口，在其中显示了相应的核实信息，如图 2-36 所示。

图 2-36 【Oracle Universal Installer】窗口

03 稍等片刻，即可打开【Oracle Universal Installer：欢迎使用】对话框，如图 2-37 所示。

图 2-37 【Oracle Universal Installer：欢迎使用】对话框

04 单击【卸载产品】按钮，打开【产品清单】对话框，全部选择需要删除的内容，单击【删除】按钮，即可开始卸载，如图 2-38 所示。

图 2-38 【产品清单】对话框

3. 删除注册表项

在【运行】对话框中输入"regedit"，启动注册表。要彻底删除 Oracle 19c，还需要把注册表中关于 Oracle 的相关信息删除。需要删除的注册表如下：

（1）HKEY_LOCAL_MACHINE\SOFTWARE\ORACLE 项。

（2）HKEY_LOCAL_MACHINE\SYSTEM\CurrentControlSet\Services 节点下的所有 Oracle 项。

（3）HKEY_LOCAL_MACHINE\SYSTEM\CurrentControlSet\Services\Eventlog\Application 节点下的所有 Oracle.VSSWriter.ORCL 项。

4. 删除环境变量

01 右击【我的电脑】，在弹出的快捷菜单中选择【属性】菜单命令，弹出【系统属性】对话框，选择【高级】选项卡，单击【环境变量】按钮，如图 2-39 所示。

图 2-39　【系统属性】对话框

02 打开【环境变量】对话框，在【系统变量】中查找【Path】变量，然后删除即可，另外如果发现有其他关于 Oracle 的选项，一并删除即可，如图 2-40 所示。

图 2-40　【环境变量】对话框

2.4　疑难解惑

计算机技术具有很强的操作性，Oracle 的安装和配置是一件非常简单的事，但是在操作过程中也可能出现问题，读者需要多实践、多总结。

疑问 1：Oracle 用户对密码的设置有什么要求？

答：Oracle 为了安全起见，要求密码强度比较高，输入的密码 Oracle 认为不能复制，Oracle 建议的标准密码组合为：小写字母+数字+大写字母，当然字符长度还必须保持在 Oracle 19c 数据库要求的范围之内。

疑问 2：Oracle 19c 卸载完成后，仍然无法安装 Oracle 19c 怎么办？

答：按照 Oracle 19c 安装程序中的 4 个步骤去卸载 Oracle 19c 程序，有可能还会存在残留。为了更加彻底地删除 Oracle，还需要把安装目录下的内容全部删除，删除后还需要重新启动计算机，这样就可以把 Oracle 完全删除了，最后才能重新安装 Oracle。

2.5　经典习题

（1）下载并安装 Oracle。

（2）使用配置向导配置 Oracle 为系统服务，在系统服务对话框中，手动启动或者关闭 Oracle 服务。

（3）启动或者关闭 Oracle 服务。

第3章

数据库和数据表的基本操作

 学习目标|Objective

    Oracle 安装好以后，用户可以创建数据库和删除数据库。在数据库中，数据表是数据库中最重要、最基本的操作对象，是数据存储的基本单位。数据表被定义为列的集合，数据在表中是按照行和列的格式来存储的。每一行代表一条唯一的记录，每一列代表记录中的一个字段(也被称为域)。

    本章将详细介绍数据表的基本操作，主要内容包括：创建数据表、查看数据表结构、修改数据表、删除数据表。通过本章的学习，读者能够熟练掌握数据表的基本概念，理解约束、默认和规则的含义并且学会运用，能够在图形界面模式和命令行模式下熟练地完成有关数据表的常用操作。

 内容导航|Navigation

- 掌握如何创建数据库
- 熟悉数据库的删除操作
- 掌握如何创建数据表
- 掌握查看数据表结构的方法
- 掌握如何修改数据表
- 熟悉删除数据表的方法
- 熟练操作综合案例中数据表的基本操作

3.1 创建数据库

Oracle 19c 安装过程中已经创建了名为 orcl 的数据库。用户也可以在安装完成后重新创建数据库，具体操作步骤如下：

01 依次选择【开始】→【Oracle OraDB19Home1】→【Database Configuration Assistant】菜单命令，如图 3-1 所示。

图 3-1 选择【Database Configuration Assistant】菜单命令

02 打开【选择数据库操作】窗口，选择【创建数据库】单选按钮，单击【下一步】按钮，如图 3-2 所示。

图 3-2 【选择数据库操作】窗口

03 打开【选择数据库创建模式】窗口，输入全局数据库的名称，设置数据库文件的位置，输入管理口令和 mytest 用户口令，然后单击【下一步】按钮，如图 3-3 所示。

图 3-3　【选择数据库创建模式】窗口

04 打开【概要】窗口，查看创建数据库的详细信息，检查无误后，单击【完成】按钮，如图 3-4 所示。

图 3-4　【概要】窗口

05 系统开始自动创建数据库，并显示数据库的创建过程和创建的详细信息，如图 3-5 所示。

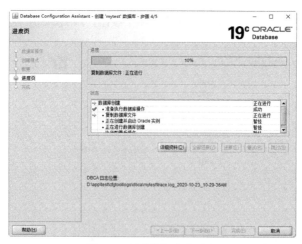

图 3-5　创建数据库的过程

06 数据库创建完成后，打开【完成】对话框，查看创建的数据库的最终信息，单击【关闭】按钮即可完成数据库的创建操作，如图 3-6 所示。

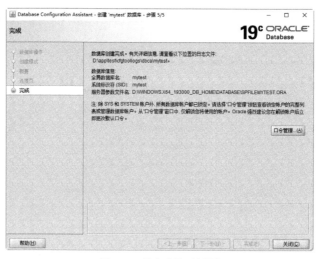

图 3-6　【完成】对话框

3.2　删除数据库

删除数据库是将已经存在的数据库从磁盘空间上清除，清除之后，数据库中的所有数据将一同被删除。删除数据库的具体操作步骤如下：

01 依次选择【开始】→【Oracle OraDB19Home1】→【Database Configuration Assistant】菜单命令，打开【选择数据库操作】窗口，选择【删除数据库】单选按钮，如图 3-7 所示。

图 3-7　【选择数据库操作】窗口

02　打开【选择源数据库】窗口，选择需要删除的数据，本实例选择 MYTEST 数据库，输入数据库管理员的用户名和口令，单击【下一步】按钮，如图 3-8 所示。

图 3-8　【选择源数据库】窗口

03　打开【选择注销管理选项】窗口，单击【下一步】按钮，如图 3-9 所示。

图 3-9 【选择注销管理选项】窗口

04 打开【概要】窗口，查看删除数据库的详细信息，检查无误后，单击【完成】按钮，如图 3-10 所示。

图 3-10 【概要】窗口

05 弹出警告对话框，单击【是】按钮，如图 3-11 所示。

图 3-11 警告对话框

06 系统开始自动删除数据库，并显示数据库的删除过程和删除的详细信息，如图 3-12 所示。

图 3-12　删除数据库的过程

07 删除数据库完成后，打开【完成】对话框，单击【关闭】按钮即可完成数据库的删除操作，如图 3-13 所示。

图 3-13　【完成】对话框

提　示
执行删除数据库时要非常谨慎，在执行该操作后，数据库中存储的所有数据表和数据将一同被删除，而且不能恢复。

3.3 创建数据表

在创建完数据库之后，接下来的工作就是创建数据表。所谓创建数据表，指的是在已经创建好的数据库中建立新表。创建数据表的过程是规定数据列的属性的过程，同时也是实施数据完整性（包括实体完整性、引用完整性和字段完整性等）约束的过程。本节将介绍创建数据表的语法形式，如何添加主键约束、外键约束、非空约束等。

3.3.1 创建数据表的语法形式

创建数据表的语句为 CREATE TABLE，语法规则如下：

```
CREATE  TABLE <数据表名>
(
  字段名 1，数据类型 [列级别约束条件] [默认值]，
  字段名 2，数据类型 [列级别约束条件] [默认值]，
  ……
  [表级别约束条件]
);
```

使用 CREATE TABLE 创建数据表时必须指定以下信息：

（1）要创建的数据表的名称，不区分字母大小写，不能使用 SQL 语言中的关键字，如 DROP、ALTER、INSERT 等。

（2）数据表中每一个列（字段）的名称和数据类型，如果创建多个列，就要用逗号隔开。

【例 3.1】创建员工表 tb_emp1，结构如表 3-1 所示。

表 3-1 tb_emp1 表结构

字段名	数据类型	备 注
id	NUMBER(11)	员工编号
name	VARCHAR2(25)	员工名称
deptId	NUMBER(11)	所在部门编号
salary	NUMBER(9,2)	工资

创建 tb_emp1 表，SQL 语句为：

```
CREATE TABLE tb_emp1
(
    id       NUMBER(11),
    name     VARCHAR2(25),
    deptId   NUMBER(11),
    salary   NUMBER(9,2)
);
```

上述语句执行成功后，便创建了一个名为 tb_emp1 的数据表。若要使用 SQL 的 DESC 语句查

看数据表是否创建成功，可执行如下的 SQL 语句并查看执行结果：

```
SQL> DESC tb_emp1;
名称        是否为空?        类型
-------    --------    --------------
ID                     NUMBER(11)
NAME                   VARCHAR2(25)
DEPTID                 NUMBER(11)
SALARY                 NUMBER(9,2)
```

可以看到，数据库中已经有了数据表 tb_tmp1，表明该数据表创建成功。

3.3.2　使用主键约束

主键又称主码，是表中一列或多列的组合。主键约束（Primary Key Constraint）要求主键列的数据唯一，并且不允许为空。主键能够唯一地标识表中的一条记录，可以结合外键来定义不同数据表之间的关系，并且可以加快数据库查询的速度。主键和记录之间的关系如同身份证和人之间的关系，它们之间是一一对应的。主键分为两种类型：单字段主键和多字段联合主键。

1. 单字段主键

主键由一个字段组成，SQL 语句格式分为以下两种情况：

（1）在定义列的同时指定主键，语法规则如下：

```
字段名 数据类型 PRIMARY KEY [默认值]
```

【例 3.2】定义数据表 tb_emp 2，其主键为 id，SQL 语句如下：

```
CREATE TABLE tb_emp2
(
   id        NUMBER(11)  PRIMARY KEY,
   name      VARCHAR2(25),
   deptId    NUMBER(11),
   salary    NUMBER(9,2)
);
```

（2）在定义完所有列之后指定主键，可采用如下的语法规则：

```
[CONSTRAINT <约束名>] PRIMARY KEY [字段名]
```

【例 3.3】定义数据表 tb_emp 3，其主键为 id，SQL 语句如下：

```
CREATE TABLE tb_emp3
(
  id NUMBER(11),
  name VARCHAR2(25),
  deptId NUMBER(11),
  salary NUMBER(9,2),
  PRIMARY KEY(id)
);
```

上述两个例子执行后的结果是一样的，都会在 id 字段上设置主键约束。

2. 多字段联合主键

主键由多个字段联合组成，语法规则如下：

```
PRIMARY KEY [字段1, 字段2,..., 字段n]
```

【例3.4】定义数据表 tb_emp4，假设表中没有主键 id，为了唯一确定一个员工，把 name、deptId 联合起来作为主键，SQL 语句如下：

```
CREATE TABLE tb_emp4
(
  name       VARCHAR2(25),
  deptId     NUMBER(11),
  salary     NUMBER(9,2),
  PRIMARY    KEY(name,deptId)
);
```

上述语句执行完成后，便创建了一个名为 tb_emp4 的数据表，name 字段和 deptId 字段组合在一起成为 tb_emp4 的多字段联合主键。

3. 使用 ALTER TABLE 语句为数据表添加主键约束

在创建数据表时如果没有添加主键约束，则可以在修改数据表时为表添加主键约束。添加主键约束的语法格式如下：

```
ALTER TABLE 数据表名称
ADD CONSTRAINTS 约束名称 PRIMARY KEY（字段名称）
```

【例3.5】定义数据表 tb1_emp1，修改其主键为 id，创建数据表的 SQL 语句如下：

```
CREATE TABLE tb1_emp1
(
  id         NUMBER(11),
  name       VARCHAR2(25),
  deptId     NUMBER(11),
  salary     NUMBER(9,2)
);
```

若要通过 ALTER TABLE 修改 id 为主键，可执行如下的 SQL 语句：

```
ALTER TABLE tb1_emp1
ADD CONSTRAINTS pk_id PRIMARY KEY（id）;
```

4. 移除主键约束

对于不需要的主键约束，可以将其移除，具体的语法格式如下：

```
ALTER TABLE 数据表名称
DROP CONSTRAINTS 约束名称
```

【例3.6】若要移除数据表 tb1_emp1 的主键约束 pk_id，可执行如下的 SQL 语句：

```
ALTER TABLE tb1_emp1
DROP CONSTRAINTS pk_id;
```

上述语句执行完成后，即可成功移除主键约束 pk_id。

3.3.3　使用外键约束

外键用来在两个数据表的数据之间建立链接，它可以是一列或者多列。一个数据表可以有一个或多个外键。外键对应的是引用完整性，一个数据表的外键可以为空值，若不为空值，则每一个外键值必须等于另一个数据表中主键的某个值。

外键：首先它是数据表中的一个字段，可以不是本数据表的主键，但对应另一个数据表的主键。外键的主要作用是保证数据引用的完整性，定义外键后，不允许删除在另一个数据表中具有关联关系的行。外键的作用是保持数据的一致性、完整性。例如，部门表 tb_dept1 的主键是 id，在员工表 tb_emp5 中有一个键 deptId 与这个 id 关联。

主表（父表）：对于两个具有关联关系的表而言，相关联字段中主键所在的那个数据表即为主表。

从表（子表）：对于两个具有关联关系的表而言，相关联字段中外键所在的那个数据表即为从表。

1. 创建外键

创建外键的语法规则如下：

```
[CONSTRAINT <外键名>] FOREIGN KEY 字段名 1 [ ,字段名 2,…]
  REFERENCES <主表名> 主键列 1 [ ,主键列 2,…]
```

"外键名"为定义的外键约束的名称，一个数据表中不能有相同名称的外键；"字段名"表示子表需要添加外键约束的字段列；"主表名"即被子表外键所依赖的数据表的名称；"主键列"表示主表中定义的主键列或者列组合。

【例 3.7】定义数据表 tb_emp5，并在 tb_emp5 表上创建外键约束。

若要创建表结构如表 3-2 所示的一个部门表 tb_dept1，可执行如下的 SQL 语句：

```
CREATE TABLE tb_dept1
(
  id       NUMBER(11)   PRIMARY KEY,
  name     VARCHAR2(22)  NOT NULL,
  location VARCHAR2(50)
);
```

表 3-2　tb_dept1 表结构

字段名	数据类型	备　注
id	NUMBER(11)	部门编号
name	VARCHAR2(22)	部门名称
location	VARCHAR2(50)	部门位置

定义数据表 tb_emp5，让它的键 deptId 作为外键关联到 tb_dept1 的主键 id，执行如下的 SQL 语句：

```
CREATE TABLE tb_emp5
```

```
(
  id      NUMBER(11) PRIMARY KEY,
  name    VARCHAR2(25),
  deptId  NUMBER(11),
  salary  NUMBER(9,2),
  CONSTRAINT fk_emp_dept1 FOREIGN KEY(deptId) REFERENCES tb_dept1(id)
);
```

以上语句执行成功之后，在表 tb_emp5 上添加了名为 fk_emp_dept1 的外键约束，外键名为 deptId，其依赖于表 tb_dept1 的主键 id。

提　示

关联指的是在关系型数据库中，相关表之间的联系。它是通过相容或相同的属性或属性组来表示的。子表的外键必须关联父表的主键，且关联字段的数据类型必须匹配，如果类型不一样，在创建子表时就会出现错误。

2. 在修改数据表时添加外键约束

在创建数据表时如果没有添加外键约束，可以在修改表时为表添加外键约束。添加外键约束的语法格式如下：

```
ALTER TABLE 数据表名称
ADD CONSTRAINTS 约束名称 FOREIGN KEY（外键约束的字段名称）
REFERENCES 数据表名称（字段名称）
ON DELETE CASCADE;
```

【例 3.8】若要在 tb_emp5 表上添加外键约束，可执行如下的 SQL 语句：

```
ALTER TABLE tb_emp5
ADD CONSTRAINTS fk_emp_dept1 FOREIGN KEY（deptId）
REFERENCES tb_dept1(id)
ON DELETE CASCADE;
```

上述语句执行完成后，即为 tb_emp5 表的 deptId 字段添加了外键约束。

3. 移除外键约束

对于不需要的外键约束，可以将其移除，具体的语法格式如下：

```
ALTER TABLE 数据表名称
DROP CONSTRAINTS 约束名称
```

【例 3.9】若要移除数据表 tb_emp5 的外键约束 fk_emp_dept1，可执行如下的 SQL 语句：

```
ALTER TABLE tb_emp5
DROP CONSTRAINTS fk_emp_dept1;
```

上述语句执行完成后，即可成功移除 tb_emp5 的外键约束。

3.3.4　使用非空约束

非空约束（Not Null Constraint）指字段的值不能为空。对于使用了非空约束的字段，如果用户在添加数据时没有指定值，数据库系统就会报错。

1. 创建非空约束

非空约束的语法规则如下：

```
字段名 数据类型 not null
```

【例 3.10】若要定义数据表 tb_emp6，指定员工的名称不能为空，可执行如下的 SQL 语句：

```
CREATE TABLE tb_emp6
(
  id          NUMBER(11) PRIMARY KEY,
  name        VARCHAR2(25) NOT NULL,
  deptId      NUMBER(11),
  salary      NUMBER(9,2)
);
```

上述语句执行完成后，在 tb_emp6 中创建了一个 name 字段，其插入值不能为空（NOT NULL）。

2. 修改数据表时添加非空约束

在创建数据表时如果没有添加非空约束，可以在修改表时为数据表添加非空约束。添加非空约束的语法格式如下：

```
ALTER TABLE 数据表名称
MODIFY 字段名称 NOT NULL;
```

【例 3.11】若要将 tb_emp5 表上的字段 name 指定为不能为空，可执行如下的 SQL 语句：

```
ALTER TABLE tb_emp5
MODIFY name NOT NULL;
```

上述语句执行完成后，即为 tb_emp5 表的 name 字段添加了非空约束。

3. 移除非空约束

对于不需要的非空约束，可以将其移除，具体的语法格式如下：

```
ALTER TABLE 数据表名称
MODIFY 字段名称 NULL;
```

【例 3.12】若要移除数据表 tb_emp5 的非空约束，可执行如下的 SQL 语句：

```
ALTER TABLE tb_emp5
MODIFY name  NULL;
```

上述语句执行完成后，即成功移除了非空约束。

3.3.5　使用唯一性约束

唯一性约束（Unique Constraint）要求该列唯一，允许为空，但只能出现一个空值。唯一性约束可以确保一列或者几列不出现重复值。

1. 创建非空约束

非空约束的语法规则如下：

（1）在定义好列之后直接指定唯一性约束，可采用如下的语法规则：

```
字段名 数据类型 UNIQUE
```

【例3.13】若要定义数据表 tb_dept2，指定部门的名称唯一，可执行如下的 SQL 语句：

```
CREATE TABLE tb_dept2
(
  id        NUMBER(11) PRIMARY KEY,
  name      VARCHAR2(22) UNIQUE,
  location  VARCHAR2(50)
);
```

（2）在定义好所有列之后指定唯一性约束，可采用如下的语法规则：

```
[CONSTRAINT <约束名>] UNIQUE(<字段名>)
```

【例3.14】若要定义数据表 tb_dept3，指定部门的名称唯一，可执行如下的 SQL 语句：

```
CREATE TABLE tb_dept3
(
  id          NUMBER(11) PRIMARY KEY,
  name        VARCHAR2(22),
  location    VARCHAR2(50),
  CONSTRAINT  STH UNIQUE(name)
);
```

UNIQUE 和 PRIMARY KEY 的区别：一个数据表中可以有多个字段声明为 UNIQUE，但只能有一个 PRIMARY KEY 声明；声明为 PRIMAY KEY 的列不允许有空值，但是声明为 UNIQUE 的字段允许空值存在。

2. 在修改数据表时添加唯一性约束

修改数据表时也可以添加唯一性约束，具体的 SQL 语法格式如下：

```
ALTER TABLE 数据表名称
ADD CONSTRAINT 约束名称 UNIQUE(字段名称);
```

【例3.15】若要为 tb_emp5 表上的字段 name 添加唯一性约束，可执行如下的 SQL 语句：

```
ALTER TABLE tb_emp5
ADD CONSTRAINT unq_name UNIQUE(name);
```

上述语句执行完成后，即为 tb_emp5 表的 name 字段添加了唯一性约束。

3. 移除唯一性约束

对于不需要的唯一性约束，可以将其移除，具体的语法格式如下：

```
ALTER TABLE 数据表名称
DROP CONSTRAINTS 约束名称;
```

【例3.16】若要移除数据表 tb_emp5 的唯一性约束，可执行如下的 SQL 语句：

```
ALTER TABLE tb_emp5
DROP CONSTRAINTS unq_name;
```

上述语句执行完成后，即可成功移除唯一性约束。

3.3.6　使用默认约束

默认约束（Default Constraint）指定某列的默认值。例如男性同学较多，性别就可以默认为'男'。如果插入一条新的记录时没有为这个字段赋值，那么系统会自动为这个字段赋值为'男'。

默认约束的语法规则如下：

字段名 数据类型 DEFAULT 默认值

【例 3.17】若要定义数据表 tb_emp7，指定员工的部门编号默认为 1111，可执行如下的 SQL 语句：

```
CREATE TABLE tb_emp7
(
  id        NUMBER(11) PRIMARY KEY,
  name      VARCHAR2(25) NOT NULL,
  deptId    NUMBER(11) DEFAULT 1111,
  salary    NUMBER(9,2)
);
```

以上语句执行成功之后，表 tb_emp7 上的字段 deptId 拥有了一个默认的值 1111，新插入的记录如果没有指定部门编号，就都默认为 1111。

3.3.7　使用检查约束

检查约束为 CHECK 约束，规定每一列能够输入的值，从而可以确保数值的正确性。例如性别字段中可以规定只能输入"男"或"女"，此时可以用到检查约束。

1. 创建检查约束

检查约束的语法规则如下：

CONSTRAINT 检查约束名称 CHECK（检查条件）

【例 3.18】若要定义数据表 tb_emp8，指定员工的性别只能输入"男"或者"女"，可执行如下的 SQL 语句：

```
CREATE TABLE tb_emp8
(
  id        NUMBER(11) PRIMARY KEY,
  name      VARCHAR2(25) NOT NULL,
  gender    VARCHAR2(2),
  age       NUMBER(2),
  CONSTRAINT CHK_GENDER  CHECK（GENDER='男' or GENDER='女'）
);
```

以上语句执行成功之后，表 tb_emp8 上的字段 gender 添加了检查约束，新插入记录时只能输入"男"或者"女"。

2. 在修改数据表时添加检查约束

修改数据表时也可以添加检查约束，具体 SQL 语法格式如下：

```
ALTER TABLE 数据表名称
ADD CONSTRAINT 约束名称 CHECK（ 检查条件）;
```

【例 3.19】若要为数据表 tb_emp8 上的字段 age 添加检查约束，规定年龄输入值为 15~25，可执行如下的 SQL 语句：

```
ALTER TABLE tb_emp8
ADD CONSTRAINT chk_age CHECK(age>=15 and age<=25);
```

上述语句执行完成后，即为 tb_emp8 表的 age 字段添加了检查约束。

3. 移除检查约束

对于不需要的检查约束，可以将其移除，具体的语法格式如下：

```
ALTER TABLE 数据表名称
DROP CONSTRAINTS 约束名称;
```

【例 3.20】若要移除数据表 tb_emp5 的检查约束 chk_age，可执行如下的 SQL 语句：

```
ALTER TABLE tb_emp8
DROP CONSTRAINTS chk_age;
```

上述语句执行完成后，即成功移除了检查约束 chk_age。

3.3.8 设置数据表的属性值自动增加

在数据库应用中，经常希望在每次插入新记录时系统自动生成字段的主键值。可以通过为表主键添加 GENERATED BY DEFAULT AS IDENTITY 关键字来实现。默认情况下，在 Oracle 中自增值的初始值是 1，每新增一条记录，字段值自动加 1。一个数据表只能有一个字段使用自增约束，且该字段必须为主键的一部分。

设置自增约束的语法规则如下：

```
字段名 数据类型 GENERATED BY DEFAULT AS IDENTITY
```

【例 3.21】若要定义数据表 tb_emp9，指定员工的编号自动递增，可执行如下的 SQL 语句：

```
CREATE TABLE tb_emp9
(
  id        NUMBER(11)  GENERATED BY DEFAULT AS IDENTITY,
  name      VARCHAR2(25)  NOT NULL,
  deptId    NUMBER(11),
  salary    NUMBER(9,2)
);
```

上述例子执行后，会创建名为 tb_emp9 的数据表。该表中的 id 字段的值在添加记录的时候会自动增加，在插入记录的时候，默认的自增字段 id 的值从 1 开始，每次添加一条新记录，该值自动加 1。

例如，执行如下插入语句：

```
SQL> INSERT INTO tb_emp9 (name) VALUES('张三');
SQL> INSERT INTO tb_emp9 (name) VALUES('程普');
```

上述语句执行完后，tb_emp9 表中增加了两条记录，在这里并没有输入 id 的值，但系统已经自动添加该值，使用 SELECT 命令查看记录，如下所示：

```
SQL> SELECT * FROM tb_emp9;
    ID NAME              DEPTID SALARY
---------- ------------------------ ---------- -----------
     1 张三
     2 程普
```

提　示

这里使用 INSERT 语句向数据表中插入记录的方法，只能一次插入一条数据记录（即一行数据）。如果想一次插入多条数据记录，就需要使用 insert into ... select ...子查询的方式。具体使用方法参考本章后面的章节。

3.4　查看数据表结构

使用 SQL 语句创建好数据表之后，可以查看表结构的定义，以确认表的定义是否正确。在 Oracle 中，查看表结构可以使用 DESCRIBE 语句。

DESCRIBE/DESC 语句可以查看表的字段信息，其中包括字段名、字段数据类型、是否为主键、是否有默认值等。语法规则如下：

```
DESCRIBE 表名;
```

或者简写为：

```
DESC 表名;
```

【例 3.22】分别使用 DESCRIBE 和 DESC 查看表 tb_dept1 和表 tb_emp1 的表结构。

若要查看 tb_dept1 的表结构，可执行如下的 SQL 语句：

```
SQL> DESCRIBE tb_dept1;
 名称                         是否为空？类型
---------- ------- ----------------------------
 ID                          NOT NULL NUMBER(11)
 NAME                        NOT NULL VARCHAR2(22)
 LOCATION                    VARCHAR2(50)
```

若要查看 tb_emp1 的表结构，可执行如下的 SQL 语句：

```
SQL> DESC tb_emp1;
 名称                         是否为空？类型
------------ ----------------------------
```

```
ID                          NUMBER(11)
NAME                        VARCHAR2(25)
DEPTID                      NUMBER(11)
SALARY                      NUMBER(9,2)
```

3.5　修改数据表

修改数据表指的是修改数据库中已经存在的数据表的结构。Oracle 使用 ALTER TABLE 语句修改数据表。常用的修改数据表的操作有：修改表名、修改字段数据类型或字段名、增加和删除字段、修改字段的排列位置、更改表的存储引擎、删除表的外键约束等。本节将对与修改表有关的操作进行讲解。

3.5.1　修改表名

Oracle 是通过 ALTER TABLE 语句来实现表名的修改的，具体的语法规则如下：

```
ALTER TABLE <旧表名> RENAME  TO <新表名>;
```

【例 3.23】将数据表 tb_dept3 改名为 tb_deptment3。

执行修改表名操作之前，查看数据表 tb_dept3。

```
SQL> DESC tb_dept3;
名称               是否为空?          类型
----------- --------------- --------------
ID               NOT NULL        NUMBER(11)
NAME                             VARCHAR2(22)
LOCATION                         VARCHAR2(50)
```

若要使用 ALTER TABLE 将数据表 tb_dept3 改名为 tb_deptment3，可执行如下的 SQL 语句：

```
ALTER TABLE tb_dept3 RENAME TO tb_deptment3;
```

上述语句执行成功之后，检验表 tb_dept3 是否改名成功。

使用 DESC 查看数据表 tb_dept3 是否还存在，结果如下：

```
SQL> DESC tb_dept3;
ERROR:
ORA-04043: 对象 tb_dept3 不存在
```

使用 DESC 查看数据表 tb_deptment3，结果如下：

```
SQL> DESC tb_deptment3;
名称               是否为空?          类型
-------- --------------- ------------------
ID               NOT NULL        NUMBER(11)
NAME                             VARCHAR2(22)
LOCATION                         VARCHAR2(50)
```

经过比较可以看到，tb_dept3 表已经改名为 tb_deptment3。

3.5.2　修改字段的数据类型

修改字段的数据类型就是把字段的数据类型转换成另一种数据类型。在 Oracle 中修改字段数据类型的语法规则如下：

```
ALTER TABLE <表名> MODIFY <字段名> <数据类型>
```

其中"表名"指要修改数据类型的字段所在数据表的名称，"字段名"指需要修改的字段，"数据类型"指修改后字段的新数据类型。

【例 3.24】将数据表 tb_dept1 中 name 字段的数据类型由 VARCHAR2(22)修改成 VARCHAR2(30)。

执行修改字段数据类型操作之前，使用 DESC 查看 tb_dept1 的表结构，结果如下：

```
SQL> DESC tb_dept1;
名称              是否为空?          类型
--------        --------------    ----------------
ID              NOT NULL          NUMBER(11)
NAME            NOT NULL          VARCHAR2(22)
LOCATION                          VARCHAR2(50)
```

可以看到现在 name 字段的数据类型为 VARCHAR2(22)，下面修改其类型，执行如下的 SQL 语句：

```
ALTER TABLE tb_dept1 MODIFY name VARCHAR2(30);
```

再次使用 DESC 查看数据表，结果如下：

```
SQL> DESC tb_dept1;
名称              是否为空?            类型
----------      -----------       -------------------
ID              NOT NULL          NUMBER(11)
NAME            NOT NULL          VARCHAR2(30)
LOCATION                          VARCHAR2(50)
```

上述语句执行完成后，就会发现数据表 tb_dept1 中 name 字段的数据类型已经修改成了 VARCHAR2(30)。

3.5.3　修改字段名

Oracle 中修改数据表中字段名的语法规则如下：

```
ALTER TABLE <表名> RENAME COLUMN <旧字段名> TO<新字段名> ;
```

其中，"旧字段名"指修改前的字段名，"新字段名"指修改后的字段名。

【例 3.25】若要将数据表 tb_dept1 中的 location 字段名改为 loc，数据类型保持不变，可执行如下的 SQL 语句：

```
ALTER TABLE tb_dept1 RENAME COLUMN location TO loc ;
```

使用 DESC 查看表 tb_dept1，会发现字段的名称已经修改成功，结果如下：

```
SQL> DESC tb_dept1;
 名称              是否为空？              类型
 ---------- ---------------- ----------------
 ID              NOT NULL         NUMBER(11)
 NAME            NOT NULL         VARCHAR2(30)
 LOC                              VARCHAR2(50)
```

提　示

由于不同类型的数据在机器中存储的方式及长度并不相同，修改数据类型可能会影响数据表中已有的数据记录，因此，当数据库表中已经有数据时，不要轻易修改数据类型。

3.5.4　添加字段

随着业务需求的变化，可能需要在已经存在的表中添加新的字段。一个完整字段包括字段名、数据类型、完整性约束。添加字段的语法格式如下：

```
ALTER TABLE <表名> ADD <新字段名> <数据类型>
```

新字段名为需要添加的字段的名称。

1．添加无完整性约束条件的字段

【例 3.26】若要在数据表 tb_dept1 中添加一个没有完整性约束的 NUMBER 类型的字段 managerId（部门经理编号），可执行如下的 SQL 语句：

```
ALTER TABLE tb_dept1 ADD managerId NUMBER(10);
```

使用 DESC 查看表 tb_dept1，会发现在表的最后添加了一个名为 managerId 的 NUMBER 类型的字段，结果如下：

```
SQL> DESC tb_dept1;
 名称              是否为空？              类型
 ---------- ------------- ------------------
 ID              NOT NULL         NUMBER(11)
 NAME            NOT NULL         VARCHAR2(30)
 LOC                              VARCHAR2(50)
 MANAGERID                        NUMBER(10)
```

2．添加有完整性约束条件的字段

【例 3.27】若要在数据表 tb_dept1 中添加一个不能为空的 VARCHAR2(12)类型的字段 column1，可执行如下的 SQL 语句：

```
ALTER TABLE tb_dept1 ADD column1 VARCHAR2(12) not null;
```

使用 DESC 查看表 tb_dept1，会发现在该表的最后添加了一个名为 column1 的 VARCHAR2(12) 类型且不为空的字段，结果如下：

```
SQL> DESC tb_dept1;
 名称              是否为空？              类型
```

```
--------- ------------- -----------------
ID              NOT NULL          NUMBER(11)
NAME            NOT NULL          VARCHAR2(30)
LOC                               VARCHAR2(50)
MANAGERID                         NUMBER(10)
COLUMN1         NOT NULL          VARCHAR2(12)
```

3.5.5 删除字段

删除字段是将某个字段从数据表中移除，语法格式如下：

```
ALTER TABLE <表名> DROP COLUMN <字段名>;
```

"字段名"是指需要从数据表中删除的字段的名称。

【例 3.28】删除数据表 tb_dept1 中的 column1 字段。

首先，执行删除字段之前，使用 DESC 查看 tb_dept1 的表结构，结果如下：

```
SQL> DESC tb_dept1;
名称              是否为空?          类型
----------- ---------- ---------------
ID              NOT NULL          NUMBER(11)
NAME            NOT NULL          VARCHAR2(30)
LOC                               VARCHAR2(50)
MANAGERID                         NUMBER(10)
COLUMN1         NOT NULL          VARCHAR2(12)
```

若要删除 column1 字段，可执行如下的 SQL 语句：

```
ALTER TABLE tb_dept1 DROP COLUMN column1;
```

再次使用 DESC 查看表 tb_dept1，结果如下：

```
SQL> DESC tb_dept1;
名称              是否为空?          类型
----------- ------------ ------------------
ID              NOT NULL          NUMBER(11)
NAME            NOT NULL          VARCHAR2(30)
LOC                               VARCHAR2(50)
MANAGERID                         NUMBER(10)
```

可以看到，表 tb_dept1 中已经不存在名称为 column1 的字段，删除字段成功。

提　示

在删除表中字段时，常常在字段后添加 CASCADE CIBSTRAINTS，目的是将与该字段相关的约束一并删除。

3.6　删除数据表

删除数据表就是将数据库中已经存在的表从数据库中删除。注意，在删除数据表的同时，表的定义和表中所有的数据均会被删除。因此，在进行删除操作前，最好对数据表中的数据进行备份，以免造成无法挽回的后果。本节将详细讲解数据表的删除方法。

3.6.1　删除没有被关联的数据表

在 Oracle 中，使用 DROP TABLE 可以一次删除一个或多个没有被其他表关联的数据表，语法格式如下：

```
DROP TABLE 表名;
```

在前面的例子中，已经创建了名为 tb_dept2 的数据表。如果没有，读者可输入语句创建该表。下面使用删除语句将该表删除。

【例 3.29】若要删除数据表 tb_dept2，可执行如下的 SQL 语句：

```
DROP TABLE  tb_dept2;
```

该语句执行完毕之后，若要使用 DESC 命令查看当前数据库中所有的表，可执行如下的 SQL 语句：

```
SQL> DESC tb_dept2;
ERROR:
ORA-04043: 对象 tb_dept2 不存在
```

从执行结果可以看到，数据表列表中已经不存在名称为 tb_dept2 的表，删除操作成功。

3.6.2　删除被其他数据表关联的主表

数据表之间存在外键关联的情况下，如果直接删除父表，结果就会显示失败。原因是直接删除将破坏数据表的引用完整性。如果必须要删除，那么可以先删除与它关联的子表，再删除父表，只是这样同时删除了两个表中的数据。但有的情况下可能要保留子表，这时如果要单独删除父表，只需将关联的表的外键约束条件取消，然后就可以删除父表。下面讲解这种方法。

在数据库中创建两个关联表，首先创建表 tb_dept2，执行如下的 SQL 语句：

```
CREATE TABLE tb_dept2
(
  id        NUMBER(11) PRIMARY KEY,
  name      VARCHAR2(22),
  location  VARCHAR2(50)
);
```

接下来创建表 tb_emp，执行如下的 SQL 语句：

```
CREATE TABLE tb_emp
(
  id        NUMBER(11) PRIMARY KEY,
  name      VARCHAR2(25),
  deptId    NUMBER(11),
  salary    NUMBER(9,2),
  CONSTRAINT fk_emp_dept  FOREIGN KEY (deptId) REFERENCES tb_dept2(id)
);
```

可以看到，以上执行结果创建了两个关联表 tb_dept2 和 tb_emp。其中，tb_emp 为子表，具有名称为 fk_emp_dept 的外键约束；tb_dept2 为父表，其主键 id 被子表 tb_emp 所关联。

【例 3.30】删除被数据表 tb_emp 关联的数据表 tb_dept2。

首先直接删除父表 tb_dept2，执行如下的 SQL 语句：

```
SQL> DROP TABLE tb_dept2;
第 1 行出现错误:
ORA-02449: 表中的唯一/主键被外键引用
```

可以看到，如前所述，在存在外键约束时，主表不能被直接删除。

接下来，移除数据表 tb_emp 的外键约束，执行如下的 SQL 语句：

```
ALTER TABLE tb_emp DROP CONSTRAINTS fk_emp_dept;
```

该语句成功执行后，将取消数据表 tb_emp 和数据表 tb_dept2 之间的关联关系，此时，可以输入删除语句将原来的父表 tb_dept2 删除，执行如下的 SQL 语句：

```
DROP TABLE tb_dept2;
```

最后通过 DESC 语句查看数据表，如下所示：

```
SQL> DESC tb_dept2;
ERROR:
ORA-04043: 对象 tb_dept2 不存在
```

可以看到，已经不存在名为 tb_dept2 的表。

3.7　综合案例——数据表的基本操作

本章全面介绍了 Oracle 中数据表的各种操作，如创建表、添加各类约束、查看表结构以及修改和删除表。读者应该掌握这些基本的操作，为以后的学习打下坚实的基础。在这里给出一个综合案例，让读者全面回顾一下本章的知识要点，并通过这些操作来检验自己是否已经掌握了数据表的常用操作。

1. 案例目的

创建、修改和删除数据表，掌握数据表的基本操作。

按照表 3-3 和表 3-4 给出的表结构在 company 数据库中创建两个数据表 offices 和 employees，按照操作过程完成对数据表的基本操作。

表 3-3　offices 表结构

字 段 名	数据类型	主　键	外　键	非　空	唯　一	自　增
officeCode	NUMBER(10)	是	否	是	是	否
city	NUMBER(11)	否	否	是	否	否
address	VARCHAR2(50)	否	否	否	否	否
country	VARCHAR2(50)	否	否	是	否	否
postalCode	VARCHAR2(25)	否	否	否	是	否

表 3-4　employees 表结构

字 段 名	数据类型	主　键	外　键	非　空	唯　一	自　增
employeeNumber	NUMBER(11)	否	否	是	是	是
lastName	VARCHAR2(50)	否	否	是	否	否
firstName	VARCHAR2(50)	否	否	是	否	否
mobile	VARCHAR2(25)	否	否	否	是	否
officeCode	VARCHAR2(10)	否	是	是	否	否
jobTitle	VARCHAR2(50)	否	否	是	否	否
birth	DATETIME	否	否	是	否	否
note	VARCHAR2(255)	否	否	否	否	否
sex	VARCHAR2(5)	否	否	否	否	否

2. 案例操作过程

01 创建数据表 offices。

创建数据表 offices 的 SQL 语句如下：

```
CREATE TABLE offices
(
  officeCode    NUMBER(10) NOT NULL,
  city          VARCHAR2(50) NOT NULL,
  address       VARCHAR2(50) NOT NULL,
  country       VARCHAR2(50) NOT NULL,
  postalCode    VARCHAR2(15) NOT NULL,
  PRIMARY KEY   (officeCode)
);
```

上述语句执行成功之后，使用 DESC 语句查看数据表 offices，如下所示：

```
SQL> DESC offices;
名称                  是否为空?           类型
-------------    ---------------    ------------------
OFFICECODE       NOT NULL           NUMBER(10)
CITY             NOT NULL           VARCHAR2(50)
ADDRESS          NOT NULL           VARCHAR2(50)
COUNTRY          NOT NULL           VARCHAR2(50)
POSTALCODE       NOT NULL           VARCHAR2(15)
```

可以看到，数据库中已经有了数据表 offices，创建成功。

02 创建数据表 employees。

创建数据表 employees 的 SQL 语句如下：

```
CREATE TABLE employees
(
  employeeNumber    NUMBER(11) GENERATED BY DEFAULT AS IDENTITY,
  lastName          VARCHAR2(50) NOT NULL,
  firstName         VARCHAR2(50) NOT NULL,
  mobile            VARCHAR2(25) NOT NULL,
  officeCode        NUMBER(10) NOT NULL,
  jobTitle          VARCHAR2(50) NOT NULL,
  birth             DATE,
  note              VARCHAR2(255),
  sex               VARCHAR2(5),
  CONSTRAINT office_fk FOREIGN KEY(officeCode) REFERENCES offices(officeCode)
);
```

上述语句执行成功之后，使用 DESC 语句查看数据表 employees，如下所示：

```
SQL> DESC employees;
名称              是否为空?            类型
--------------- -----------  ---------------------
EMPLOYEENUMBER   NOT NULL     NUMBER(11)
LASTNAME         NOT NULL     VARCHAR2(50)
FIRSTNAME        NOT NULL     VARCHAR2(50)
MOBILE           NOT NULL     VARCHAR2(25)
OFFICECODE       NOT NULL     NUMBER(10)
JOBTITLE         NOT NULL     VARCHAR2(50)
BIRTH                         DATE
NOTE                          VARCHAR2(255)
SEX                           VARCHAR2(5)
```

可以看到，现在数据库中已经创建好了 employees 数据表。

03 将数据表 employees 的 birth 字段改名为 employee_birth。

修改字段名，需要用到 ALTER TABLE 语句，具体的 SQL 语句如下：

```
SQL> ALTER TABLE employees RENAME COLUMN birth TO employee_birth ;
表已更改。
```

结果显示执行成功，使用 DESC 查看修改后的结果如下：

```
SQL> DESC employees;
名称              是否为空?            类型
--------------- ---------------  -----------------
EMPLOYEENUMBER   NOT NULL         NUMBER(11)
LASTNAME         NOT NULL         VARCHAR2(50)
FIRSTNAME        NOT NULL         VARCHAR2(50)
MOBILE           NOT NULL         VARCHAR2(25)
OFFICECODE       NOT NULL         NUMBER(10)
JOBTITLE         NOT NULL         VARCHAR2(50)
EMPLOYEE_BIRTH                    DATE
NOTE                             VARCHAR2(255)
SEX                              VARCHAR2(5)
```

可以看到，数据表中只有 employee_birth 字段，已经没有名为 birth 的字段，字段名修改成功。

04 修改 sex 字段，数据类型为 VARCHAR2(2)，非空约束。

修改字段的数据类型需要用到 ALTER TABLE 语句，具体的 SQL 语句如下：

```
SQL>ALTER TABLE employees MODIFY sex VARCHAR2(2) NOT NULL;
表已更改。
```

结果显示执行成功，使用 DESC 查看修改后的结果如下：

```
SQL> DESC employees;
名称                   是否为空?              类型
-------------- ----------- ----------------
EMPLOYEENUMBER      NOT NULL           NUMBER(11)
LASTNAME           NOT NULL           VARCHAR2(50)
FIRSTNAME          NOT NULL           VARCHAR2(50)
MOBILE             NOT NULL           VARCHAR2(25)
OFFICECODE         NOT NULL           NUMBER(10)
JOBTITLE           NOT NULL           VARCHAR2(50)
EMPLOYEE_BIRTH                        DATE
NOTE                                  VARCHAR2(255)
SEX                NOT NULL           VARCHAR2(2)
```

从执行结果可以看到，sex 字段的数据类型由前面的 VARCHAR2(5)修改为 VARCHAR2(2)，且其空值列显示为 NOT NULL，表示该列不允许空值，修改成功。

05 删除字段 note。

删除字段需要用到 ALTER TABLE 语句，具体的 SQL 语句如下：

```
SQL> ALTER TABLE employees DROP COLUMN note;
表已更改。
```

该语句执行成功后，使用 DESC employees 查看该语句执行后的结果：

```
SQL> DESC employees;
名称                   是否为空?              类型
-------------- ----------- ---------------------
EMPLOYEENUMBER      NOT NULL           NUMBER(11)
LASTNAME           NOT NULL           VARCHAR2(50)
FIRSTNAME          NOT NULL           VARCHAR2(50)
MOBILE             NOT NULL           VARCHAR2(25)
OFFICECODE         NOT NULL           NUMBER(10)
JOBTITLE           NOT NULL           VARCHAR2(50)
EMPLOYEE_BIRTH                        DATE
SEX                NOT NULL           VARCHAR2(2)
```

可以看到，DESC 语句返回了 8 个字段，note 字段已经不在表结构中，说明成功删除了该字段。

06 增加字段名 favoriate_activity，数据类型为 VARCHAR2(100)。

增加字段需要用到 ALTER TABLE 语句，具体的 SQL 语句如下：

```
SQL> ALTER TABLE employees ADD favoriate_activity VARCHAR2(100);
表已更改。
```

结果显示上面的语句执行成功，使用 DESC employees 查看该语句执行后的结果：

```
SQL> DESC employees;
名称                    是否为空?                类型
---------------- ---------------- --------------------
EMPLOYEENUMBER    NOT NULL         NUMBER(11)
LASTNAME          NOT NULL         VARCHAR2(50)
FIRSTNAME         NOT NULL         VARCHAR2(50)
MOBILE            NOT NULL         VARCHAR2(25)
OFFICECODE        NOT NULL         NUMBER(10)
JOBTITLE          NOT NULL         VARCHAR2(50)
EMPLOYEE_BIRTH                     DATE
SEX               NOT NULL         VARCHAR2(2)
FAVORIATE_ACTIVITY                 VARCHAR2(100)
```

可以看到，数据表 employees 中增加了一个新的列 favoriate_activity，数据类型为 VARCHAR2(100)，允许空值。

07 删除数据表 offices。

在创建数据表 employees 时设置了表的外键，该表关联了其父表的 officeCode 主键。如前面所述，删除关联表时，要先删除子表 employees 的外键约束，才能删除它的父表。因此，必须先删除表 employees 的外键约束。

（1）删除数据表 employees 的外键约束，执行如下的 SQL 语句：

```
SQL>ALTER TABLE employees DROP  CONSTRAINTS office_fk;
表已更改。
```

其中 office_fk 为数据表 employees 的外键约束的名称，即创建外键约束时 CONSTRAINT 关键字后面的参数，结果显示该语句执行成功，随后就可以删除它的父表 offices。

（2）删除数据表 offices，执行如下的 SQL 语句：

```
SQL>DROP TABLE offices;
表已删除。
```

结果显示删除操作成功，使用 DESC 语句查看数据库中的数据表，结果如下：

```
SQL> DESC offices;
ERROR:
ORA-04043: 对象offices 不存在
```

可以看到，数据库中已经没有名称为 offices 的数据表了。

08 将表 employees 的名称修改为 employees_info。

修改数据表名需要用到 ALTER TABLE 语句，具体的 SQL 语句如下：

```
SQL>ALTER TABLE employees RENAME TO employees_info;
表已更改。
```

结果显示该语句执行成功，使用 DESC 查看该语句执行的结果：

```
SQL> DESC employees_info;
 名称                    是否为空?                类型
---------------- ----------- ------------------
```

```
EMPLOYEENUMBER        NOT NULL        NUMBER(11)
LASTNAME              NOT NULL        VARCHAR2(50)
FIRSTNAME             NOT NULL        VARCHAR2(50)
MOBILE               NOT NULL        VARCHAR2(25)
OFFICECODE           NOT NULL        NUMBER(10)
JOBTITLE             NOT NULL        VARCHAR2(50)
EMPLOYEE_BIRTH                       DATE
SEX                  NOT NULL        VARCHAR2(2)
FAVORIATE_ACTIVITY                   VARCHAR2(100)
```

3.8　疑难解惑

疑问 1：当删除数据库时，该数据库中的数据表和所有数据也被删除吗？

答：是的。在删除数据库时，会删除该数据库中所有的数据表和所有数据，因此删除数据库时一定要慎重考虑。如果确定要删除某个数据库，可以先将其备份起来，再进行删除。

疑问 2：每一个数据表中都要有一个主键吗？

答：并不是每一个数据表中都需要主键，一般情况下，如果多个数据表之间进行连接操作时需要用到主键。因此，并不需要为每个数据表建立主键，而且有些情况最好不使用主键。

3.9　经典习题

1. 创建数据表 customers，该表的结构如表 3-5 所示，按下列要求进行操作。

表 3-5　customers 表结构

字 段 名	数据类型	主 键	外 键	非 空	唯 一	自 增
c_num	NUMBER(11)	是	否	是	是	是
c_name	VARCHAR2(50)	否	否	否	否	否
c_contact	VARCHAR2(50)	否	否	否	否	否
c_city	VARCHAR2(50)	否	否	否	否	否
c_birth	DATE	否	否	是	否	否

（1）创建数据表 customers，在 c_num 字段上添加主键约束和自增约束，在 c_birth 字段上添加非空约束。

（2）将 c_name 字段的数据类型改为 VARCHAR2(70)。

（3）将 c_contact 字段改名为 c_phone。

（4）增加 c_gender 字段，数据类型为 VARCHAR2 (1)。

（5）将表名修改为 customers_info。

（6）删除字段 c_city。

2．创建数据表 orders，orders 表的结构如表 3-6 所示，按下列要求进行操作。

表 3-6　orders 表结构

字　段　名	数据类型	主　键	外　键	非　空	唯　一	自　增
o_num	NUMBER(11)	是	否	是	是	是
o_date	DATE	否	否	否	否	否
c_id	VARCHAR2(50)	否	是	否	否	否

（1）创建数据表 orders，在 o_num 字段上添加自增约束，在 c_id 字段上添加外键约束，关联数据表 customers 中的主键 c_num。

（2）删除数据表 orders 的外键约束，然后删除数据表 customers。

第4章

数据类型和运算符

学习目标|Objective

数据表由多列字段构成，每一个字段指定了不同的数据类型。指定字段的数据类型之后，也就决定了向字段插入的数据内容。例如，当要插入数据时，可以将它们存储为整数类型，也可以将它们存储为字符串类型，不同的数据类型决定了 Oracle 在存储数据时使用的方式，以及在使用这些数据时选择什么运算符号进行运算。本章将介绍 Oracle 中的数据类型和常见的运算符。

内容导航|Navigation

- 熟悉常见数据类型的概念和区别
- 掌握如何选择数据类型
- 熟悉常见的运算符的概念和区别

4.1　Oracle 数据类型介绍

Oracle 支持多种数据类型，主要有数值类型、日期与时间类型和字符串类型等。

（1）数值类型：包括整数类型和小数类型。

（2）日期与时间类型：包括 DATE 和 TIMESTAMP。

（3）字符串类型：包括 CHAR、VARCHAR2、NVARCHAR2、NCHAR 和 LONG 五种。

4.1.1　数值类型

数值类型主要用来存储数字，Oracle 提供了多种数值类型，不同的数值类型提供不同的取值范围，可以存储的值范围越大，其所需要的存储空间就越大。Oracle 的数值类型主要通过 number(m,n) 类型来实现。使用的语法格式如下：

```
number(m,n)
```

其中 m 的取值范围为 1~38，n 的取值范围为-84~127。

number(m,n)是可变长的数值列，允许 0、正值及负值，m 是所有有效数字的位数，n 是小数点以后的位数，例如：

```
number(5,2)
```

则这个字段的最大值是 99.999，如果数值超出了位数限制，就会被截取多余的位数。

例如：

```
number(5,2)
```

但在一条数据记录中，这个字段输入 575.316，真正保存到字段中的数值是 575.32。

例如：

```
number(3,0)
```

输入 575.316，真正保存的数据是 575。对于整数，可以省略后面的 0，直接表示如下：

```
number(3)
```

在 3.3 节中，有如下创建数据表的语句：

```
CREATE TABLE tb_emp1
(
  id        NUMBER(11),
  name      VARCHAR2(25),
  deptId    NUMBER(11),
  salary    NUMBER(9,2)
);
```

id 字段的数据类型为 NUMBER(11)，注意到后面的数字 11，表示的是该数据类型指定的最大长度，如果插入数值的位数大于 11，就会弹出以下错误信息：

```
ERROR:
ORA-01438：值大于为此列指定的允许精度
```

【例 4.1】若要创建数据表 tmp1，其中字段 x、y 的数据类型依次为 NUMBER(4)、NUMBER(6)，可执行如下的 SQL 语句：

```
CREATE TABLE tmp1
(
  x    NUMBER(4),
  y    NUMBER(6)
);
```

该语句执行成功之后，可用 DESC 查看所创建表的结构，结果如下：

```
SQL> DESC tmp1;
 名称            是否为空?              类型
 --------    ------------   -------------------
 X                                  NUMBER(4)
 Y                                  NUMBER(6)
```

不同的数值类型的长度不同，取值范围也不同，需要不同大小的存储空间。因此，应该根据实际需要选择合适的数据类型，这样有利于提高数据查询的效率和节省存储空间。

【例 4.2】若要创建数据表 tmp2，其中字段 x、y、z 的数据类型依次为 NUMBER (5,1)、NUMBER(5,3)和 NUMBER (5,2)，向表中插入数据 5.1、5.15 和 5.123，可执行如下的 SQL 语句：

```
CREATE TABLE tmp2
(
  x   NUMBER(5,1),
  y   NUMBER(5,3),
  z   NUMBER(5,2)
);
```

向数据表中插入数据：

```
SQL>INSERT INTO tmp2 VALUES(5.12, 5.15, 5.123);
```

插入数据后，要查询已输入的数据信息，可执行如下的 SQL 语句：

```
SQL> SELECT * FROM tmp2;
     X       Y        Z
 -------  ------  ----------
    5.1    5.15     5.12
```

从查询结果可以看到，5.12 和 5.123 分别被存储为 5.1 和 5.12。

4.1.2　日期与时间类型

Oracle 中表示日期的数据类型主要有 DATE 和 TIMESTAMP，具体含义和区别如表 4-1 所示。

表 4-1　日期与时间数据类型

类型名称	说　明
DATE	用来存储日期和时间，取值范围是公元前 4712 年到公元 9999 年 12 月 31 日
TIMESTAMP	用来存储日期和时间，与 DATE 类型的区别是显示日期和时间时更精确，DATE 类型的时间精确到秒，而 TIMESTAMP 的数据类型可以精确到毫数秒，TIMESTAMP 存放的日期和时间还能显示上午、下午和时区

【例 4.3】若要创建数据表 tmp3，定义数据类型为 date 的字段 d，向表中插入值'12-5 月-2010'，可执行如下的 SQL 语句：

首先创建表 tmp3：

```
CREATE TABLE tmp3
(
```

```
   d date
);
```

在插入数据之前，需要知道数据库默认的时间格式，查询的 SQL 语句如下：

```
SQL> select sysdate from dual;
SYSDATE
--------------
23-10 月-20
```

向表中插入数据：

```
SQL> INSERT INTO tmp3 values('12-5 月-2020');
```

查看结果如下：

```
SQL> SELECT * FROM tmp3;
D
--------------
12-5 月-20
```

如果用户想按照指定的格式输入时间，就需要修改时间的默认格式。例如输入格式为年-月-日，修改的 SQL 语句如下：

```
SQL> alter session set nls_date_format='yyyy-mm-dd';
```

【例4.4】若要创建数据表tmp4，定义数据类型为DATE的字段d，向表中插入"YYYY-MM-DD"和"YYYYMMDD"字符串格式日期，可执行如下的 SQL 语句：

首先创建数据表 tmp4：

```
SQL> CREATE TABLE tmp4
(
   d   DATE
);
```

修改日期的默认格式，SQL 语句如下：

```
SQL> alter session set nls_date_format='yyyy-mm-dd';
```

向表中插入"YYYY-MM-DD"格式日期：

```
SQL> INSERT INTO tmp4 values('2018-08-08');
```

向表中插入"YYYYMMDD" 格式日期：

```
SQL> INSERT INTO tmp4 values('20180808');
```

查看插入结果：

```
SQL> SELECT * FROM tmp4;
D
----------
2018-08-08
2018-08-08
```

可以看到，各个不同类型的日期值都正确地插入到数据表中。

【例 4.5】若要向数据表 tmp4 中插入系统当前日期，可执行如下的 SQL 语句：

首先删除表中的数据：

```
DELETE FROM tmp4;
```

向表中插入系统当前日期：

```
SQL> INSERT INTO tmp4 values(SYSDATE );
```

查看插入结果：

```
SQL> SELECT * FROM tmp4;
D
----------
2020-10-23
```

【例 4.6】若要向数据表 tmp4 中插入系统日期和时间并指定格式，可执行如下的 SQL 语句：

首先删除表中的数据：

```
DELETE FROM tmp4;
```

向表中插入系统当前日期：

```
SQL> INSERT INTO tmp4 values(to_date('2020-10-23 13:14:20','yyyy-MM-dd
HH24:mi:ss') );
```

查看插入结果：

```
SQL> SELECT * FROM tmp4;
D
----------
2020-10-23
```

从查询结果可以看出，只显示日期，时间被省略掉了。

【例 4.7】若要创建数据表 tmp5，定义数据类型为 TIMESTAMP 的字段 ts，向表中插入值 '2020-10-23 17:03:00.9999'，可执行如下的 SQL 语句：

创建数据表 tmp5：

```
CREATE TABLE tmp5
(
  ts  TIMESTAMP
);
```

向表中插入数据：

```
INSERT INTO tmp5 values (to_timestamp('2020-10-23 17:03:00.9999',
'yyyy-mm-dd hh24:mi:ss:ff'));
```

查看插入结果：

```
SQL> SELECT * FROM tmp5;
TS
--------------------------------------------------------------
23-10月-20 05.03.00.999900 下午
```

4.1.3　字符串类型

字符串类型用来存储字符串数据。Oracle 中的字符串类型指 CHAR、VARCHAR2、NCHAR、NVARCHAR2 和 LONG。表 4-2 列出了 Oracle 中的字符串数据类型。

表 4-2　Oracle 中的字符串数据类型

类型名称	说　明	取值范围（字节）
CHAR	用于描述定长的字符型数据	0~2000B
NCHAR	用来存储 Unicode 字符集的定长字符型数据	0~1000B
VARCHAR2	用于描述可变长的字符型数据	0~4000B
NVARCHAR2	用来存储 Unicode 字符集的可变长字符型数据	0~1000B
LONG	用来存储变长的字符串	0~2GB

VARCHAR2、NVARCHAR2 和 LONG 是变长类型，对于其存储需求取决于列值的实际长度，而不是取决于类型的最大可能尺寸。例如，一个 VARCHAR2(10)列能保存一个最大长度为 10 个字符的字符串。

【例 4.8】若要创建数据表 tmp6，定义字段 ch 和 vch 的数据类型依次为 CHAR(4)、VARCHAR2(4)，向表中插入数据'ab'，可执行如下的 SQL 语句：

创建数据表 tmp6：

```
CREATE TABLE tmp6
(
  ch    CHAR(4),
  vch   VARCHAR2(4)
);
```

输入数据：

```
INSERT INTO tmp6 VALUES('ab', 'ab');
```

查询 ch 字段的存储长度，SQL 语句如下：

```
SQL> Select length(ch) from tmp6;
LENGTH(CH)
------------------
         4
```

查询 vch 字段的存储长度，SQL 语句如下：

```
SQL> Select length(vch) from tmp6;
LENGTH(VCH)
------------------
         2
```

从查询结果可以看到，定长字符串在存储时长度是固定的，而变长字符串的存储长度根据实际插入的数据长度而定。

4.2　如何选择数据类型

Oracle 提供了大量的数据类型，为了优化存储、提高数据库性能，在任何情况下均应使用最精确的数据类型，即在所有可以表示该列值的数据类型中，该类型使用的存储空间最少。

1. 整数和小数

数值数据类型只有 NUMBER 型，但是 NUMBER 功能不少，它可以存储正数、负数、零、定点数和精度为 30 位的浮点数。其格式为 number（m,n），其中 m 为精度，表示数字的总位数，取值范围是 1~38；n 为范围，表示小数点右边数字的位数，取值范围为−84~127。

如果不需要小数部分，就使用整数来保存数据，可以定义为 number（m,0）或者 number（m）；如果需要表示小数部分，就使用 number（m,n）。

2. 日期与时间类型

如果只需要记录日期，那么可以使用 DATE 类型。如果需要记录日期和时间，那么可以使用 TIMESTAMP 类型。特别是需要显示上午、下午或者时区时，必须使用 TIMESTAMP 类型。

3. 选择 CHAR 类型还是 VARCHAR 类型

CHAR 和 VARCHAR 类型的区别：

CHAR 类型用于定义固定长度的字符串字段，VARCHAR 类型用于定义可变长度的字符串字段。CHAR 类型会自动补齐插入数据的尾部空格，VARCHAR 类型则不会补齐尾部空格。

CHAR 类型为固定长度，所以它的处理速度比 VARCHAR2 类型的处理速度快，但是它的缺点是浪费存储空间。所以对存储空间不大而对处理速度上有要求的数据可以采用 CHAR 类型，反之可以采用 VARCHAR2 类型。

VARCHAR2 类型虽然比 CHAR 类型节省空间，但是如果一个 VARCHAR2 类型的列经常被修改，而且每次被修改的数据的长度不同，就会引发"行迁移"（Row Migration）现象，而造成多余的输入输出（I/O），这是在数据库设计和调整中要尽力避免的，在这种情况下用 CHAR 类型代替 VARCHAR2 类型会更好一些。当然，还有一种情况是像身份证这种长度几乎不变的字段自然要考虑使用 CHAR 类型，以获得更高的效率。

4.3　常见运算符介绍

运算符用于连接表达式中的各个操作数，其作用是指明对操作数进行的运算。常见的运算有算术运算、比较运算、位运算以及逻辑运算。运用运算符可以更加灵活地使用数据表中的数据，常见的运算符类型有算术运算符、比较运算符、逻辑运算符、位运算符。本节将介绍各种运算符的特点和使用方法。

4.3.1　运算符概述

运算符是告诉 Oracle 所要执行特定算术或逻辑运算的符号。Oracle 的内部运算符很丰富，主要有四大类，分别是算术运算符、比较运算符、逻辑运算符、位运算符。

1. 算术运算符

用于各类数值运算，包括加（+）、减（–）、乘（*）、除（/）。

2. 比较运算符

用于比较运算，包括大于（>）、小于（<）、等于（=）、大于等于（>=）、小于等于（<=）、不等于（!=）以及 IN、BETWEEN AND、IS NULL、LIKE 等。

3. 逻辑运算符

逻辑运算符的求值所得结果为 1（true）或 0（false），这类运算符有逻辑非（NOT 或者!）、逻辑与（AND 或者&&）、逻辑或（OR 或者||）、逻辑异或（XOR）。

4. 位运算符

参与运算的操作数按二进制位进行运算，包括位与（&）、位或（|）、位非（~）、位异或（^）、左移（<<）、右移（>>）6 种。

接下来将详细介绍 Oracle 中各种运算符的使用。

4.3.2　算术运算符

算术运算符是 SQL 中基本的运算符，Oracle 中的算术运算符如表 4-3 所示。

表 4-3　Oracle 中的算术运算符

运　算　符	作　　用
+	加法运算
–	减法运算
*	乘法运算
/	除法运算，返回商

下面分别讨论不同算术运算符的使用方法。

【例 4.9】创建数据表 tmp7，定义数据类型为 NUMBER 的字段 num，插入值 64，对 num 值进行算术运算。

首先创建数据表 tmp7，执行如下的 SQL 语句：

```
CREATE TABLE tmp7
(
  num NUMBER
);
```

向字段 num 插入数据 64：

```
INSERT INTO tmp7 VALUES(64);
```

接下来，对 num 值进行加法和减法运算：

```
SQL> SELECT num, num+10, num-3+5, num+5-3, num+36.5 FROM tmp7;
   NUM      NUM+10     NUM-3+5      NUM+5-3      NUM+36.5
------- ---------- ---------- ---------- --------------
    64        74          66          66         100.5
```

由计算结果可知，可以对 num 字段的值进行加法和减法运算，而且由于"+"和"–"的优先级相同，因此先加后减或者先减后加的结果是相同的。

【例 4.10】对数据表 tmp7 中的 num 进行乘法、除法运算。

```
SQL> SELECT num, num *2, num /2, num/3 FROM tmp7;
    NUM       NUM*2     NUM/2      NUM/3
---------- ---------- ---------- --------------
     64        128        32     21.33333333
```

由计算结果可知，对 num 进行除法运算时，由于 64 无法被 3 整除，因此 Oracle 对 num/3 求商的结果保存到了小数点后面 8 位，结果为 21.33333333。

在算术运算时，除数为 0 的除法是没有意义的，因此除法运算中的除数不能为 0，如果被 0 除，就会返回错误提示信息。

【例 4.11】用 0 除 num。

```
SQL> SELECT num / 0 FROM tmp7;
ERROR:
ORA-01476: 除数为 0
```

4.3.3　比较运算符

比较运算符经常用于 SELECT 的查询条件子句，用来查询满足指定条件的记录。Oracle 中的比较运算符如表 4-4 所示。

表 4-4　Oracle 中的比较运算符

运 算 符	作　用
=	等于
<=>	安全的等于
<> (!=)	不等于
<=	小于等于
>=	大于等于
>	大于
IS NULL	判断一个值是否为 NULL
IS NOT NULL	判断一个值是否不为 NULL
BETWEEN AND	判断一个值是否落在两个值之间
IN	判断一个值是否为 IN 列表中的一个值

运　算　符	作　用
NOT IN	判断一个值是否不是 IN 列表中的一个值
LIKE	通配符匹配

下面分别讨论不同比较运算符的含义。

1. 等于运算符 "="

"="用来判断数字、字符串和表达式是否相等。

2. 不等于运算符 "!="

"!="用于判断数字、字符串、表达式是否不相等。

3. 小于或等于运算符 "<="

"<="用来判断左边的操作数是否小于或者等于右边的操作数。

4. 小于运算符 "<"

"<"用来判断左边的操作数是否小于右边的操作数。

5. 大于或等于运算符 ">="

">="用来判断左边的操作数是否大于或者等于右边的操作数。

6. 大于运算符 ">"

">"用来判断左边的操作数是否大于右边的操作数。

7. BETWEEN...AND 运算符

BETWEEN...AND 运算符用于判断数值是否在指定的范围内，通常和 WHERE 子句一起使用。BETWEEN...AND 条件返回一个介于指定上限和下限之间的范围值。

例如，选出出生在 1980 到 1990 的学生姓名：

```
SELECT name FROM student
WHERE  birth  BETWEEN  '1980'  AND  '1990';
```

上述语句包含上限值和下限值，和下面的语句效果一样。

```
SELECT name FROM student
WHERE  birth>= '1980'  AND  birth<= '1990';
```

8. IN 运算符

IN 运算符用来判断操作数是否为 IN 列表中的一个值。同样，NOT IN 运算符用来判断操作数是否不是 IN 列表中的一个值。

例如，选出年龄是 25 和 26 的学生：

```
SELECT name FROM student
WHERE  age  IN（25，26）;
```

9．LIKE

在一个班级中，也许老师只知道某个学生的姓氏，并不知道全部名字。此时就可以使用 LIKE 进行查询。LIKE 运算符用来匹配字符串。

LIKE 运算符在进行匹配时可以使用下面两种通配符：

（1）%：用来代表有零个或者多个字符组成的任意顺序的字符串。

（2）_：只能匹配一个字符。

例如，选出姓张的所有学生（输出他们的姓名）：

```
SELECT name FROM student
WHERE  name LIKE '张%';
```

4.3.4 逻辑运算符

Oracle 中的逻辑运算符如表 4-5 所示。

表 4-5 Oracle 中的逻辑运算符

运 算 符	作 用
NOT	逻辑非
AND	逻辑与
OR	逻辑或

这 3 个运算符的作用如下：

（1）NOT 运算符：又称取反运算符或"非"运算符，NOT 通常是单目运算符，即 NOT 的右侧才能包含表达式，是对其右边表达式的结果取反，如果表达式的结果为 true，那么 NOT 的结果就为 false；如果表达式的结果为 false，那么 NOT 的结果就为 true。

NOT 运算符后面常常和 IN、LIKE、BETWEEN-AND 和 NULL 等关键字一起使用。

例如，选择年龄不是 25 或者 26 的学生姓名：

```
SELECT name FROM student
WHERE  age  IN (25, 26);
```

（2）AND 运算符：对于 AND 运算符来说，要求两边的表达式结果都为 true，因此通常被称为"与"运算符，如果 AND 左右两边任何一方的返回结果为 NULL 或 false，那么逻辑运算的结果就为 false。

例如，选出学生年龄是 25 且姓张的学生（输出他们的姓名）：

```
SELECT name FROM student
WHERE  age=25 AND  name LIKE '张%';
```

（3）OR 运算符：OR 运算符又称为"或"运算符，也就是说只要左右两侧的逻辑表达式的任何一方为 true，结果就为 true。

例如，选出学生年龄是 25 或者姓张的学生（输出他们的姓名）：

```
SELECT name FROM student
```

```
WHERE  age=25 OR  name LIKE '张%';
```

这样无论年龄为 25 的学生还是姓张的学生，都会被选出来。

4.3.5　运算符的优先级

运算符的优先级决定了不同的运算符在表达式中计算的先后顺序。表 4-6 列出了 Oracle 中的各类运算符及其优先级。

表 4-6　运算符按优先级由低到高排列

优 先 级	运 算 符
最低	=（赋值运算）、:=
	OR
	AND
	NOT
	=（比较运算）、<=>、>=、>、<=、<、<>、!=、IS、LIKE、REGEXP、IN
	&
	<<、>>
	-、+
	*、/
	-（负号）
最高	!

可以看到，不同运算符的优先级是不同的。一般情况下，级别高的运算符先进行计算，如果级别相同，Oracle 按表达式的顺序从左到右依次计算。当然，在无法确定优先级的情况下，可以使用圆括号"()"来改变优先级，并且这样会使计算过程更加清晰。

4.4　疑难解惑

疑问 1：Oracle 中如何按照指定格式插入日期和时间？

答：在插入日期和时间之前，用户需要了解 Oracle 系统默认的时间格式，SQL 语句如下：

```
SQL> select sysdate from dual;
SYSDATE
----------
2020-10-23
```

此时，如果想插入类似"2020-10-13 12:15:30"格式的日期和时间，可以输入以下 SQL 语句：

```
SQL> alter session set nls_date_format='yyyy-mm-dd HH24:mi:ss ';
```

疑问 2：Oracle 中的图片、声音和视频等类型的文件使用什么格式的数据？

答：Oracle 中的 blob、clob 和 nclob 三种大型对象用来保存较大的图形文件或带格式的文本文件，如 Microsoft Word 文档以及音频、视频等非文本文件，这类文件的最大长度是 4GB。

4.5 经典习题

（1）Oracle 中的整数和小数如何表示，不同表示方法之间有什么区别？

（2）CHAR 和 VARCHAR 类型使用时最大的区别是什么？

（3）日期用什么类型的数据表示？

（4）在 Oracle 中执行算术运算：(9-7)*4、8+15/3、17DIV2。

（5）理解 Oracle 中的比较运算：36>27、15>=8、40<50、15<=15、NULL<=>NULL、NULL<=>1、5<=>5 的含义。

（6）理解 Oracle 中的逻辑运算：a AND B、a OR b 和 NOT a 的含义。

第5章

Oracle 的函数

学习目标 | Objective

　　Oracle 提供了众多功能强大、方便易用的函数。使用这些函数可以极大地提高用户对数据库的管理效率。Oracle 中的函数包括数学函数、字符串函数、日期和时间函数、条件判断函数、系统信息函数等。本章将介绍 Oracle 中的这些函数的功能和用法。

内容导航 | Navigation

- 了解什么是 Oracle 的函数
- 掌握各种数学函数的用法
- 掌握各种字符串函数的用法
- 掌握时间和日期函数的用法
- 掌握条件函数的用法
- 掌握系统信息函数的用法
- 熟练掌握综合案例中函数的操作方法和技巧

5.1 Oracle 函数简介

　　函数表示对输入参数值返回一个具有特定关系的值，Oracle 提供了大量丰富的函数，在进行数据库管理以及数据的查询和操作时将会经常用到各种函数。通过对数据的处理，数据库功能可以变得更加强大、更加灵活，得以满足不同用户的需求。

5.2　数学函数

数学函数主要用来处理数值数据，主要的数学函数有绝对值函数、三角函数（包括正弦函数、余弦函数、正切函数、余切函数等）、对数函数、随机数函数等。在发生错误时，数学函数将会返回空值（NULL）。本节将介绍各种数学函数的功能和用法。

5.2.1　绝对值函数 ABS(x)

ABS(x)返回 x 的绝对值。

【例 5.1】若要求 2、–3.3 和–33 的绝对值，可执行如下的 SQL 语句：

```
SQL> SELECT ABS(2), ABS(-3.3), ABS(-33) FROM dual;
ABS(2)  ABS(-3.3)  ABS(-33)
------  ---------  ----------
2       3.3        33
```

正数的绝对值为其本身，2 的绝对值为 2；负数的绝对值为其相反数，–3.3 的绝对值为 3.3；–33 的绝对值为 33。

提　示
dual 表是一个虚拟表，用来构成 SELECT 的语法规则，Oracle 保证 dual 中永远只有一条数据记录。

5.2.2　算术平方根函数 SQRT(x)和求余函数 MOD(x,y)

SQRT(x)返回非负数 x 的算术平方根。

【例 5.2】若要求 9、40 和 64 的算术平方根，可执行如下的 SQL 语句：

```
SQL> SELECT SQRT(9), SQRT(40), SQRT(64) FROM dual;
   SQRT(9)      SQRT(40)       SQRT(64)
----------    ----------     ----------
   3          6.32455532       8
```

3 的平方等于 9，因此 9 的算术平方根为 3；40 的算术平方根为 6.32455532；64 的算术平方根为 8。

MOD(x,y)返回 x 被 y 除后的余数，MOD()对于带有小数部分的数值也起作用，它返回除法运算后的精确余数。

【例 5.3】若要对 MOD(31,8)、MOD(234, 10)、MOD(45.5,6)进行求余运算，可执行如下的 SQL 语句：

```
SQL> SELECT MOD(31,8),MOD(234, 10),MOD(45.5,6) FROM dual;
MOD(31,8)       MOD(234,10)       MOD(45.5,6)
-----------     -----------       -----------
        7                4                3.5
```

5.2.3　获取整数的函数 CEIL(x)和 FLOOR(x)

CEIL(x)返回不小于 x 的最小整数值。

【例 5.4】若要使用 CEILING 函数返回最小整数，可执行如下的 SQL 语句：

```
SQL> SELECT  CEIL(-3.35), CEIL (3.35) FROM dual;
CEIL(-3.35)     CEIL(3.35)
-----------     ----------
        -3              4
```

−3.35 为负数，不小于−3.35 的最小整数为−3，因此返回值为−3；不小于 3.35 的最小整数为 4，因此返回值为 4。

FLOOR(x)返回不大于 x 的最大整数值，返回值转化为一个 BIGINT。

【例 5.5】若要使用 FLOOR 函数返回最大整数，可执行如下的 SQL 语句：

```
SQL> SELECT FLOOR(-3.35), FLOOR(3.35) FROM dual;
FLOOR(-3.35)        FLOOR(3.35)
------------        -----------
        -4                  3
```

−3.35 为负数，不大于−3.35 的最大整数为−4，因此返回值为−4；不大于 3.35 的最大整数为 3，因此返回值为 3。

5.2.4　获取随机数的函数 DBMS_RANDOM.RANDOM 和 DBMS_RANDOM.RANDOM (x,y)

DBMS_RANDOM.RANDOM 返回一个随机值。

【例 5.6】若要使用 DBMS_RANDOM.RANDOM 产生随机数，可执行如下的 SQL 语句：

```
SQL>SELECT DBMS_RANDOM.RANDOM , DBMS_RANDOM.RANDOM FROM dual;
    RANDOM           RANDOM
----------------  ----------------
  2133232876        1288227255
```

可以看到，不带参数的 DBMS_RANDOM.RANDOM 每次产生的随机数值是不同的。

【例 5.7】若要使用 DBMS_RANDOM.VALUE(x,y)函数产生数值为 1~20 之间的随机数，可执行如下的 SQL 语句：

```
SQL> SELECT DBMS_RANDOM.VALUE(1,20),DBMS_RANDOM.VALUE(1,20) FROM dual;
DBMS_RANDOM.VALUE(1,20)  DBMS_RANDOM.VALUE(1,20)
-----------------------  -----------------------
      18.610848                 9.30785955
```

从执行结果可知，DBMS_RANDOM.VALUE(1,20)产生了数值为 1~20 之间的随机数。

5.2.5 四舍五入函数 ROUND(x)、ROUND(x,y)和 TRUNC(x,y)

ROUND(x)返回最接近参数 x 的整数，对 x 值进行四舍五入。

【例 5.8】若要使用 ROUND(x)函数对操作数进行四舍五入操作，可执行如下的 SQL 语句：

```
SQL> SELECT ROUND(-1.14),ROUND(-1.67), ROUND(1.14),ROUND(1.66) FROM dual;
ROUND(-1.14)       ROUND(-1.67)       ROUND(1.14)       ROUND(1.66)
------------       ------------       -----------       -----------
          -1                 -2                 1                 2
```

可以看到，四舍五入处理之后，只保留了各个值的整数部分。

ROUND(x,y)返回最接近参数 x 的数，其值保留到小数点后面 y 位，若 y 为负值，则将保留 x 值到小数点左边 y 位。

【例 5.9】若要使用 ROUND(x,y)函数对操作数进行四舍五入操作，结果保留小数点后面指定 y 位，可执行如下的 SQL 语句：

```
SQL> SELECT ROUND(1.38, 1), ROUND(1.38, 0), ROUND(232.38, -1), round(232.38,-2)
FROM dual;
  ROUND(1.38,1)     ROUND(1.38,0)       ROUND(232.38,-1)     ROUND(232.38,-2)
  ------------      ------------        ----------------     ----------------
          1.4                 1                     230                  200
```

ROUND(1.38,1)保留小数点后面 1 位，四舍五入的结果为 1.4；ROUND(1.38,0)保留小数点后面 0 位，即返回四舍五入后的整数值；ROUND(23.38,–1)和 ROUND(232.38,–2)分别保留小数点左边 1 位和 2 位。

提 示

y 值为负数时，保留的小数点左边的相应位数直接保存为 0，不进行四舍五入。

TRUNC(x,y)返回被舍去至小数点后 y 位的数字 x。若 y 的值为 0，则结果不带有小数点或不带有小数部分。若 y 设为负数，则截去（归零）x 小数点左起第 y 位开始后面所有低位的值。

【例 5.10】若要使用 TRUNC(x,y)函数对操作数进行四舍五入操作，结果保留小数点后面指定 y 位，可执行如下的 SQL 语句：

```
SQL>SELECT TRUNC(1.31,1), TRUNC (1.99,1), TRUNC (1.99,0), TRUNC (19.99,-1)
FROM dual;
  TRUNC(1.31,1)     TRUNC(1.99,1)       TRUNC(1.99,0)       TRUNC(19.99,-1)
  ------------      ------------        ------------        ---------------
          1.3               1.9                   1                      10
```

TRUNC (1.31,1)和 TRUNC (1.99,1)都保留小数点后 1 位数字，返回值分别为 1.3 和 1.9；TRUNC (1.99,0)返回整数部分值 1；TRUNC (19.99,–1)截去小数点左边第 1 位后面的值，并将整数部分的 1 位数字置 0，结果为 10。

提 示
ROUND(x,y)函数在截取值的时候会四舍五入，而 TRUNC(x,y)直接截取值，并不进行四舍五入。

5.2.6　符号函数 SIGN(x)

SIGN(x)返回参数的符号，x 的值为负、零或正时返回结果依次为–1、0 或 1。

【例 5.11】若要返回 3、–10 和 0 的符号，可执行如下的 SQL 语句：

```
SQL> SELECT SIGN (3), SIGN (-10), SIGN (0) FROM dual;
  SIGN(3)      SIGN(-10)       SIGN(0)
---------- ---------- ----------
     1          -1           0
```

SIGN(3)返回 1；SIGN(–10)返回–1；SIGN(0)返回 0。

5.2.7　幂运算函数 POWER(x,y)和 EXP(x)

POWER(x,y)函数返回 x 的 y 次乘方的结果值。

【例 5.12】若要使用 POWER 函数进行乘方运算，可执行如下的 SQL 语句：

```
SQL> SELECT POWER(2,2), POWER(2,-2) FROM dual;
POWER(2,2)  POWER(2,-2)
---------- -----------
     4          0.25
```

可以看到，POWER(2,2)返回 2 的 2 次方，是 4；POWER(2,–2)返回 2 的–2 次方，结果为 4 的倒数，即 0.25。

EXP(x)返回 e 的 x 乘方的值。

【例 5.13】若要使用 EXP 函数计算 e 的乘方，可执行如下的 SQL 语句：

```
SQL> SELECT EXP(3),EXP(-3),EXP(0) FROM dual;
  EXP(3)          EXP(-3)          EXP(0)
-------------- -------------- ----------
  20.0855369       0.049787068        1
```

EXP(3)返回以 e 为底的 3 次方，结果为 20.0855369；EXP(–3)返回以 e 为底的–3 次方，结果为 0.049787068；EXP(0)返回以 e 为底的 0 次方，结果为 1。

5.2.8　对数运算函数 LOG(x,y)和 LN(x)

LOG(x,y)返回以 x 为底 y 的对数。

【例 5.14】若要使用 LOG(x)函数计算自然对数，可执行如下的 SQL 语句：

```
SQL>SELECT LOG(10, 100), LOG(7, 49) FROM dual;
LOG(10, 100)       LOG(7, 49)
----------         ----------
         2                  2
```

10 的 2 次乘方等于 100，因此 LOG(10,100)返回结果为 2；同样，LOG(7,49)返回结果为 2。

LN(x)返回 x 的自然对数，x 相对于基数 e 的对数，参数 n 要求大于 0。

【例 5.15】若要使用 LN 计算以 e 为基数的对数，可执行如下的 SQL 语句：

```
SQL> SELECT LN(2), LN(100) FROM dual;
      LN(2)             LN(100)
----------------    ------------
    0.693147181       4.60517019
```

5.2.9 正弦函数 SIN(x)和反正弦函数 ASIN(x)

SIN(x)返回 x 的正弦值，其中 x 为弧度值。

【例 5.16】若要使用 SIN 函数计算正弦值，可执行如下的 SQL 语句：

```
SQL> SELECT SIN(1), SIN(3) FROM dual;
  SIN(1)           SIN(3)
----------       ----------
0.841470985      0.141120008
```

ASIN(x)返回 x 的反正弦值，即正弦为 x 的值。x 的取值范围为–1~1。

【例 5.17】若要使用 ASIN 函数计算反正弦值，可执行如下的 SQL 语句：

```
SQL> SELECT ASIN(0.841470985), ASIN(0.141120008) FROM dual;
  ASIN(0.841470985)              ASIN(0.141120008)
-----------------------        ------------------
         1                              3
```

由计算结果可知，函数 ASIN 和 SIN 互为反函数。

5.2.10 余弦函数 COS(x)和反余弦函数 ACOS(x)

COS(x)返回 x 的余弦值，其中 x 为弧度值。

【例 5.18】若要使用 COS 函数计算余弦值，可执行如下的 SQL 语句：

```
SQL> SELECT COS(0),COS(1) FROM dual;
  COS(0)         COS(1)
----------     ----------
     1          0.540302306
```

由计算结果可知，COS(0)值为 1，COS(1)值为 0.540302306。

ACOS(x)返回 x 的反余弦值，即余弦是 x 的值。x 取值范围为–1~1。

【例 5.19】若要使用 ACOS 函数计算反余弦值，可执行如下的 SQL 语句：

```
SQL> SELECT ACOS(1),ACOS(0.540302306) FROM dual;
ACOS(1)        ACOS(0.540302306)
----------     --------------------
       0                       1
```

由计算结果可知，函数 ACOS 和 COS 互为反函数。

5.2.11 正切函数 TAN(x)和反正切函数 ATAN(x)

TAN(x)返回 x 的正切值，其中 x 为弧度值。

【例 5.20】若要使用 TAN 函数计算正切值，可执行如下的 SQL 语句：

```
SQL> SELECT TAN(0.3), TAN( 0.7853981634) FROM dual;
TAN(0.3)            TAN(0.7853981634)
----------          -----------------
0.30933625                          1
```

ATAN(x)返回 x 的反正切值，即正切为 x 的值。

【例 5.21】若要使用 ATAN 函数计算反正切值，可执行如下的 SQL 语句：

```
SQL> SELECT ATAN(0.30933625), ATAN(1) FROM dual;
ATAN(0.30933625)           ATAN(1)
-----------------          --------------
            0.3              0.785398163
```

由计算结果可知，函数 ATAN 和 TAN 互为反函数。

5.3 字符串函数

字符串函数主要用来处理数据库中的字符串数据。本节将介绍各种字符串函数的功能和用法。

5.3.1 计算字符串长度的函数

LENGTH(str)返回值为字符串的字节长度。

【例 5.22】若要使用 LENGTH 函数计算字符串的字节长度，可执行如下的 SQL 语句：

```
SQL> SELECT LENGTH('date'), LENGTH('egg') FROM dual ;
LENGTH('DATE')     LENGTH('EGG')
--------------     --------------
             4                  3
```

5.3.2 合并字符串函数 CONCAT(s1,s2)

CONCAT(s1,s2)返回结果为把参数指定的两个字符串连接后所产生的新字符串。

【例5.23】若要使用 CONCAT 函数连接字符串，可执行如下的 SQL 语句：

```
SQL> SELECT CONCAT('学习', 'Oracle 19c')  FROM dual;
CONCAT('学习','ORACLE 19c')
-----------------------
学习 Oracle 19c
```

CONCAT('学习', 'Oracle 19c')返回两个字符串连接后的字符串。

5.3.3 字符串搜索函数 INSTR (s,x)

INSTR(s,x)返回 x 字符在字符串 s 中的位置。

【例5.24】若要使用 INSRT 函数进行字符串搜索操作，可执行如下的 SQL 语句：

```
SQL> SELECT INSTR('hello Oracle',  'c') FROM dual;
INSTR('HELLOORACLE','C')
---------------------------
            10
```

字符 c 位于字符串'hello Oracle'的第 10 个位置，结果输出为 10。

5.3.4 字母大小写转换函数

LOWER (str)可以将字符串 str 中的字母全部转换成小写字母。

【例5.25】若要使用 LOWER 函数将字符串中的所有字母转换为小写字母，可执行如下的 SQL 语句：

```
SQL> SELECT LOWER('BEAUTIFUL') FROM dual ;
LOWER('BEAUTIFUL')
------------------
    beautiful
```

从执行结果可以看到，原来所有的字母都为大写，全部都转换为小写了，如"BEAUTIFUL"转换之后为"beautiful"。

UPPER(str)可以将字符串 str 中的字母全部转换成大写字母。

【例5.26】若要使用 UPPER 函数将字符串中的所有字母转换为大写字母，可执行如下的 SQL 语句：

```
SQL> SELECT UPPER('black') FROM dual;
   UPPER('BLACK')
----------------------
      BLACK
```

从执行结果可以看到，原来所有的字母都为小写，全部被转换为大写了，如"black"转换之后为"BLACK"。

INITCAP(str) 将输入的字符串单词的首字母转换成大写字母。如果不是两个字母连在一起，就认为是新的单词，例如 a_b、a,b、a b 等，其中的 a 和 b 都会转换成大写字母。

【例 5.27】若要使用 INITCAP 函数将字符串中的首字母转换成大写字母，可执行如下的 SQL 语句：

```
SQL> SELECT INITCAP ('hello beautiful word! ') FROM dual;
      INITCAP('HELLOBEAUTIFULWORD! ')
--------------------------------------------
      Hello Beautiful Word!
```

从执行结果可以看到，原来每个单词的首字母全部转换为大写，如"hello"转换之后为"Hello"。

5.3.5　截取指定长度的字符串的函数 SUBSTR(s,m,n)

SUBSTR(s,m,n)函数从字符串中截取指定长度的子字符串，其中参数 s 代表字符串，m 代表截取的位置，n 代表截取长度。

【例 5.28】若要使用 SUBSTR 函数从字符串中截取指定长度的子字符串，可执行如下的 SQL 语句：

```
SQL>SELECT SUBSTR ('abcdf好efgf', 6,2), SUBSTR ('abcdf好efgf',- 6,2) FROM dual;
SUBSTR('ABCDF好EFGF',6,2)    SUBSTR('ABCDF好EFGF',-6,2)
------------------------    -------------------------
        好e                              f好
```

当 m 值为正数时，从字符串左边开始数指定的位置开始截取；当 m 值为负值时，从字符串右边数开始指定的位置开始截取。

5.3.6　替换字符串的函数 REPLACE(s1,s2,s3)

REPLACE (s1,s2,s3)是一个替换字符串的函数，其中参数 s1 表示搜索的目标字符串；s2 表示在目标字符串中要搜索的字符串；s3 是可选参数，用它替换被搜索到的字符串，如果该参数不用，就表示从 s1 字符串中删除搜索到的 s2 字符串。

【例 5.29】若要使用 REPLACE 函数对字符串进行替换和删除操作，可执行如下的 SQL 语句：

```
SQL>SELECT REPLACE('this is a dog','dog','cat') , ('this is a dog','dog')
FROM dual;
REPLACE('THISISADOG','DOG','CAT')      REPLACE('THISISADOG','DOG')
-------------------------------------  ----------------------------------
        this is a cat                          this is a
```

从执行结果可以看到，第一个替换的情况是：字符串中的"dog"被替换成"cat"；第二个替换的情况是：字符串中的"dog"被删除。

5.3.7　删除字符串首尾指定字符串的函数 LTRIM(s,n)和 RTRIM(s,n)

LTRIM(s,n)函数将删除字符串左侧指定的字符串，其中 s 是目标字符串，n 是需要查找的字符串。如果 n 不指定，就表示删除字符串左侧的空格。

【例 5.30】若要使用 LTRIM 函数对字符串进行删除操作，可执行如下的 SQL 语句：

```
SQL>SELECT LTRIM ('this is a dog', 'this') , LTRIM ('  this is a dog')
FROM dual;
LTRIM('THISISADOG','THIS')      LTRIM('THISISADOG')
--------------------------      -------------------------
        is a dog                        this is a dog
```

从执行结果可以看到，第一个删除的情况是：字符串中的"this"被删除；第二个删除的情况是：字符串左侧的空格被删除。

RTRIM(s,n) 函数将删除字符串右侧指定的字符串，其中 s 是目标字符串，n 是需要查找的字符串。如果 n 不指定，就表示删除字符串右侧的空格。

【例 5.31】若要使用 RTRIM 函数对字符串进行删除操作，可执行如下的 SQL 语句：

```
SQL>SELECT RTRIM ('this is a dog', 'dog') , RTRIM (' this is a dog     ') FROM
dual;
RTRIM('THISISADOG','DOG')       RTRIM('THISISADOG')
--------------------------      -------------------------
        this is a                       this is a dog
```

从执行结果可以看到，第一个删除的情况是：字符串中的"dog"被删除；第二个删除的情况是：字符串右侧的空格被删除。

5.3.8　删除指定字符串的函数 TRIM()

TRIM 函数将删除指定的前缀或者后缀的字符，默认删除空格。具体的语法格式如下：

```
TRIM（[LEADING/TRAILING/BOTH][trim_character FROM]trim_source）
```

其中 LEADING 是指删除 trim_source 中的前缀字符；TRAILING 是指删除 trim_source 中的后缀字符；BOTH 是指删除 trim_source 中的前缀和后缀字符；trim_character 用于指定要删除的字符，默认删除空格；trim_source 是指源字符串。

【例 5.32】若要使用 TRIM(s1 FROM s)函数删除字符串中两端指定的字符，可执行如下的 SQL 语句：

```
SQL> SELECT TRIM( BOTH 'x' FROM 'xyxbxykyx'), TRIM('    xyxyxy    ') FROM dual;
TRIM(BOTH'X'FROM'XYXBXYKYX')            TRIM('XYXYXY')
--------------------------             -----------------------
        yxbxyky                                xyxyxy
```

从执行结果可以看到，第一个删除的情况是：删除字符串"xyxbxykyx"两端的重复字符"x"，而中间的"x"并不删除，结果为"yxbxyky"；第二个删除的情况是：字符串两端的空格被删除了。

5.3.9　字符集名称和 ID 互换函数

NLS_CHARSET_ID(string)函数可以得到字符集名称对应的 ID，参数 string 表示字符集的名称。

【例 5.33】若要使用 NLS_CHARSET_ID 函数通过字符集的名称获取这个字符集对应的 ID，

SQL 语句如下：

```
SQL>SELECT NLS_CHARSET_ID('US7ASCII') FROM dual;
NLS_CHARSET_ID('US7ASCII')
----------------------------
           1
```

NLS_CHARSET_NAME(number)函数可以通过 ID 获得字符集对应的名称，参数 number 表示字符集的 ID。

【例 5.34】若要使用 NLS_CHARSET_NAME 函数通过字符集的 ID 获取字符集的名称，可执行如下的 SQL 语句：

```
SQL>SELECT NLS_CHARSET_NAME(1) FROM dual;
    NLS_CHARSET_NAME(1)
----------------------------------
       US7ASCII
```

5.4　日期和时间函数

日期和时间函数主要用来处理日期和时间值，一般的日期函数除了使用 DATE 类型的参数外，也可以使用 TIMESTAMP 类型的参数，但会忽略这些值的时间部分。本节将介绍各种日期和时间函数的功能和用法。

5.4.1　获取当前日期和时间的函数

SYSDATE()函数用于获取当前系统日期。

【例 5.35】若要使用日期函数获取系统当前日期，可执行如下的 SQL 语句：

```
SQL> SELECT SYSDATE FROM dual;
 SYSDATE
---------
26-10 月-20
```

【例 5.36】若要使用日期函数获取指定格式的系统当前日期，可执行如下的 SQL 语句：

```
SQL> SELECT TO_CHAR(SYSDATE, 'YYYY-MM-DD HH24:MI:SS') FROM dual;
TO_CHAR(SYSDATE,'YYYY-MM-DDHH24:MI:SS')
-----------------------------------
      2020-10-26 12:17:31
```

SYSTIMESTAMP()函数用于获取当前系统时间，该时间包含时区信息，精确到微秒。返回类型为带时区信息的 TIMESTAMP 类型。

【例 5.37】若要使用日期函数获取系统当前时间，可执行如下的 SQL 语句：

```
SQL> SELECT SYSTIMESTAMP FROM dual;
         SYSTIMESTAMP
```

```
-------------------------------------
26-10 月-20 12.17.50.339000 下午 +08:00
```

5.4.2 获取时区的函数

DBTIMEZONE 函数返回系统所在的时区。

【例 5.38】若要使用 DBTIMEZONE 函数获取系统所在的时区，可执行如下的 SQL 语句：

```
SQL> SELECT DBTIMEZONE FROM dual;
    DBTIMEZONE
-------------------------
        +00:00
```

SESSIONTIMEZONE 函数返回当前系统所在的时区。

【例 5.39】若要使用 SESSIONTIMEZONE 函数获取当前系统所在的时区，可执行如下的 SQL
语句：

```
SQL> SELECT SESSIONTIMEZONE FROM dual;
 SESSIONTIMEZONE
----------------
    +08:00
```

5.4.3 获取指定月份最后一天的函数

LAST_DAY(date)函数返回参数指定日期对应月份的最后一天。

【例 5.40】若要使用 LAST_DAY 函数返回指定月份最后一天，可执行如下的 SQL 语句：

```
SQL> SELECT LAST_DAY(SYSDATE) FROM dual;
 LAST_DAY(SYSDATE)
--------------------
    31-10 月-20
```

返回 10 月份的最后一天是 31 日。

5.4.4 获取指定日期后一周的日期函数

NEXT_DAY(date,char)函数获取当前日期向后的一周对应的日期，char 表示是星期几，全称和
缩写都允许，但必须是有效值。

【例 5.41】若要使用 NEXT_DAY 函数返回指定日期后一周的日期函数，可执行如下的 SQL
语句：

```
SQL> SELECT NEXT_DAY (SYSDATE, '星期日') FROM dual;
NEXT_DAY(SYSDATE,'星期日')
-----------------------
    01-11 月-20
```

NEXT_DAY (SYSDATE, '星期日')返回当前日期后第一个周日的日期。

5.4.5　获取指定日期特定部分的函数

EXTRACT(datetime)函数可以从指定的时间中提取特定部分,例如提取年份、月份或者小时等。

【例 5.42】若要使用 EXTRACT 函数获取年份等特定部分,可执行如下的 SQL 语句:

```
SQL> SELECT EXTRACT (YEAR FROM SYSDATE), EXTRACT (MINUTE  FROM TIMESTAMP
'1985-10-8 12:23:40')  FROM dual;

EXTRACT(YEARFROMSYSDATE)  EXTRACT(MINUTEFROMTIMESTAMP'1985-10-812:23:40')
-----------------------  -----------------------------------------------
                   2020                                               23
```

从执行结果可以看到,分别返回了年份和分钟。

5.5　转换函数

转换函数的主要作用是完成不同数据类型之间的转换。本节将分别介绍各个转换函数的用法。

5.5.1　字符串转 ASCII 编码组成的字符串函数

ASCIISTR(char)函数可以将任意字符串转换为数据库字符集对应的 ASCII 编码组成的字符串,char 为字符类型。

【例 5.43】若要使用 ASCIISTR 函数把字符串转为 ASCII 编码组成的字符串,可执行如下的 SQL 语句:

```
SQL> SELECT ASCIISTR('从入门到精通') FROM dual;
     ASCIISTR('从入门到精通')
----------------------------------
   \4ECE\5165\95E8\5230\7CBE\901A
```

5.5.2　二进制转十进制函数

BIN_TO_NUM()函数可以实现将二进制数转换为对应的十进制数。

【例 5.44】若要使用 BIN_TO_NUM 函数把二进制数转换为十进制数,可执行如下的 SQL 语句:

```
SQL> SELECT BIN_TO_NUM (1,1,0)  FROM dual;
    BIN_TO_NUM(1,1,0)
-------------------------
               6
```

5.5.3　数据类型转换函数

在 Oracle 中，用户如果想把字符串转换为数字或者把字符串转化为日期，通常使用 CAST(expr as type_name)函数来完成。

【例 5.45】若要使用 CAST 函数把字符串类型转换为数据类型，可执行如下的 SQL 语句：

```
SQL> SELECT CAST ('4321' AS int) as result FROM dual;
  RESULT
----------
   4321
```

5.5.4　数值转换为字符串函数

TO_CHAR 函数将一个数值型参数转换成字符型数据，具体语法格式如下：

```
TO_CHAR(n,[fmt[nlsparam]])
```

其中参数 n 代表数值型数据；参数 ftm 代表要转换成字符的格式；nlsparam 参数代表指定 fmt 的特征，包括小数点字符、组分隔符和本地钱币符号。

【例 5.46】若要使用 TO_CHAR 函数把数值类型转化为字符串类型，可执行如下的 SQL 语句：

```
SQL> SELECT TO_CHAR (10.13245, '99.999'), TO_CHAR (10.13245) FROM dual;
TO_CHAR(10.13245,'99.999')     TO_CHAR(10.13245)
-------------------------     -----------------
     10.132                       10.13245
```

从执行结果可以看到，如果不指定转换的格式，数值就被直接转化为字符串，不做任何格式处理。

另外，TO_CHAR 函数还可以将日期类型转换为字符串类型。

【例 5.47】若要使用 TO_CHAR 函数把日期类型转化为字符串类型，可执行如下的 SQL 语句：

```
SQL> SELECT TO_CHAR (SYSDATE, 'YYYY-MM-DD'), TO_CHAR (SYSDATE, 'HH24-MI-SS')
FROM dual;
 TO_CHAR(SYSDATE,'YYYY-MM-DD')  TO_CHAR(SYSDATE,'HH24-MI-SS')
 -------------------------     --------------------------------
       2020-10-26                      12-31-12
```

5.5.5　字符转日期函数

TO_DATE 函数将一个字符型数据转换成日期型数据，具体语法格式如下：

```
TO_DATE(char[,fmt[,nlsparam]])
```

其中参数 char 代表需要转换的字符串，参数 ftm 代表要转换成字符的格式，nlsparam 参数是控制格式化时使用的语言类型。

【例 5.48】若要使用 TO_DATE 函数把字符串类型的数据转化为日期类型的数据，可执行如下的 SQL 语句：

```
SQL> SELECT TO_CHAR(TO_DATE ('1999-10-16', 'YYYY-MM-DD'),'MONTH') FROM dual;
TO_CHAR(TO_DATE('1999-10-16','YYYY-MM-DD'),'MONTH')
---------------------------------------------------
                        10 月
```

5.5.6　字符串转数字函数

TO_NUMBER 函数将一个字符型数据转换成数字数据，具体语法格式如下：

```
TO_NUMBER (expr[,fmt[,nlsparam]])
```

其中参数 expr 代表需要转换的字符串；参数 ftm 代表要转换成数字的格式；nlsparam 参数指定 fmt 的特征，包括小数点字符、组分隔符和本地货币符号。

【例 5.49】若要使用 TO_NUMBER 函数把字符串类型的数据转换为数字类型的数据，可执行如下的 SQL 语句：

```
SQL> SELECT TO_NUMBER ('1999.123', '9999.999') FROM dual;
      TO_NUMBER('1999.123','9999.999')
      -------------------------------------
                    1999.123
```

5.6　系统信息函数

本节将介绍常用的系统信息函数，Oracle 中的系统信息有：返回登录名函数、返回会话以及上下文信息函数等。

5.6.1　返回登录名函数

USER 函数用于返回当前会话的登录名。

【例 5.50】若要使用 USER 函数返回当前会话的登录名称，可执行如下的 SQL 语句：

```
SQL> SELECT USER  FROM dual;
  USER
  ------
    SYS
```

5.6.2　返回会话以及上下文信息函数

USERENV 函数用于返回当前会话的信息，使用的语法格式如下：

```
USERENV (parameter)
```

当参数为 Language 时，返回会话对应的语言、字符集等；当参数为 SESSION 时，返回当前会话的 ID；当参数为 ISDBA 时，返回当前用户是否为 DBA。

【例 5.51】若要使用 USERENV 函数返回当前会话的对应语言和字符集等信息，可执行如下的 SQL 语句：

```
SQL> SELECT USERENV('Language') FROM dual;
      USERENV('LANGUAGE')
-------------------------------------
SIMPLIFIED CHINESE_CHINA.AL32UTF8
```

5.7 综合案例——Oracle 函数的使用

本章为读者介绍了大量的 Oracle 函数，包括数学函数、字符串函数、日期和时间函数以及系统函数。读者应该在实践过程中深入了解、掌握这些函数。不同版本的 Oracle 之间的函数可能会有微小的差别，使用时需要查阅对应版本的参考手册，但大部分函数的功能在不同版本的 Oracle 之间是一致的。接下来将给出一个使用各种 Oracle 函数的综合案例。

1. 案例目的

使用各种函数操作数据，掌握各种函数的作用和使用方法。

2. 案例操作过程

01 使用数学函数 DBMS_RANDOM.VALUE ()生成两个 10 以内的随机数。

使用数学函数 DBMS_RANDOM.VALUE(x,y)产生 1~10 随机数，可执行如下的 SQL 语句：

```
SQL> SELECT DBMS_RANDOM.VALUE(1,10),DBMS_RANDOM.VALUE(1,10) FROM dual;

DBMS_RANDOM.VALUE(1,10)    DBMS_RANDOM.VALUE(1,10)
-----------------------    -----------------------
     5.78301463                   2.07589674
```

从执行结果可以看到，DBMS_RANDOM.VALUE (1,10)产生了 1~10 的随机数。

02 使用 SIN()、COS()、TAN()函数计算三角函数值，并将计算结果转换成整数值。

使用 Oracle 中的三角函数可以计算正弦、余弦和正切，可执行如下的 SQL 语句：

```
SQL> SELECT SIN(2), COS(1), TAN(0.3),TAN(1.3) FROM dual;
  SIN(2)         COS(1)        TAN(0.3)       TAN(1.3)
----------     ----------    ----------     ---------
0.9092974268   0.5403023059  0.3093362496   3.602102448
```

03 创建数据表，并使用字符串和日期函数对字段值进行操作。

（1）创建数据表 member，其中包含 5 个字段，分别为 GENERATED BY DEFAULT AS IDENTITY 约束的 m_id 字段、VARCHAR2 类型的 m_FN 字段、VARCHAR2 类型的 m_LN 字段、

DATE 类型的 m_birth 字段和 VARCHAR2 类型的 m_info 字段。

（2）插入一条记录，m_id 值为默认值，m_FN 值为 'Halen'，m_LN 值为 'Park'，m_birth 值为
1970-06-29，m_info 值为 'GoodMan'.

（3）返回 m_FN 的长度，返回第一条记录中的人的全名，将 m_info 字段值转换成小写字母。
将 m_info 的值反向输出。

（4）插入一条新的记录，m_FN 值为 'Samuel'，m_LN 值为 'Green'，m_birth 值为系统当前时
间，m_info 为空。使用 LAST_INSERT_ID() 查看最后插入的 ID 值。

操作过程如下：

（1）创建数据表 member，执行如下的 SQL 语句：

```
CREATE TABLE member
(
  m_id    NUMBER(11) GENERATED BY DEFAULT AS IDENTITY,
  m_FN    VARCHAR2(100),
  m_LN    VARCHAR2(100),
  m_birth DATE,
  m_info  VARCHAR2(255) NULL
);
```

（2）插入一条记录，执行如下的 SQL 语句：

```
INSERT INTO member VALUES (1011, 'Halen ', 'Park', '29-6月-1970', 'GoodMan ');
```

使用 SELECT 语句查看插入结果：

```
SQL> SELECT * FROM member;
  M_ID        M_FN        M_LN        M_BIRTH       M_INFO
---------- ---------- ---------- ---------- ----------
  1011        Halen       Park        29-6月-70     GoodMan
```

（3）返回 m_FN 的长度，返回第 1 条记录中的人的全名，将 m_info 字段值转换成小写字母，
将 m_info 全部改为大写字母输出。执行如下的 SQL 语句：

```
SELECT LENGTH(m_FN), CONCAT(m_FN, m_LN),
LOWER(m_info), UPPER (m_info) FROM member;
LENGTH(M_FN)    CONCAT(M_FN,M_LN)      LOWER(M_INFO)      UPPER(M_INFO)
------------ ---------------- ------------- ------------------
     6          HalenPark              goodman            GOODMAN
```

（4）插入一条新的记录，m_FN 值为 'Samuel'，m_LN 值为 'Green'，m_birth 值为系统当前时
间，m_info 值为 'GoodWoman'。使用 COUNT(*) 查看记录数。

```
INSERT INTO member VALUES (1012, 'Samuel', 'Green', SYSDATE, 'GoodWoman ');
```

使用 SELECT 语句查看插入结果：

```
SQL> SELECT * FROM member;
   M_ID        M_FN        M_LN        M_BIRTH       M_INFO
---------- ---------- ---------- ---------- ----------
   1011       Halen       Park        29-6月-70     GoodMan
   1012       Samuel      Green       26-10月-20    GoodWoman
```

从查询结果可以看到，数据表中现在有两条记录，接下来使用 NLS_CHARSET_ID()函数查看数据表中的记录数，可执行如下的 SQL 语句：

```
SQL> SELECT COUNT(*) FROM member;
  COUNT(*)
--------------
        2
```

最后插入的为第二条记录，因此返回值为 2。

5.8　疑难解惑

疑问 1：如何从日期时间值中获取年、月、日等部分日期或时间值？

答：在 Oracle 中，日期时间值以字符串形式存储在数据表中，因此可以使用字符串函数分别截取日期时间值的不同部分。例如，某个名称为 dt 的字段有值 '2020-10-01 12:00:30'，如果只需要获得年值，可以输入 YEAR FROM TIMESTAMP '1985-10-8　12:23:40'；如果只需要获得月份值，可以输入 MONTH FROM TIMESTAMP '1985-10-8　12:23:40'。

疑问 2：如何选择列表中第一个不为空的表达式？

答：COALESCE(expr)函数返回列表中第一个不为 NULL 的表达式。如果全部为 NULL，就返回一个 NULL，例如：

```
SQL> SELECT COALESCE (1-2,NULL ,9-8,NULL) FROM dual;
      COALESCE(1-2,NULL,9-8,NULL)
-------------------------------------------
                -1
```

5.9　经典习题

1．使用数学函数进行如下运算：

（1）计算 18 除以 5 的商和余数。

（2）将弧度值 0.125 转换为角度值。

（3）计算 9 的 4 次方值。

（4）保留浮点值 3.14159 小数点后面两位。

2．使用字符串函数进行如下运算：

（1）分别计算字符串"Hello World!"和"University"的长度。

（2）从字符串"Nice to meet you!"中获取子字符串"meet"。

（3）重复输出 3 次字符串"Cheer!"。

（4）将字符串"voodoo"逆序输出。

（5）4 个字符串"Oracle""not""is""great"按顺序排列，从中选择 1、3 和 4 位置处的

字符串组成新的字符串。

3．使用日期和时间函数进行如下运算：

（1）计算当前日期是一年的第几周。

（2）计算当前日期是一周中的第几个工作日。

（3）计算"1929-02-14"与当前日期之间相差的年份。

（4）按"97 Oct 4th Saturday"格式输出当前日期。

（5）从当前日期时间值中获取时间值，并将其转换为秒值。

第6章

查询数据

 学习目标|Objective

数据库管理系统的一个重要功能是数据查询，数据查询不应只是简单返回数据库中存储的数据，还应该根据需要对数据进行筛选，以及确定数据以什么样的格式显示。Oracle 提供了功能强大、灵活的语句来实现这些操作。本章将介绍如何使用 SELECT 语句查询数据表中的一列或多列数据、使用集合函数显示查询结果、连接查询、子查询以及使用正则表达式进行查询等。

内容导航|Navigation

- 了解基本查询语句
- 掌握表单查询的方法
- 掌握如何使用几何函数查询
- 掌握连接查询的方法
- 掌握如何使用子查询
- 熟悉合并查询结果
- 熟悉如何为数据表和字段取别名
- 掌握如何使用正则表达式查询
- 掌握综合案例中数据表的查询操作技巧和方法

6.1　基本查询语句

Oracle 从数据表中查询数据的基本语句为 SELECT 语句。SELECT 语句的基本格式如下：

```
SELECT
      {* | <字段列表>}
      [
          FROM <表 1>,<表 2>...
          [WHERE <表达式>
          [GROUP BY <group by definition>]
          [HAVING <expression> [{<operator> <expression>}...]]
          [ORDER BY <order by definition>]
          [LIMIT [<offset>,] <row count>]
      ]
SELECT [字段 1,字段 2,…,字段 n]
FROM [数据表或视图]
WHERE [查询条件];
```

其中，各条子句的含义如下：

- {*|<字段列表>}：包含星号通配符的字段列表，表示查询的字段，其中字段列至少包含一个字段名称，如果要查询多个字段，多个字段之间用逗号隔开，最后一个字段后不要加逗号。
- FROM <表 1>,<表 2>...：表 1 和表 2 表示查询数据的来源，可以是单个或者多个。
- WHERE 子句：是可选项，如果选择该项，将限定查询行必须满足的查询条件。
- GROUP BY <字段>：该子句告诉 Oracle 如何显示查询出来的数据，并按照指定的字段分组。
- [ORDER BY <字段>]：该子句告诉 Oracle 按什么样的顺序显示查询出来的数据，可以进行的排序有：升序（ASC）、降序（DESC）。
- [LIMIT [<offset>,] <row count>]：该子句告诉 Oracle 每次显示查询出来的数据条数。

SELECT 的可选参数比较多，读者可能无法一下完全理解，不要紧，接下来将从简单的参数开始介绍，一步一步深入学习之后，读者会对各个参数的作用有清晰的认识。

下面以一个例子说明如何使用 SELECT 从单个数据表中获取数据。

首先定义数据表，SQL 语句如下：

```
CREATE TABLE fruits
(
  f_id     varchar2(10)     NOT NULL,
  s_id     number(6)        NOT NULL,
  f_name   varchar(255)     NOT NULL,
  f_price  number (8,2)     NOT NULL
);
```

为了演示如何使用 SELECT 语句，需要插入如下数据：

```
INSERT INTO fruits (f_id, s_id, f_name, f_price) VALUES ('a1', 101,'苹果',5.2);
INSERT INTO fruits (f_id, s_id, f_name, f_price) VALUES ('b1',101,'香蕉', 3.2);
INSERT INTO fruits (f_id, s_id, f_name, f_price) VALUES ('bs1',102,'橘子', 4.2);
```

```
INSERT INTO fruits (f_id, s_id, f_name, f_price) VALUES('bs2',105,'火龙果
',8.2);
INSERT INTO fruits (f_id, s_id, f_name, f_price) VALUES ('t1',102,'香蕉', 4.3);
INSERT INTO fruits (f_id, s_id, f_name, f_price) VALUES ('t2',102,'葡萄', 5.3);
INSERT INTO fruits (f_id, s_id, f_name, f_price) VALUES ('o2',103,'山竹', 9.2);
INSERT INTO fruits (f_id, s_id, f_name, f_price) VALUES ('c0',101,'草莓', 8.2);
INSERT INTO fruits (f_id, s_id, f_name, f_price) VALUES ('a2',103, '丑橘',6.2);
INSERT INTO fruits (f_id, s_id, f_name, f_price) VALUES('l2',104,'甘蔗', 6.4);
INSERT INTO fruits (f_id, s_id, f_name, f_price) VALUES ('b2',104,'柚子', 7.6);
INSERT INTO fruits (f_id, s_id, f_name, f_price) VALUES ('m1',106,'苹果', 6.6);
INSERT INTO fruits (f_id, s_id, f_name, f_price) VALUES ('m2',105,'香蕉', 2.6);
INSERT INTO fruits (f_id, s_id, f_name, f_price) VALUES ('t4',107,'榴莲', 23.6);
INSERT INTO fruits (f_id, s_id, f_name, f_price) VALUES ('m3',105,'冬枣', 11.6);
INSERT INTO fruits (f_id, s_id, f_name, f_price) VALUES('b5',107,'芒果', 8.6);
INSERT INTO fruits (f_id, s_id, f_name, f_price) VALUES('b6',108,'杨梅', 13.6);
```

使用 SELECT 语句查询 f_id 字段的数据：

```
SQL> SELECT f_id, f_name FROM fruits;
F_ID       F_NAME
_____      _____

a1         苹果
b1         香蕉
bs1        橘子
bs2        火龙果
t1         香蕉
t2         葡萄
o2         山竹
c0         草莓
a2         丑橘
l2         甘蔗
b2         柚子
m1         苹果
m2         香蕉
t4         榴莲
m3         冬枣
b5         芒果
b6         杨梅
```

该语句的执行过程是，SELECT 语句决定了要查询的列值，在这里查询 f_id 和 f_name 两个字段的值，FROM 子句指定了数据的来源，这里指定数据表 fruits，因此返回结果为 fruits 表中 f_id 和 f_name 两个字段下的所有数据，其显示顺序为添加到该表中的顺序。

6.2 单表查询

单表查询是指从一个数据表的数据中查询所需的数据。本节将介绍单表查询中的各种基本的查询方式，主要有：查询所有字段、查询指定字段、查询指定记录、查询空值、多条件的查询、对查询结果进行排序等。

6.2.1　查询所有字段

1. 在 SELECT 语句中使用星号 "*" 通配符查询所有字段

SELECT 查询记录简单的形式是从一个数据表中检索所有记录，实现的方法是使用星号 "*" 通配符指定查找所有列的名称，语法格式如下：

```
SELECT * FROM 表名;
```

【例 6.1】若要从 fruits 表中检索所有字段的数据，可执行如下的 SQL 语句：

```
SQL> SELECT * FROM fruits;
F_ID    S_ID    F_NAME    F_PRICE
-----   -----   ------    -------
a1      101     苹果       5.2
b1      101     香蕉       3.2
bs1     102     橘子       4.2
bs2     105     火龙果     8.2
t1      102     香蕉       4.3
t2      102     葡萄       5.3
o2      103     山竹       9.2
c0      101     草莓       8.2
a2      103     丑橘       6.2
l2      104     甘蔗       6.4
b2      104     柚子       7.6
m1      106     苹果       6.6
m2      105     香蕉       2.6
t4      107     榴莲       23.6
m3      105     冬枣       11.6
b5      107     芒果       8.6
b6      108     杨梅       13.6
```

可以看到，使用星号 "*" 通配符时将返回所有列，各列按照定义数据表时的顺序显示。

2. 在 SELECT 语句中指定所有字段

下面介绍另一种查询所有字段值的方法。根据前面 SELECT 语句的格式，SELECT 关键字后面的字段名为将要查找的数据，因此可以将数据表中所有字段的名称跟在 SELECT 子句后面。如果忘记了字段名称，可以使用 DESC 命令查看表的结构。有时，由于表中的字段可能比较多，不一定能记得所有字段的名称，该方法会很不方便，因此不建议使用。例如，查询 fruits 表中的所有数据，也可以如下编写 SQL 语句：

```
SELECT f_id, s_id ,f_name, f_price FROM fruits;
```

查询结果与【例 6.1】相同。

提　示
一般情况下，除非需要使用表中所有的字段数据，最好不要使用通配符 "*"。使用通配符虽然可以节省输入查询语句的时间，但是获取不需要的列数据通常会降低查询和所使用的应用程序的效率。通配符的优势是，当不知道所需要的列的名称时，可以通过通配符获取它们。

6.2.2 查询指定字段

1. 查询单个字段

查询表中的某一个字段，语法格式为：

```
SELECT 列名 FROM 表名；
```

【例 6.2】若要查询 fruits 表中 f_name 列下的所有水果名称，可执行如下的 SQL 语句：

```
SELECT f_name FROM fruits；
```

该语句使用 SELECT 声明从 fruits 表中获取名为 f_name 的字段下的所有水果名称，指定字段的名称紧跟在 SELECT 关键字之后，查询结果如下：

```
SQL> SELECT f_name FROM fruits;
F_NAME
--------
苹果
香蕉
橘子
火龙果
香蕉
葡萄
山竹
草莓
丑橘
甘蔗
柚子
苹果
香蕉
榴莲
冬枣
芒果
杨梅
```

输出结果显示出 fruits 表中 f_name 字段下的所有数据。

2. 查询多个字段

使用 SELECT 声明可以获取多个字段下的数据，只需要在关键字 SELECT 后面指定要查找的字段的名称，不同字段名称之间用逗号 "," 分隔开，最后一个字段后面不需要加逗号，语法格式如下：

```
SELECT 字段名 1,字段名 2,…,字段名 n  FROM 表名；
```

【例 6.3】若要从 fruits 表中获取 f_name 和 f_price 两列，可执行如下的 SQL 语句：

```
SELECT f_name, f_price FROM fruits；
```

该语句使用 SELECT 声明从 fruits 表中获取名为 f_name 和 f_price 的两个字段下的所有水果名称和价格，两个字段之间用逗号分隔开，查询结果如下：

```
SQL> SELECT f_name, f_price FROM fruits;
F_NAME     F_PRICE
```

```
――――     ――――――
苹果         5.2
香蕉         3.2
橘子         4.2
火龙果       8.2
香蕉         4.3
葡萄         5.3
山竹         9.2
草莓         8.2
丑橘         6.2
甘蔗         6.4
柚子         7.6
苹果         6.6
香蕉         2.6
榴莲        23.6
冬枣        11.6
芒果         8.6
杨梅        13.6
```

输出结果显示出 fruits 表中 f_name 和 f_price 两个字段下的所有数据。

提　示
Oracle 中的 SQL 语句是不区分字母大小写的，因此 SELECT 和 select 的作用是相同的。但是，许多开发人员习惯将关键字使用大写，而数据列和表名使用小写，读者也应该养成一个良好的编程习惯，这样编写出来的代码更容易阅读和维护。

6.2.3　查询指定记录

数据库中包含大量的数据，根据特殊要求，可能只需要查询表中的指定数据，即对数据进行筛选。在 SELECT 语句中，通过 WHERE 子句可以对数据进行筛选，语法格式为：

```
SELECT 字段名 1,字段名 2,…,字段名 n
FROM 表名
WHERE 查询条件
```

在 WHERE 子句中，Oracle 提供了一系列比较运算符，部分常用的运算符如表 6-1 所示（更多运算符可参考 4.3.3 小节的表 4-4）。

表 6-1　WHERE 条件运算符

运　算　符	说　　明
=	相等
<>、!=	不相等
<	小于
<=	小于或者等于
>	大于
>=	大于或者等于
BETWEEN	位于两值之间

【例 6.4】若要查询价格为 8.2 元的水果的名称，可执行如下的 SQL 语句：

```
SELECT f_name, f_price FROM fruits WHERE f_price = 8.2;
```

该语句使用 SELECT 声明从 fruits 表中获取价格等于 8.2 的水果的数据，从查询结果可以看到，价格是 8.2 的水果的名称是草莓和火龙果，其他的均不满足查询条件，查询结果如下：

```
F_NAME   F_PRICE
-----    --------
火龙果      8.2
草莓        8.2
```

本例采用了简单的"相等"筛选，查询指定列 f_price 中值为 8.2 的数据记录。

"相等"还可以用来比较字符串，说明如下：

【例 6.5】若要查找名称为"苹果"的水果的价格，可执行如下的 SQL 语句：

```
SELECT s_id,f_name, f_price FROM fruits WHERE f_name = '苹果';
```

执行结果如下：

```
S_ID      F_NAME      F_PRICE
--------  ----------  ----------
101       苹果          5.2
106       苹果          6.6
```

该语句使用 SELECT 声明从 fruits 表中获取名称为"苹果"的水果的价格，从查询结果可以看到只有名称为"苹果"的行被返回，其他的均不满足查询条件。

【例 6.6】若要查询价格大于 10 的水果的名称，可执行如下的 SQL 语句：

```
SELECT s_id,f_name,f_price
FROM fruits
WHERE f_price >10;
```

该语句使用 SELECT 声明从 fruits 表中获取价格高于 10 的水果名称，即 f_price 大于 10 的水果信息被返回，查询结果如下：

```
S_ID      F_NAME      F_PRICE
--------  ----------  ----------
107       榴莲          23.6
105       冬枣          11.6
108       杨梅          13.6
```

从查询结果可以看到，所有记录的 f_price 字段的值均大于 10.00 元。而小于或等于 10.00 元的记录没有被返回。

6.2.4 带 IN 运算符的查询

IN 运算符用来查询满足指定范围内的条件的记录，使用 IN 运算符将所有检索条件用括号括起来，检索条件之间用逗号分隔开，只要满足条件范围内的一个值即为匹配项。

【例 6.7】若要查询 s_id 为 101 和 102 的记录，可执行如下的 SQL 语句：

```
SELECT s_id,f_name, f_price
FROM fruits
WHERE s_id IN (101,102)
ORDER BY f_name;
```

查询结果如下：

```
S_ID      F_NAME      F_PRICE
------    ----------  ---------------
 102       橘子          4.2
 101       苹果          5.2
 101       草莓          8.2
 102       葡萄          5.3
 101       香蕉          3.2
 102       香蕉          4.3
```

相反，可以使用 NOT 运算符来检索不在条件范围内的记录。

【例 6.8】若要查询所有 s_id 既不等于 101 又不等于 102 的记录，可执行如下的 SQL 语句：

```
SELECT s_id,f_name, f_price
FROM fruits
WHERE s_id NOT IN (101,102)
ORDER BY f_name;
```

查询结果如下：

```
S_ID      F_NAME      F_PRICE
------    ----------  ---------------
103        丑橘          6.2
105        冬枣          11.6
103        山竹          9.2
108        杨梅          13.6
104        柚子          7.6
107        榴莲          23.6
105        火龙果         8.2
104        甘蔗          6.4
107        芒果          8.6
106        苹果          6.6
105        香蕉          2.6
```

可以看到，该语句在 IN 运算符前面加上了 NOT 运算符，使得查询的结果与前面一个的结果正好相反，前面检索了 s_id 等于 101 和 102 的记录，而这里是要求查询记录中的 s_id 字段值不等于这两个值中的任何一个。

6.2.5　带 BETWEEN AND 的范围查询

BETWEEN AND 用来查询某个范围内的值，该运算符需要两个参数，即范围的开始值和结束值，如果字段值满足指定的范围查询条件，这些记录就会被返回。

【例 6.9】若要查询价格在 5.2 元和 9.2 元之间的水果名称和价格，可执行如下的 SQL 语句：

```
SELECT s_id,f_name, f_price FROM fruits WHERE f_price BETWEEN 5.2 AND 9.2;
```

查询结果如下：

```
S_ID        F_NAME        F_PRICE
——————      ——————————    ——————————
101         苹果           5.2
105         火龙果         8.2
102         葡萄           5.3
103         山竹           9.2
101         草莓           8.2
103         丑橘           6.2
104         甘蔗           6.4
104         柚子           7.6
106         苹果           6.6
107         芒果           8.6
```

可以看到，返回结果包含价格在 5.2 元和 9.2 元之间的字段值，并且端点值 5.2 与 9.2 也包括在返回结果中，即 BETWEEN 匹配范围中的所有值，包括开始值和结束值。

BETWEEN AND 运算符前可以加 NOT 运算符，表示指定范围之外的值，如果字段值不是指定范围内的值，这些记录就会被返回。

【例 6.10】若要查询价格在 5.2 元到 9.2 元之外的水果名称和价格，可执行如下的 SQL 语句：

```
SELECT s_id,f_name, f_price
FROM fruits
WHERE f_price NOT BETWEEN 5.2 AND 9.2;
```

查询结果如下：

```
S_ID        F_NAME        F_PRICE
——————      ————————      ————————
101         香蕉           3.2
102         橘子           4.2
102         香蕉           4.3
105         香蕉           2.6
107         榴莲           23.6
105         冬枣           11.6
108         杨梅           13.6
```

从查询结果可以看到，返回的记录中有 f_price 字段大于 9.2 的记录和小于 5.2 的记录。

6.2.6　带 LIKE 的字符匹配查询

在前面的检索操作中，讲述了如何查询多个字段的记录、如何进行比较查询或者查询一个条件范围内的记录，如果要查找所有的包含字符"ge"的水果名称，该如何查找呢？简单的比较运算在这里已经行不通了，在这里需要使用通配符进行匹配查找，通过创建查找模式对数据表中的数据进行比较。执行这个任务的运算符是 LIKE。

通配符是一种在 SQL 的 WHERE 条件子句中拥有特殊含义的字符，SQL 语句中支持多种通配符，可以和 LIKE 一起使用的通配符有"%"和"_"。

1. 百分号通配符 "%"，匹配任意长度的字符，甚至包括零字符

【例 6.11】若要查找所有以 "香" 字开头的水果，可执行如下的 SQL 语句：

```
SELECT s_id,f_id, f_name
FROM fruits
WHERE f_name LIKE '香%';
```

查询结果如下：

```
S_ID     F_ID     F_NAME
------   -------  -------------
101      b1       香蕉
102      t1       香蕉
105      m2       香蕉
```

该语句查询的结果返回所有以 "香" 开头的水果的 s_id、f_id 和 f_name，"%" 告诉 Oracle，返回所有以汉字 "香" 开头的记录，无论 "香" 后面有多少个字符。

在搜索匹配时，通配符 "%" 可以放在不同位置，如【例 6.12】。

【例 6.12】在 fruits 表中，若要查询 f_name 中包含文字 "龙" 的记录，可执行如下的 SQL 语句：

```
SELECT s_id,f_id, f_name
FROM fruits
WHERE f_name LIKE '%龙%';
```

查询结果如下：

```
S_ID    F_ID       F_NAME
----    --------   --------
105     bs2        火龙果
```

该语句查询字符串中包含文字 "龙" 的水果名称，只要名字中有文字 "龙"，前面或后面无论有多少个字符，都满足查询的条件。

【例 6.13】若要查询以 "火" 开头，并以 "果" 结尾的水果的名称，可执行如下的 SQL 语句：

```
SELECT f_name
FROM fruits
WHERE f_name LIKE '火%果';
```

查询结果如下：

```
  F_NAME
------------
  火龙果
```

从以上的查询结果可以看到，"%" 用于匹配在指定位置的任意数目的字符。

2. 下画线通配符 "_"，一次只能匹配任意一个字符

另一个非常有用的通配符是下画线通配符 "_"，该通配符的用法和 "%" 相同，区别是 "%" 可以匹配多个字符，而 "_" 只能匹配任意单个字符，如果要匹配多个字符，就需要使用相同个数的 "_"。

【例 6.14】在 fruits 表中，若要查询以文字"果"结尾，且"果"前面只有 1 个文字的记录，可执行如下的 SQL 语句：

```
SELECT s_id,f_id, f_name FROM fruits WHERE f_name LIKE '_果';
```

查询结果如下：

```
S_ID  F_ID  F_NAME
----  ----  ------
101   a1    苹果
106   m1    苹果
107   b5    芒果
```

从查询结果可以看到，以"果"结尾且前面只有 1 个文字的记录只有三条。其他记录的 f_name 字段也有以"果"结尾的，但其总的字符串长度不为 2，例如 f_name 字段名称为"火龙果"的记录，因此不在返回结果中。

6.2.7 查询空值

创建数据表的时候，设计者可以指定某列中是否可以包含空值（NULL）。空值不同于 0，也不同于空字符串。空值一般表示数据未知、不适用或将在以后添加数据。在 SELECT 语句中使用 IS NULL 子句可以查询某字段内容为空记录。

下面在数据库中创建数据表 customers，代码如下：

```
CREATE TABLE customers
(
 c_id       number(9)  NOT NULL,
 c_name     varchar2(50)  NOT NULL,
 c_address  varchar2(50)  NULL,
 c_city     varchar2(50)  NULL,
 c_zip      varchar2(10)  NULL,
 c_contact  varchar2(50)  NULL,
 c_email    varchar2(255) NULL,
 PRIMARY KEY (c_id)
);
```

为了演示需要插入数据，执行如下的语句：

```
INSERT INTO customers(c_id, c_name, c_address, c_city,
c_zip, c_contact, c_email) VALUES
(101, '付亚琪', '200 Street ', 'Tianjin',
 '300000', 'LiMing', 'LMing@163.com');
INSERT INTO customers(c_id, c_name, c_address, c_city,
c_zip, c_contact, c_email) VALUES
(102, '刘子谦', '333 Fromage Lane',
 'Dalian', '116000', 'Zhangbo','Jerry@hotmail.com');
INSERT INTO customers(c_id, c_name, c_address, c_city,
c_zip, c_contact, c_email) VALUES
(103, '张嫣', '1 Sunny Place', 'Qingdao', '266000',
 'LuoCong', NULL);
INSERT INTO customers(c_id, c_name, c_address, c_city,
c_zip, c_contact, c_email) VALUES
```

```
(104, '赵子涵', '82 Riverside Drive', 'Haikou',
 '570000','YangShan','sam@hotmail.com');
```

要查询上述 4 条记录是否成功插入，可执行查询插入记录个数的 SQL 语句：

```
SELECT COUNT(*) AS cust_num  FROM customers;
CUST_NUM
----------
       4
```

【例 6.15】若要查询 customers 表中 c_email 为空的记录的 c_id、c_name 和 c_email 字段值，可执行如下的 SQL 语句：

```
SELECT c_id, c_name,c_email FROM customers WHERE c_email IS NULL;
```

查询结果如下：

```
 C_ID       C_NAME      C_EMAIL
-------   ----------  ---------
103         张嫣
```

从查询结果可以看到，查询出来的 customers 表中字段 c_email 的值为 NULL 的记录，满足查询条件。

与 IS NULL 相反的是 IS NOT NULL，该运算符查找字段不为空的记录。

【例 6.16】若要查询 customers 表中 c_email 不为空的记录的 c_id、c_name 和 c_email 字段值，可执行如下的 SQL 语句：

```
SELECT c_id, c_name,c_email FROM customers WHERE c_email IS NOT NULL;
```

查询结果如下：

```
C_ID      C_NAME          C_EMAIL
-------   -------------   ------------------------
101        付亚琪          LMing@163.com
102        刘子谦          Jerry@hotmail.com
104        赵子涵          sam@hotmail.com
```

从查询结果可以看到，查询出来的记录的 c_email 字段都不为空值。

6.2.8　带 AND 的多条件查询

使用 SELECT 查询时，可以增加查询的限制条件，这样可以使查询的结果更加精确。Oracle 在 WHERE 子句中使用 AND 运算符限定只有满足所有查询条件的记录才会被返回。可以使用 AND 连接两个甚至多个查询条件。

【例 6.17】若要在 fruits 表中查询 s_id=101，并且 f_price 大于等于 5 的水果价格和名称，可执行如下的 SQL 语句：

```
SELECT f_id, f_price, f_name FROM fruits WHERE s_id = '101' AND f_price>=5;
```

查询结果如下：

```
 F_ID      F_PRICE     F_NAME
------    ---------   ------------
  a1        5.2         苹果
  c0        8.2         草莓
```

前面的语句查询出 s_id=101 的水果供应商的所有价格大于等于 5 元的水果名称和价格。WHERE 子句中的条件分为两部分，AND 运算符指示 Oracle 返回所有同时满足两个条件的行（数据记录）。这表示即使是 id=101 的水果供应商提供的水果，如果价格小于 5，或者是 id 不等于'101'的水果供应商的水果，无论其价格为多少，均不是要查询的结果。

提 示

上述例子的 WHERE 子句中只包含一个 AND 运算符（把两个筛选条件组合在一起）。实际上可以添加多个 AND 筛选条件，每增加一个条件就增加一个 AND 运算符。

【例 6.18】若要在 fruits 表中查询 s_id = 101 或者 102，且 f_price 大于 5，并且 f_name='苹果'的水果价格和名称，可执行如下的 SQL 语句：

```
SELECT f_id, f_price, f_name FROM fruits
WHERE s_id IN('101', '102') AND f_price >= 5 AND f_name = '苹果';
```

查询结果如下：

```
 F_ID      F_PRICE     F_NAME
------    ---------   --------
A 1         5.2         苹果
```

从查询结果可以看到，符合查询条件的返回记录只有一条。

6.2.9 带 OR 的多条件查询

与 AND 相反，在 WHERE 声明中使用 OR 运算符，表示只需要满足其中一个条件的记录即可返回。OR 也可以连接两个甚至多个查询条件。

【例 6.19】若要查询 s_id=101 或者 s_id=102 的水果供应商的 f_price 和 f_name，可执行如下的 SQL 语句：

```
SELECT s_id,f_name, f_price FROM fruits WHERE s_id = 101 OR s_id = 102;
```

查询结果如下：

```
S_ID     F_NAME       F_PRICE
----    ----------   ----------
101       苹果           5.2
101       香蕉           3.2
102       橘子           4.2
102       香蕉           4.3
102       葡萄           5.3
101       草莓           8.2
```

结果显示出 s_id=101 和 s_id=102 的商店里的水果名称和价格，OR 运算符告诉 Oracle，查询时只需要满足其中的一个条件即可（不需要满足所有的条件）。如果这里使用 AND 运算符，将查询不到符合条件的数据。

在这里，也可以使用 IN 运算符实现与 OR 运算符相同的功能，参考下面的例子。

【例 6.20】若要查询 s_id=101 或者 s_id=102 的水果供应商的 f_price 和 f_name，可执行如下的 SQL 语句：

```
SELECT s_id,f_name, f_price FROM fruits WHERE s_id IN(101,102);
```

查询结果如下：

```
S_ID     F_NAME      F_PRICE
_____    _____    _____
101      苹果          5.2
101      香蕉          3.2
102      橘子          4.2
102      香蕉          4.3
102      葡萄          5.3
101      草莓          8.2
```

从查询结果可以看到，OR 运算符和 IN 运算符使用后的结果是一样的，说明它们可以实现相同的功能。不过，使用 IN 运算符使得查询语句更加简洁明了，并且 IN 运算符的执行速度要快于 OR 运算符的执行速度。更重要的是，使用 IN 运算符可以执行更加复杂的嵌套查询。

提　示

OR 可以和 AND 一起使用，但是在使用时要注意两者的优先级，由于 AND 的优先级高于 OR，因此先对 AND 两边的操作数进行运算，其结果再与 OR 连接的操作数进行运算。

6.2.10　查询结果不重复

从前面的例子可以看到，SELECT 查询返回所有匹配的行（数据记录）。例如，查询 fruits 表中所有的 s_id，其结果为：

```
SQL> SELECT s_id FROM fruits;
     S_ID
--------------
     101
     101
     102
     105
     102
     102
     103
     101
     103
     104
     104
     106
     105
```

```
        107
        105
        107
        108
```

可以看到查询结果返回了 17 条记录，其中有一些重复的 s_id 值。有时，出于对数据分析的要求，需要消除重复的记录值，如何使查询结果没有重复呢？在 SELECT 语句中，可以使用 DISTINCT 关键字指示 Oracle 消除重复的记录值，语法格式为：

```
SELECT DISTINCT 字段名 FROM 表名;
```

【例 6.21】若要查询 fruits 表中 s_id 字段的值，返回 s_id 字段值且不得重复，可执行如下的 SQL 语句：

```
SELECT DISTINCT s_id FROM fruits;
```

查询结果如下：

```
     S_ID
---------------
      107
      108
      105
      104
      101
      103
      102
      106
```

从查询结果可以看到，这次查询结果只返回了 8 条记录的 s_id 值，且不再有重复的值，SELECT DISTINCT s_id 告诉 Oracle 只返回不同的 s_id 行。

6.2.11　对查询结果排序

从前面的查询结果中，读者会发现有些字段的值是没有任何顺序的，Oracle 可以通过在 SELECT 语句中使用 ORDER BY 子句对查询的结果进行排序。

1. 单列排序

例如查询 f_name 字段，查询结果如下：

```
SQL>SELECT f_name FROM fruits;
F_NAME
------
苹果
香蕉
橘子
火龙果
香蕉
葡萄
山竹
草莓
丑橘
```

甘蔗
柚子
苹果
香蕉
榴莲
冬枣
芒果
杨梅

从查询结果可以看到，查询的数据并没有以一种特定的顺序显示，如果没有对这些数据进行排序，将根据插入数据表中的顺序来显示这些数据。

下面使用 ORDER BY 子句对指定的列数据进行排序。

【例 6.22】若要查询 fruits 表的 f_name 字段值，并对其进行排序，可执行如下的 SQL 语句：

```
SQL> SELECT f_name FROM fruits ORDER BY f_name;
F_NAME
-------
丑橘
冬枣
山竹
杨梅
柚子
榴莲
橘子
火龙果
甘蔗
芒果
苹果
苹果
草莓
葡萄
香蕉
香蕉
香蕉
```

该语句查询的结果和前面的语句相同，不同的是，通过指定 ORDER BY 子句，Oracle 对查询的 name 列的数据按字母表的顺序进行了升序排序。

2. 多列排序

有时，需要根据多列值进行排序。比如，如果要显示一个学生列表，可能会有多个学生的姓氏是相同的，因此还需要根据学生的名进行排序。对多列数据进行排序要将需要排序的列之间用逗号隔开。

【例 6.23】若要查询 fruits 表中的 f_name 和 f_price 字段，先按 f_name 排序，再按 f_price 排序，可执行如下的 SQL 语句：

```
SELECT f_name, f_price FROM fruits ORDER BY f_name, f_price;
```

查询结果如下：

```
F_NAME    F_PRICE
```

```
------    ---------
丑橘       6.2
冬枣      11.6
山竹       9.2
杨梅      13.6
柚子       7.6
榴莲      23.6
橘子       4.2
火龙果     8.2
甘蔗       6.4
芒果       8.6
苹果       5.2
苹果       6.6
草莓       8.2
葡萄       5.3
香蕉       2.6
香蕉       3.2
香蕉       4.3
```

提　示

在对多列进行排序的时候，首先排序的第一列必须有相同的列值，才会对第二列进行排序。如果第一列数据中所有值都是唯一的，将不再对第二列进行排序。

---

3. 指定排序方向

默认情况下，查询数据按字母升序进行排序（从 A~Z），但数据的排序并不仅限于此，还可以使用 ORDER BY 对查询结果进行降序排序（从 Z~A），这可以通过关键字 DESC 实现。下面的例子表明了如何进行降序排列。

【例 6.24】若要查询 fruits 表中的 f_name 和 f_price 字段，对结果按 f_price 降序方式排序，可执行如下的 SQL 语句：

```
SELECT f_name, f_price FROM fruits ORDER BY f_price DESC;
```

查询结果如下：

```
F_NAME    F_PRICE
------    ---------
榴莲      23.6
杨梅      13.6
冬枣      11.6
山竹       9.2
芒果       8.6
火龙果     8.2
草莓       8.2
柚子       7.6
苹果       6.6
甘蔗       6.4
丑橘       6.2
葡萄       5.3
苹果       5.2
```

```
香蕉      4.3
橘子      4.2
香蕉      3.2
香蕉      2.6
```

> **提 示**
>
> 与 DESC 相反的是 ASC（升序排序），将字段列中的数据按字母表顺序升序排序。实际上，
> 在排序的时候 ASC 是默认的排序方式，所以加不加这个关键字都可以。

也可以对多列进行不同的顺序排序，参考【例 6.25】。

【例 6.25】若要查询 fruits 表，先按 f_price 字段降序排序，再按 f_name 字段升序排序，可执行如下的 SQL 语句：

```
SELECT f_price, f_name FROM fruits ORDER BY f_price DESC, f_name;
```

查询结果如下：

```
F_PRICE    F_NAME
--------   --------
23.6       榴莲
13.6       杨梅
11.6       冬枣
9.2        山竹
8.6        芒果
8.2        火龙果
8.2        草莓
7.6        柚子
6.6        苹果
6.4        甘蔗
6.2        丑橘
5.3        葡萄
5.2        苹果
4.3        香蕉
4.2        橘子
3.2        香蕉
2.6        香蕉
```

从程序结果可以看到，DESC 排序方式只应用到直接位于其前面的字段上。

> **提 示**
>
> DESC 关键字只对其前面的列进行降序排列，在这里只对 f_price 排序，而并没有对 f_name
> 进行排序。因此，f_price 按降序排序，而 f_name 列仍按升序排序。如果要对多列进行降序
> 排序，就必须在每一列的列名后面加 DESC 关键字。

6.2.12 分组查询

分组查询是对数据按照某个或多个字段进行分组，Oracle 中使用 GROUP BY 关键字对数据进

行分组，基本语法形式为：

```
[GROUP BY 字段] [HAVING <条件表达式>]
```

字段值为进行分组时所依据的列名称，"HAVING <条件表达式>"指定满足表达式限定条件的结果将被显示。

1. 创建分组

GROUP BY 关键字通常和集合函数一起使用，例如 MAX()、MIN()、COUNT()、SUM()、AVG()。例如，要返回每个水果供应商提供的水果种类，这时就要在分组过程中用到 COUNT()函数，把数据分为多个逻辑组，并对每个组进行集合计算。

【例 6.26】若要根据 s_id 对 fruits 表中的数据进行分组，可执行如下的 SQL 语句：

```
SELECT s_id, COUNT(*) AS Total FROM fruits GROUP BY s_id;
```

查询结果如下：

```
S_ID      TOTAL
------    ------
107        2
108        1
105        3
104        2
101        3
103        2
102        3
106        1
```

从查询结果可以看到，s_id 表示供应商的 ID，Total 字段使用 COUNT()函数计算得出，GROUP BY 子句按照 s_id 排序并对数据分组，可以看到 ID 为 101、102、105 的供应商分别提供 3 种水果，ID 为 103、104、107 的供应商分别提供两种水果，ID 为 106 的供应商只提供 1 种水果。

如果要查看每个供应商提供的水果的种类的名称，该怎么办呢？Oracle 中可以在 GROUP BY 子句中使用 LISTAGG()函数，将每个分组中各个字段的值显示出来。

【例 6.27】若要根据 s_id 对 fruits 表中的数据进行分组，将每个供应商的水果名称显示出来，可执行如下的 SQL 语句：

```
SELECT s_id, LISTAGG(f_name,',') within group (order by s_id ) AS Names
FROM fruits GROUP BY s_id;
```

查询结果如下：

```
S_ID      NAMES
----      ------------------
101       苹果,草莓,香蕉
102       橘子,葡萄,香蕉
103       丑橘,山竹
104       柚子,甘蔗
105       冬枣,火龙果,香蕉
106       苹果
107       榴莲,芒果
```

```
108    杨梅
```

从结果可以看到，LISTAGG()函数将每个分组中的名称显示出来了，其名称的个数与COUNT()函数计算出来的相同。

2. 使用HAVING筛选分组

GROUP BY可以和HAVING一起限定显示记录所需满足的条件，只有满足条件的分组才会被显示。

【例6.28】若要根据s_id对fruits表中的数据进行分组，并显示水果种类大于1的分组信息，可执行如下的SQL语句：

```
SELECT s_id, LISTAGG(f_name,',') within group (order by s_id ) AS Names
FROM fruits
GROUP BY s_id HAVING COUNT(f_name) > 1;
```

查询结果如下：

```
S_ID      NAMES
------    --------------------
101       苹果，草莓，香蕉
102       橘子，葡萄，香蕉
103       丑橘，山竹
104       柚子，甘蔗
105       冬枣，火龙果，香蕉
107       榴莲，芒果
```

从查询结果可以看到，ID为101、102、103、104、105、107的供应商提供的水果种类大于1，满足HAVING子句条件，因此出现在返回结果中；而ID为106的供应商的水果种类等于1，不满足限定条件，因此不在返回结果中。

提　示

HAVING关键字与WHERE关键字都是用来筛选数据的，两者有什么区别呢？其中重要的一点是，HAVING在数据分组之后进行筛选来选择分组，而WHERE在分组之前用来选择记录。另外，WHERE排除的记录不再包括在分组中。

---

3. 在GROUP BY子句中使用ROLLUP

使用ROLLUP关键字之后，在所有查询出的分组记录之后增加一条记录，该记录计算查询出的所有记录的总和，即统计记录数量。

【例6.29】若要根据s_id对fruits表中的数据进行分组，并显示记录数量，可执行如下的SQL语句：

```
SELECT s_id, COUNT(*) AS Total
FROM fruits a
GROUP BY ROLLUP(s_id) ;
```

查询结果如下：

```
S_ID    TOTAL
----    ---------
```

```
101        3
102        3
103        2
104        2
105        3
106        1
107        2
108        1
           17
```

从结果可以看到，通过 GROUP BY 分组之后，在显示结果的最后面新添加了一行，该行 Total
列的值正好是上面所有数值之和。

4．GROUP BY 和 ORDER BY 一起使用

某些情况下需要对分组进行排序，在前面的介绍中，ORDER BY 用来对查询的记录排序，如
果和 GROUP BY 一起使用，可以完成对分组的排序。

为了演示效果，首先创建数据表，执行如下的 SQL 语句：

```
CREATE TABLE orderitems
(
  o_num       number(9)          NOT NULL,
  o_item      number(6)          NOT NULL,
  f_id        varchar2(10)    NOT NULL,
  quantity    number(6)          NOT NULL,
  item_price number (8,2) NOT NULL,
  PRIMARY KEY (o_num,o_item)
) ;
```

然后插入演示数据，执行如下的 SQL 语句：

```
INSERT INTO orderitems(o_num, o_item, f_id, quantity, item_price)
SELECT 3001, 1, 'a1', 10, 5.2 from dual
Union all
SELECT 3001, 2, 'b2', 3, 7.6  from dual
Union all
SELECT 3001, 3, 'bs1', 5, 11.2 from dual
Union all
SELECT 3001, 4, 'bs2', 15, 9.2 from dual
Union all
SELECT 3002, 1, 'b3', 2, 20.0 from dual
Union all
SELECT 3003, 1, 'c0', 100, 10 from dual
Union all
SELECT 3004, 1, 'o2', 50, 2.50 from dual
Union all
SELECT 3005, 1, 'c0', 5, 10 from dual
Union all
SELECT 3005, 2, 'b1', 10, 8.99 from dual
Union all
SELECT 3005, 3, 'a2', 10, 2.2 from dual
Union all
SELECT 3005, 4, 'm1', 5, 14.99 from dual;
```

【例 6.30】若要查询订单价格大于 100 的订单号和总订单价格，可执行如下的 SQL 语句：

```
SELECT o_num, SUM(quantity * item_price) AS orderTotal
FROM orderitems
GROUP BY o_num
HAVING SUM(quantity*item_price) >= 100;
```

查询结果如下：

```
 O_NUM      ORDERTOTAL
 -------    --------
 3003       1000
 3004       125
 3005       236.85
 3001       268.8
```

从查询结果可以看到，返回的结果中 orderTotal 列的总订单价格并没有按照一定顺序显示。接下来，使用 ORDER BY 关键字按总订单价格排序显示结果，可执行如下的 SQL 语句：

```
SELECT o_num, SUM(quantity * item_price) AS orderTotal
FROM orderitems
GROUP BY o_num
HAVING SUM(quantity*item_price) >= 100
ORDER BY orderTotal;
```

查询结果如下：

```
 O_NUM     ORDERTOTAL
 -----     -----------
 3004       125
 3005       236.85
 3001       268.8
 3003       1000
```

从查询结果可以看到，GROUP BY 子句按订单号对数据进行分组，SUM()函数便可以返回总的订单价格，HAVING 子句对分组数据进行筛选，使得只返回总价格大于 100 的订单，最后使用 ORDER BY 子句排序输出。

提　示

当使用 ROLLUP 时，不能同时使用 ORDER BY 子句对结果进行排序，即 ROLLUP 和 ORDER BY 是互相排斥的。

6.2.13　使用 ROWNUM 限制查询结果的数量

SELECT 返回所有匹配的行（数据记录），有可能是数据表中所有的行，如仅仅需要返回第一行或者前几行，则可以使用 ROWNUM 来限制。

【例 6.31】若要显示 fruits 表查询结果的前 4 行，可执行如下的 SQL 语句：

```
SELECT * FROM fruits where ROWNUM< 5;
```

查询结果如下：

```
f_id   s_id   f_name   f_price
```

```
----    -----   ------    ----------
a1      101     苹果       5.2
b1      101     香蕉       3.2
bs1     102     橘子       4.2
bs2     105     火龙果      8.2
```

从查询结果可以看到，显示结果从第一行开始，"行数"小于 5 行，因此返回的结果为 fruits 表中的前 4 行记录。

提　示
使用 rownum 时，只支持<、<=和!=运算符，不支持>、>=、=和 between...and 运算符。

6.3　使用集合函数查询

有时并不需要返回数据表中的数据，而只是对数据进行总结。Oracle 提供了一些查询功能，可以对数据表中的数据进行分析和报告。这些函数的功能有：计算数据表中数据记录行数的总数，计算某个字段列下数据的总和，以及计算数据表中某个字段下的最大值、最小值或者平均值。本节将介绍这些函数以及如何使用它们。这些聚合函数的名称和作用如表 6-2 所示。

表 6-2　Oracle 聚合函数

函　　数	作　　用
AVG()	返回某列的平均值
COUNT()	返回某列的行数
MAX()	返回某列的最大值
MIN()	返回某列的最小值
SUM()	返回某列值的和

接下来，将详细介绍各个函数的使用方法。

6.3.1　COUNT()函数

COUNT()函数统计数据表中包含的数据记录行的总数，或者根据查询结果返回列中包含的数据记录的行数。该函数有两种使用方法：

- COUNT(*)：计算数据表中总的行数，无论某列有数值或者为空值。
- COUNT(字段名)：计算指定列下的总行数，计算时将忽略空值的行。

【例 6.32】若要查询 customers 表中总的行数，可执行如下的 SQL 语句：

```
SQL> SELECT COUNT(*) AS cust_num FROM customers;
CUST_NUM
--------------
   4
```

从查询结果可以看到，COUNT(*)返回 customers 表中记录的总行数，无论其值是什么。返回的总数的名称为 cust_num。

【例 6.33】若要查询 customers 表中有电子邮箱的顾客的总数，可执行如下的 SQL 语句：

```
SQL> SELECT COUNT(c_email) AS email_num  FROM customers;
EMAIL_NUM
-----------------
        3
```

从查询结果可以看到，表中 5 个 customer 只有 3 个有 email，customer 的 email 为空值的记录没有被 COUNT()函数计算在内。

> **提　示**
>
> 两个例子中不同的数值说明两种方式在计算总数时对待空值的方式不同，即指定列的值为空的行被 COUNT()函数忽略，但是如果不指定列，而在 COUNT()函数中使用星号"*"，则所有记录都不忽略。

前面介绍分组查询的时候，介绍了 COUNT()函数与 GROUP BY 关键字一起使用，用来计算不同分组中的记录总数。

【例 6.34】若要在 orderitems 表中使用 COUNT()函数统计不同订单号中订购的水果种类，可执行如下的 SQL 语句：

```
SQL> SELECT o_num, COUNT(f_id)  FROM orderitems  GROUP BY o_num;
O_NUM      COUNT(F_ID)
-------    ----------
3001            4
3002            1
3003            1
3004            1
3005            4
```

从查询结果可以看到，GROUP BY 关键字先按照订单号进行分组，然后计算每个分组中的总记录数。

6.3.2　SUM()函数

SUM()是一个求总和的函数，返回指定列值的总和。

【例 6.35】若要在 orderitems 表中查询 3005 号订单一共购买的水果总量，可执行如下的 SQL 语句：

```
SQL> SELECT SUM(quantity) AS items_total FROM orderitems WHERE o_num = 3005;
ITEMS_TOTAL
-------------
       30
```

从查询结果可以看到，SUM(quantity)函数返回订单中所有水果数量之和，WHERE 子句指定查询的订单号为 3005。

SUM()可以与 GROUP BY 一起使用，用来计算每个分组的总和。

【例 6.36】若要在 orderitems 表中使用 SUM()函数统计不同订单号中订购的水果总量，可执行如下的 SQL 语句：

```
SQL> SELECT o_num, SUM(quantity) AS items_total FROM orderitems GROUP BY o_num;

O_NUM           ITEMS_TOTAL
-------   ----------------------
3002            2
3003            100
3004            50
3005            30
3001            33
```

从查询结果可以看到，GROUP BY 按照订单号 o_num 进行分组，SUM()函数计算每个分组中订购的水果的总量。

提　示
SUM()函数在计算时，忽略列值为 NULL 的行。

6.3.3　AVG()函数

AVG()函数通过计算返回的行数和每一行数据的和，求得指定列数据的平均值。

【例 6.37】若要在 fruits 表中查询 s_id=103 的供应商的水果价格的平均值，可执行如下的 SQL 语句：

```
SQL> SELECT AVG(ALL f_price) AS avg_price  FROM fruits   WHERE s_id = 103;
AVG_PRICE
--------------
   7.7
```

该例中，查询语句增加了一个 WHERE 子句，并且添加了查询筛选条件，只查询 s_id = 103 的记录中的 f_price。因此，通过 AVG()函数计算的结果只是指定的供应商水果的价格平均值，而不是市场上所有供应商水果的价格的平均值。

AVG()可以与 GROUP BY 一起使用，用来计算每个分组的平均值。

【例 6.38】若要在 fruits 表中查询每一个供应商的水果价格的平均值，可执行如下的 SQL 语句：

```
SQL> SELECT s_id,AVG( ALL f_price) AS avg_price  FROM fruits  GROUP BY s_id;

 S_ID    AVG_PRICE
------  ------------
107     16.1
108     13.6
105     7.46666667
104     7
101     5.53333333
```

```
103        7.7
102        4.6
106        6.6
```

GROUP BY 关键字根据 s_id 字段对记录进行分组，然后计算出每个分组的平均值，这种分组求平均值的方法非常有用，例如求不同班级学生成绩的平均值、求不同部门工人的平均工资、求各地的年平均气温等。

提　　示
使用 AVG()函数时，注意它的参数为要计算的列名称，如果要得到多个列的多个平均值，就需要在每一列上使用 AVG()函数。

6.3.4　MAX()函数

MAX()返回指定列中的最大值。

【例 6.39】若要在 fruits 表中查找市场上价格最高的水果，可执行如下的 SQL 语句：

```
SQL>SELECT MAX(f_price) AS max_price FROM fruits;

MAX_PRICE
-----------
  23.6
```

从查询结果可以看到，MAX()函数查询出了 f_price 字段的最大值为 23.6。

MAX()也可以和 GROUP BY 关键字一起使用，求每个分组中的最大值。

【例 6.40】若要在 fruits 表中查找不同供应商提供的价格最高的水果，可执行如下的 SQL 语句：

```
SQL> SELECT s_id, MAX(f_price) AS max_price  FROM fruits  GROUP BY s_id;

S_ID    MAX_PRICE
------- ----------
107      23.6
108      13.6
105      11.6
104       7.6
101       8.2
103       9.2
102       5.3
106       6.6
```

从查询结果可以看到，GROUP BY 关键字根据 s_id 字段对记录进行分组，然后计算出每个分组中的最大值。

MAX()函数不仅适用于查找数值类型，也可应用于字符类型。

【例 6.41】若要在 fruits 表中查找 f_name 的最大值，可执行如下的 SQL 语句：

```
SQL> SELECT MAX(f_name) FROM fruits;
MAX(F_NAME)
```

```
------------
香蕉
```

从查询结果可以看到，MAX()函数可以对水果名进行大小判断，并返回值最大的字符或者字符串。

提 示

MAX()函数除了用来找出最大的列值或日期值之外，还可以返回任意列中的最大值，包括返回值最大的字符类型的数据。在对字符类型数据进行比较时，按照字符的 ASCII 码值大小进行比较，从 a~z，a 的 ASCII 码值最小，z 的 ASCII 码值最大。在比较时，先比较第一个字符，如果相等，就继续比较下一个字符，一直到两个字符不相等或者字符串比较结束为止。例如，'b' 与 't' 比较时，'t' 为更大的值；"bcd" 与 "bca" 比较时，"bcd" 为更大的值。

6.3.5 MIN()函数

MIN()返回查询列中的最小值。

【例 6.42】若要在 fruits 表中查找市场上价格最低的水果，可执行如下的 SQL 语句：

```
SQL>SELECT MIN(f_price) AS min_price FROM fruits;

MIN_PRICE
----------
   2.6
```

从查询结果可以看到，MIN()函数查询出了 f_price 字段的最小值 2.6。

MIN()也可以和 GROUP BY 关键字一起使用，求出每个分组中的最小值。

【例 6.43】若要在 fruits 表中查找不同供应商提供的价格最低的水果，可执行如下的 SQL 语句：

```
SQL>SELECT s_id, MIN(f_price) AS min_price  FROM fruits   GROUP BY s_id;

S_ID    MIN_PRICE
------  ----------
107        8.6
108       13.6
105        2.6
104        6.4
101        3.2
103        6.2
102        4.2
106        6.6
```

从查询结果可以看到，GROUP BY 关键字根据 s_id 字段对记录进行分组，然后计算出每个分组中的最小值。

MIN()函数与 MAX()函数类似，不仅适用于查找数值类型，也可应用于字符类型。

6.4　连接查询

连接是关系数据库模型的主要特点。连接查询是关系数据库中主要的查询，主要包括内连接、外连接等。通过连接运算符可以实现多个数据表的查询。在关系数据库管理系统中，数据表建立时各数据之间的关系不必确定，常把一个实体的所有信息存放在一个数据表中。当查询数据时，通过连接操作查询出存放在多个表中的不同实体的信息。当两个或多个表中存在相同含义的字段时，便可以通过这些字段对不同的数据表进行连接查询。本节将介绍多表之间的内连接查询、外连接查询以及复合条件连接查询。

6.4.1　内连接查询

内连接（INNER JOIN）使用比较运算符进行表间某（些）列数据的比较操作，并列出这些表中与连接条件相匹配的数据行，组合成新的记录。也就是说，在内连接查询中，只有满足条件的记录才能出现在结果关系中。

为了演示的需要，首先创建数据表 suppliers，执行如下的 SQL 语句：

```
CREATE TABLE suppliers
(
  s_id       number(9)      NOT NULL,
  s_name     varchar2(50)   NOT NULL,
  s_city     varchar2 (50)  NULL,
  s_zip      varchar2 (10)  NULL,
  s_call     varchar2 (50)  NOT NULL,
  PRIMARY KEY (s_id)
) ;
```

插入需要演示的数据，执行如下的 SQL 语句：

```
INSERT INTO suppliers(s_id, s_name,s_city, s_zip, s_call)
SELECT 101,'新鲜果蔬','天津','300000','48075' from dual
Union all
SELECT 102,'叮当果蔬','上海','400000','44333' from dual
Union all
SELECT 103,'鲜果果蔬','上海','200000','90046' from dual
Union all
SELECT 104,'明日果蔬','中山','528437','11111' from dual
Union all
SELECT 105,'明天果蔬','太原','030000', '22222' from dual
Union all
SELECT 106,'阳光果蔬','北京','010000', '45678' from dual
Union all
SELECT 107,'光芒果蔬.','郑州','450000', '33332' from dual
Union all
SELECT 109,'尚新果蔬.','北京','450000', '33332' from dual;
```

【例6.44】若要在 fruits 表和 suppliers 表之间使用内连接查询。

查询之前，查看两个数据表的结构：

```
SQL> DESC fruits;

名称            是否为空?  类型
------      ----------  ----------------
 F_ID        NOT NULL   VARCHAR2(10)
 S_ID        NOT NULL   NUMBER(6)
 F_NAME      NOT NULL   VARCHAR2(255)
 F_PRICE     NOT NULL   NUMBER(8,2)

SQL> DESC suppliers;

 名称            是否为空?  类型
--------     ------------  -------------
 S_ID        NOT NULL      NUMBER(9)
 S_NAME      NOT NULL      VARCHAR2(50)
 S_CITY                    VARCHAR2(50)
 S_ZIP                     VARCHAR2(10)
 S_CALL      NOT NULL      VARCHAR2(50)
```

从执行结果可以看到，fruits 表和 suppliers 表中有相同数据类型的字段 s_id，两个表通过 s_id 字段建立联系。接下来，从 fruits 表中查询 f_name、f_price 字段，从 suppliers 表中查询 s_id、s_name 字段，可执行如下的 SQL 语句：

```
SQL> SELECT suppliers.s_id, s_name,f_name, f_price FROM fruits ,suppliers WHERE
 fruits.s_id = suppliers.s_id;

 S_ID  S_NAME      F_NAME     F_PRICE
 ----  -------    --------   ------------
 101   新鲜果蔬     苹果         5.2
 101   新鲜果蔬     香蕉         3.2
 102   叮当果蔬     橘子         4.2
 105   明天果蔬     火龙果       8.2
 102   叮当果蔬     香蕉         4.3
 102   叮当果蔬     葡萄         5.3
 103   鲜果果蔬     山竹         9.2
 101   新鲜果蔬     草莓         8.2
 103   鲜果果蔬     丑橘         6.2
 104   明日果蔬     甘蔗         6.4
 104   明日果蔬     柚子         7.6
 106   阳光果蔬     苹果         6.6
 105   明天果蔬     香蕉         2.6
 107   光芒果蔬     榴莲        23.6
 105   明天果蔬     冬枣        11.6
 107   光芒果蔬     芒果         8.6
```

这里使用的 SELECT 语句与前面所介绍的 SELECT 语句一个最大的差别是：SELECT 后面指定的列分别属于两个不同的表，（f_name, f_price）在表 fruits 中，而另外两个字段在表 supplies 中；同时 FROM 子句列出了两个表 fruits 和 suppliers。WHERE 子句在这里作为筛选条件，指明只有两个表中的 s_id 字段值相等时才符合连接查询的条件。从返回的查询结果可以看到，显示的记录是由两个表中的不同列值组成的新记录。

提 示

因为 fruits 表和 suppliers 表中有相同的字段 s_id，因此在比较的时候，需要完全限定表名（格式为"表名.列名"），如果只给出 s_id，Oracle 将不知道指的是哪一个数据表的字段，并返回错误信息。

下面的内连接查询语句返回的查询结果与前面的查询结果完全相同。

【例 6.45】若要在 fruits 表和 suppliers 表之间使用 INNER JOIN 语法进行内连接查询，可执行如下的 SQL 语句：

```
SQL> SELECT suppliers.s_id, s_name,f_name, f_price  FROM fruits INNER JOIN
suppliers  ON fruits.s_id = suppliers.s_id;

S_ID    S_NAME       F_NAME      F_PRICE
----    ---------    --------    -------
101     新鲜果蔬      苹果         5.2
101     新鲜果蔬      香蕉         3.2
102     叮当果蔬      橘子         4.2
105     明天果蔬      火龙果       8.2
102     叮当果蔬      香蕉         4.3
102     叮当果蔬      葡萄         5.3
103     鲜果果蔬      山竹         9.2
101     新鲜果蔬      草莓         8.2
103     鲜果果蔬      丑橘         6.2
104     明日果蔬      甘蔗         6.4
104     明日果蔬      柚子         7.6
106     阳光果蔬      苹果         6.6
105     明天果蔬      香蕉         2.6
107     光芒果蔬      榴莲         23.6
105     明天果蔬      冬枣         11.6
107     光芒果蔬      芒果         8.6
```

在上面的查询语句中，两个数据表之间的关系是通过 INNER JOIN 来指定的。使用这种语法的 SQL 语句时，连接的条件使用 ON 子句而不是使用 WHERE 子句，ON 和 WHERE 后面指定的条件是相同的。

提 示

使用 WHERE 子句定义连接条件比较简单明了，而 INNER JOIN 语法是 ANSI SQL 的标准规范，使用 INNER JOIN 连接语法能够确保不会忘记连接条件，而且 WHERE 子句在某些时候会影响查询的性能。

如果在一个连接查询中涉及的两个数据表是同一个表，这种查询称为自连接查询。自连接是一种特殊的内连接，它是指相互连接的数据表在物理上为同一个表，但可以在逻辑上分为两个表。

【例 6.46】若要查询供应 f_id= 'a1' 的水果供应商提供的其他水果种类，可执行如下的 SQL 语句：

```
SQL> SELECT f1.f_id, f1.f_name FROM fruits f1, fruits f2 WHERE f1.s_id =
f2.s_id AND f2.f_id = 'a1';

F_ID  F_NAME
---  --------
a1    苹果
b1    香蕉
c0    草莓
```

此处查询的两个数据表是相同的表，为了防止产生二义性，对表使用了别名，fruits 表第 1 次出现时使用的别名为 f1，第 2 次出现时使用的别名为 f2，使用 SELECT 语句返回列时明确指出返回以 f1 为前缀的列的全名，WHERE 连接两个表，并按照第 2 个表的 f_id 对数据进行筛选，返回所需的数据。

6.4.2 外连接查询

连接查询将查询多个表中相关联的行（即数据记录），内连接时，返回查询结果集合中仅符合查询条件和连接条件的行。但有时候需要包含没有关联的行中的数据，即返回查询结果集合中不仅包含符合连接条件的行，而且还包括左表（左外连接或左连接）、右表（右外连接或右连接）或两个边接表（全外连接）中的所有数据行。外连接分为左外连接和右外连接。

LEFT JOIN（左连接）：返回包括左表中的所有记录和右表中连接字段相等的记录。

RIGHT JOIN（右连接）：返回包括右表中的所有记录和左表中连接字段相等的记录。

1. LEFT JOIN 左连接

左连接的结果包括 LEFT OUTER 子句中指定的左表的所有行,而不仅仅是连接列所匹配的行。如果左表的某行在右表中没有匹配行，则在相关联的结果行中，右表的所有选择列表列均为空值。

首先创建表 orders，可执行如下的 SQL 语句：

```
CREATE TABLE orders
(
  o_num  number(9)        NOT NULL,
  o_date  date            NOT NULL,
  c_id    number(9)        NOT NULL,
  PRIMARY KEY (o_num)
) ;
```

插入需要演示的数据，执行如下的 SQL 语句：

```
INSERT INTO orders(o_num, o_date, c_id)VALUES(3001, '01-9月-2020', 101);
INSERT INTO orders(o_num, o_date, c_id)VALUES (3002, '12-9月-2020', 103) ;
INSERT INTO orders(o_num, o_date, c_id)VALUES (3003, '30-9月-2020', 104) ;
INSERT INTO orders(o_num, o_date, c_id)VALUES (3004, '03-10月-2020', 105) ;
INSERT INTO orders(o_num, o_date, c_id)VALUES (3005, '08-10月-2020', 101) ;
```

【例 6.47】若要在 customers 表和 orders 表中，查询所有客户，包括没有订单的客户，可执行如下的 SQL 语句：

```
SQL> SELECT customers.c_id, orders.o_num  FROM customers LEFT OUTER JOIN orders
ON customers.c_id = orders.c_id;

    C_ID    O_NUM
    ----    -------
    101     3001
    103     3002
    104     3003
    101     3005
    102
```

执行结果中显示了 5 条记录，ID 等于 102 的客户目前并没有下订单，因而对应的 orders 表中并没有该客户的订单信息，于是该条记录只取出了 customers 表中相应的值，而从 orders 表中取出的值为空值。

2. RIGHT JOIN 右连接

右连接是左连接的反向连接，将返回右表的所有行。如果右表的某行在左表中没有匹配行，左表将返回空值。

【例 6.48】若要在 customers 表和 orders 表中查询所有订单，包括没有客户的订单，可执行如下的 SQL 语句：

```
SQL> SELECT customers.c_id, orders.o_num FROM customers RIGHT OUTER JOIN orders
ON customers.c_id = orders.c_id;
    C_ID    O_NUM
    ----    -------
    101     3001
    103     3002
    104     3003
            3004
    101     3005
```

执行结果中显示了 5 条记录，订单号等于 3004 的订单的客户可能由于某种原因取消了该订单，因而对应的 customers 表中并没有该客户的信息，于是该条记录只取出了 orders 表中相应的值，而从 customers 表中取出的值为空值。

6.4.3　复合条件连接查询

复合条件连接查询是在连接查询的过程中，通过添加筛选条件限制查询的结果，使查询的结果更加准确。

【例 6.49】若要在 customers 表和 orders 表中使用 INNER JOIN 语法查询 customers 表中 ID 为 10001 的客户的订单信息，可执行如下的 SQL 语句：

```
SQL> SELECT customers.c_id, orders.o_num  FROM customers INNER JOIN orders ON
customers.c_id = orders.c_id AND customers.c_id = 101;
    C_ID    O_NUM
    ----    -------
```

```
101          3001
101          3005
```

执行结果显示，在连接查询时指定查询客户 ID 为 101 的订单信息，添加了筛选条件之后，返回的结果将会变少，因此返回结果只有两条记录。

使用连接查询，并对查询的结果进行排序。

【例 6.50】若要在 fruits 表和 suppliers 表之间使用 INNER JOIN 语法进行内连接查询，并对查询结果排序，可执行如下的 SQL 语句：

```
SQL> SELECT suppliers.s_id, s_name,f_name, f_price  FROM fruits INNER JOIN
suppliers  ON fruits.s_id = suppliers.s_id
      ORDER BY fruits.s_id;
    S_ID  S_NAME      F_NAME      F_PRICE
    ----  -------     --------    --------
    101   新鲜果蔬     苹果          5.2
    101   新鲜果蔬     香蕉          3.2
    101   新鲜果蔬     草莓          8.2
    102   叮当果蔬     橘子          4.2
    102   叮当果蔬     香蕉          4.3
    102   叮当果蔬     葡萄          5.3
    103   鲜果果蔬     山竹          9.2
    103   鲜果果蔬     丑橘          6.2
    104   明日果蔬     甘蔗          6.4
    104   明日果蔬     柚子          7.6
    105   明天果蔬     火龙果        8.2
    105   明天果蔬     香蕉          2.6
    105   明天果蔬     冬枣         11.6
    106   阳光果蔬     苹果          6.6
    107   光芒果蔬     榴莲         23.6
    107   光芒果蔬     芒果          8.6
```

从查询结果可以看到，内连接查询的结果按照 suppliers.s_id 字段进行了升序排序。

6.5 子查询

子查询是指一个查询语句嵌套在另一个查询语句内部的查询，这个特性从 Oracle 4.1 开始引入。在 SELECT 子句中先计算子查询，子查询结果作为外层另一个查询的筛选条件，查询可以基于一个表或者多个表。子查询中常用的运算符有 ANY（SOME）、ALL、IN、EXISTS。子查询可以添加到 SELECT、UPDATE 和 DELETE 语句中，而且可以进行多层嵌套。子查询中也可以使用比较运算符，如"<""<="">"">="和"!="等。本节将介绍如何在 SELECT 语句中嵌套子查询。

6.5.1　带 ANY、SOME 的子查询

ANY 和 SOME 是同义词，表示满足其中任一个条件，它们允许创建一个表达式对子查询的返回值列表进行比较，只要满足内层子查询中的任何一个比较条件，就返回一个结果作为外层查询的条件。

下面定义两个数据表 tbl1 和 tbl2：

```
CREATE table tbl1 ( num1 INT NOT NULL);
CREATE table tbl2 ( num2 INT NOT NULL);
```

分别向两个表中插入数据：

```
INSERT INTO tbl1 values(1);
INSERT INTO tbl1 values(5);
INSERT INTO tbl1 values(13);
INSERT INTO tbl1 values(27);
INSERT INTO tbl2 values(6);
INSERT INTO tbl2 values(14);
INSERT INTO tbl2 values(11);
INSERT INTO tbl2 values(20);
```

ANY 接在一个比较操作符的后面，表示若与子查询返回的任何值比较为 true，则返回 true。

【例 6.51】返回 tbl2 表的所有 num2 列，然后将 tbl1 表中的 num1 的值与之进行比较，只要大于 num2 的任何一个值，即为符合查询条件的结果。

```
SQL> SELECT num1 FROM tbl1 WHERE num1 > ANY (SELECT num2 FROM tbl2);

NUM1
----
 13
 27
```

在子查询中，返回的是 tbl2 表的所有 num2 列结果（6,14,11,20），然后将 tbl1 中的 num1 列的值与之进行比较，只要大于 num2 列的任意一个数，即为符合条件的结果。

6.5.2　带 ALL 的子查询

ALL 与 ANY 和 SOME 不同，使用 ALL 时需要同时满足所有内层查询的条件。例如，修改前面的例子，用 ALL 替换 ANY。

ALL 接在一个比较操作符的后面，表示与子查询返回的所有值比较为 true，则返回 true。

【例 6.52】若要返回 tbl1 表中 num1 列比 tbl2 表 num2 列所有值都大的值，可执行如下的 SQL 语句：

```
SQL> SELECT num1 FROM tbl1 WHERE num1 > ALL (SELECT num2 FROM tbl2);

NUM1
------
```

27

在子查询中，返回的是 tbl2 的所有 num2 列结果（6,14,11,20），然后将 tbl1 中的 num1 列的值与之进行比较，大于所有 num2 列值的 num1 值只有 27，因此返回结果为 27。

6.5.3　带 EXISTS 的子查询

EXISTS 后面的参数是一个任意的子查询，系统对子查询进行运算，以判断它是否返回行，如果至少返回一行，那么 EXISTS 的结果为 true，此时外层查询语句将进行查询；如果子查询没有返回任何行，那么 EXISTS 返回的结果是 false，此时外层语句将不进行查询。

【例 6.53】若要查询 suppliers 表中是否存在 s_id=107 的供应商，如果存在，就查询 fruits 表中的记录，可执行如下的 SQL 语句：

```
SQL> SELECT * FROM fruits WHERE EXISTS (SELECT s_name FROM suppliers WHERE
s_id = 107);

    F_ID   S_ID   F_NAME   F_PRICE
    -----  ----   -------  -------
    a1     101    苹果       5.2
    b1     101    香蕉       3.2
    bs1    102    橘子       4.2
    bs2    105    火龙果      8.2
    t1     102    香蕉       4.3
    t2     102    葡萄       5.3
    o2     103    山竹       9.2
    c0     101    草莓       8.2
    a2     103    丑橘       6.2
    l2     104    甘蔗       6.4
    b2     104    柚子       7.6
    m1     106    苹果       6.6
    m2     105    香蕉       2.6
    t4     107    榴莲      23.6
    m3     105    冬枣      11.6
    b5     107    芒果       8.6
    b6     108    杨梅      13.6
```

从查询结果可以看到，内层查询结果表明 suppliers 表中存在 s_id=107 的记录，因此 EXISTS 表达式返回 true；外层查询语句接收 true 之后对表 fruits 进行查询，返回所有的记录。

EXISTS 可以和条件表达一起使用。

【例 6.54】若要查询 suppliers 表中是否存在 s_id=107 的供应商，如果存在，就查询 fruits 表中 f_price 大于 10.20 的记录，可执行如下的 SQL 语句：

```
SQL> SELECT * FROM fruits WHERE f_price>10.20 AND EXISTS
 (SELECT s_name FROM suppliers WHERE s_id = 107);
 F_ID   S_ID   F_NAME   F_PRICE
 ----   ------ -------  ----------
 t4     107    榴莲       23.6
 m3     105    冬枣       11.6
```

b6	108	杨梅	13.6

从执行结果可以看到，内层查询结果表明 suppliers 表中存在 s_id=107 的记录，因此 EXISTS 表达式返回 true；外层查询语句接收 true 之后根据查询条件 f_price>10.20 对 fruits 表进行查询，返回结果为 3 条 f_price 大于 10.20 的记录。

NOT EXISTS 与 EXISTS 的使用方法相同，返回的结果相反。子查询如果至少返回一行，那么 NOT EXISTS 的结果为 false，此时外层查询语句将不进行查询；如果子查询没有返回任何行，那么 NOT EXISTS 返回的结果是 true，此时外层语句将进行查询。

【例 6.55】若要查询 suppliers 表中是否存在 s_id=107 的供应商，如果不存在，就查询 fruits 表中的记录，可执行如下的 SQL 语句：

```
SQL> SELECT * FROM fruits WHERE NOT EXISTS  (SELECT s_name FROM suppliers WHERE
s_id = 107);
 未选定行
```

查询语句 SELECT s_name FROM suppliers WHERE s_id=107，对 suppliers 表进行查询返回了一条记录，NOT EXISTS 表达式返回 false，外层表达式接收 false，将不再查询 fruits 表中的记录。

提　示

EXISTS 和 NOT EXISTS 的结果只取决于是否会返回行，而不取决于这些行的内容，所以这个子查询输入列表通常是无关紧要的。

6.5.4　带 IN 的子查询

用 IN 进行子查询时，内层查询语句仅仅返回一个数据列，这个数据列中的值将提供给外层查询语句进行比较操作。

【例 6.56】若要在 orderitems 表中查询 f_id 为 c0 的订单号，并根据订单号查询具有订单号的客户 c_id，可执行如下的 SQL 语句：

```
SQL> SELECT c_id FROM orders WHERE o_num IN  (SELECT o_num FROM orderitems WHERE
f_id = 'c0');

C_ID
-----
104
101
```

查询结果的 c_id 有两个值，分别为 101 和 104。上述查询过程可以分步执行，首先内层子查询查出 orderitems 表中符合条件的订单号，单独执行内查询，查询结果如下：

```
SQL> SELECT o_num FROM orderitems WHERE f_id = 'c0';

O_NUM
------
3003
3005
```

从查询结果可以看到，符合条件的 o_num 列的值有两个：3003 和 3005，然后执行外层查询，在 orders 表中查询订单号等于 3003 或 3005 的客户 c_id。嵌套子查询语句还可以编写为如下的形式，实现相同的查询效果：

```
SQL> SELECT c_id FROM orders WHERE o_num IN (3003, 3005);

C_ID
-----
104
101
```

这个例子说明在处理 SELECT 语句时，Oracle 实际上执行了两个操作过程，即先执行内层子查询，再执行外层查询，内层子查询的结果作为外层查询的比较条件。

SELECT 语句中可以使用 NOT IN 关键字，其作用与 IN 正好相反。

【例 6.57】与前一个例子类似，但是在 SELECT 语句中使用 NOT IN 关键字，可执行如下的 SQL 语句：

```
SQL> SELECT c_id FROM orders WHERE o_num NOT IN  (SELECT o_num  FROM orderitems
WHERE f_id = 'c0');
C_ID
-----
101
103
105
```

这里返回的结果有 3 条记录，从前面的查询结果可以看到，子查询返回的订单值有两个，即 3003 和 3005，但为什么这里还有值为 1001 的 c_id 呢？这是因为 c_id 等于 101 的客户的订单不止一个，可以查看订单表 orders 中的记录。

```
SQL> SELECT * FROM orders;
O_NUM  O_DATE      C_ID
-----  --------    -------
3001   01-9月-20    101
3002   12-9月-20    103
3003   30-9月-20    104
3004   03-10月-20   105
3005   08-10月-20   101
```

从查询结果可以看到，虽然排除了订单号为 3003 和 3005 的客户 c_id，但是 o_num 为 3001 的订单与 o_num 为 3005 的订单都是 101 号客户的订单。所以结果中只是排除了订单号，但是仍然有可能选择同一个客户。

提　示

子查询的功能也可以通过连接查询来完成，不过子查询使得 Oracle 代码更容易阅读和编写。

6.5.5　带比较运算符的子查询

在前面介绍带 ANY、ALL 的子查询时使用了"＞"比较运算符，子查询中还可以使用其他的比较运算符，如"<""<=""=""＞=""和"!="等。

【例 6.58】若要在 suppliers 表中查询 s_city 等于"Tianjin"的供应商 s_id，然后在 fruits 表中查询所有该供应商提供的水果的种类，可执行如下的 SQL 语句：

```
SELECT s_id, f_name FROM fruits WHERE s_id =
(SELECT s1.s_id FROM suppliers  s1 WHERE s1.s_city = 'Tianjin');
```

该嵌套查询首先在 suppliers 表中查找 s_city 等于 Tianjin 的供应商的 s_id，单独执行子查询查看 s_id 的值，执行下面的操作过程：

```
SQL> SELECT s1.s_id FROM suppliers s1 WHERE s1.s_city = '天津';

S_ID
----
101
```

然后在外层查询时，在 fruits 表中查找 s_id 等于 101 的供应商提供的水果的种类，查询结果如下：

```
SQL> SELECT s_id, f_name FROM fruits  WHERE s_id =
    (SELECT s1.s_id FROM suppliers  s1 WHERE s1.s_city = '天津');
S_ID  F_NAME
----  -------
101  苹果
101  香蕉
101  草莓
```

从查询结果可以看到，"天津"地区的供应商提供的水果种类有 3 种，分别为"苹果""香蕉""草莓"。

【例 6.59】若要在 suppliers 表中查询 s_city 等于"天津"的供应商 s_id，然后在 fruits 表中查询所有非该供应商提供的水果的种类，可执行如下的 SQL 语句：

```
SQL> SELECT s_id, f_name FROM fruits  WHERE s_id <>
(SELECT s1.s_id FROM suppliers  s1 WHERE s1.s_city = '天津');
S_ID  F_NAME
----  ------
102  橘子
105  火龙果
102  香蕉
102  葡萄
103  山竹
103  丑橘
104  甘蔗
104  柚子
106  苹果
105  香蕉
107  榴莲
105  冬枣
107  芒果
108  杨梅
```

该嵌套查询执行过程与前面查询的执行过程相同，不过这里使用了不等于 "<>" 运算符，因此返回的查询结果和前面的查询正好相反。

6.6 合并查询结果

利用 UNION 关键字可以给出多条 SELECT 语句，并将它们的结果组合成单个结果集。合并时，两个表对应的列数和数据类型必须相同。各个 SELECT 语句之间使用 UNION 或 UNION ALL 关键字分隔。UNION 不使用关键字 ALL 时，执行时会删除重复的记录，因此所有返回的行都是唯一的；使用关键字 ALL 时则不删除重复的行，也不对结果进行自动排序。基本语法格式如下：

```
SELECT column,... FROM table1
UNION [ALL]
SELECT column,... FROM table2
```

【例 6.60】若要查询所有价格小于 9 的水果的信息，查询 s_id 等于 101 和 103 所有水果的信息，使用 UNION 连接查询结果，可执行如下的 SQL 语句：

```
SELECT s_id, f_name, f_price
FROM fruits
WHERE f_price < 9.0
UNION
SELECT s_id, f_name, f_price
FROM fruits
WHERE s_id IN(101,103);
```

合并查询结果如下：

```
S_ID  F_NAME  F_PRICE
----  ------  ----------
101   苹果      5.2
101   草莓      8.2
101   香蕉      3.2
102   橘子      4.2
102   葡萄      5.3
102   香蕉      4.3
103   丑橘      6.2
103   山竹      9.2
104   柚子      7.6
104   甘蔗      6.4
105   火龙果     8.2
105   香蕉      2.6
106   苹果      6.6
107   芒果      8.6
```

如前所述，UNION 将多个 SELECT 语句的结果组合成一个结果集合。可以分开查看每个 SELECT 语句的查询结果：

```
SQL> SELECT s_id, f_name, f_price  FROM fruits
    WHERE f_price < 9.0;
```

```
S_ID    F_NAME    F_PRICE
---     ------    ---------
101     苹果       5.2
101     香蕉       3.2
102     橘子       4.2
105     火龙果      8.2
102     香蕉       4.3
102     葡萄       5.3
101     草莓       8.2
103     丑橘       6.2
104     甘蔗       6.4
104     柚子       7.6
106     苹果       6.6
105     香蕉       2.6
107     芒果       8.6


SQL> SELECT s_id, f_name, f_price  FROM fruits
     WHERE s_id IN(101,103);

S_ID    F_NAME    F_PRICE
---     ------    ---------
101     苹果       5.2
101     香蕉       3.2
103     山竹       9.2
101     草莓       8.2
103     丑橘       6.2
```

从分开查询的结果可以看到，第 1 条 SELECT 语句查询价格小于 9 的水果，第 2 条 SELECT 语句查询供应商 101 和 103 提供的水果。使用 UNION 连接两条 SELECT 语句，执行完毕之后会把输出结果组合成单个的结果集，并删除重复的记录。

使用 UNION ALL 包含重复的行，在前面的例子中，分开查询时，两个返回结果中有相同的记录。UNION 会从查询结果集中自动去除了重复的行，如果要返回所有匹配的行而不进行删除，则要使用 UNION ALL。

【例 6.61】若要查询所有价格小于 9 的水果的信息，查询 s_id 等于 101 和 103 的所有水果的信息，使用 UNION ALL 连接查询结果，可执行如下的 SQL 语句：

```
SELECT s_id, f_name, f_price
FROM fruits
WHERE f_price < 9.0
UNION ALL
SELECT s_id, f_name, f_price
FROM fruits
WHERE s_id IN(101,103);
```

查询结果如下：

```
S_ID    F_NAME    F_PRICE
----    --------  ---------
101     苹果        5.2
101     香蕉        3.2
```

102	橘子	4.2
105	火龙果	8.2
102	香蕉	4.3
102	葡萄	5.3
101	草莓	8.2
103	丑橘	6.2
104	甘蔗	6.4
104	柚子	7.6
106	苹果	6.6
105	香蕉	2.6
107	芒果	8.6
101	苹果	5.2
101	香蕉	3.2
103	山竹	9.2
101	草莓	8.2
103	丑橘	6.2

从查询结果可以看到，这里总的记录数等于两条 SELECT 语句返回的记录数之和，连接查询结果并没有去除重复的行。

提　示

UNION 和 UNION ALL 的区别：使用 UNION ALL 的功能是不删除重复的行，加上 ALL，SQL 语句在执行时所需要的资源少，所以尽可能使用它。因此，知道有重复的行，但是想保留这些行,确定查询结果中不会有重复数据或者不需要去掉重复数据时,应当使用 UNION ALL 以提高查询效率。

6.7　为数据表和字段取别名

在前面介绍分组查询、集合函数查询和嵌套子查询的章节中，读者注意到有的地方使用了为查询结果中的某一列指定一个特定的名字。在内连接查询中，对相同的表 fruits 分别指定两个不同的名字，这里可以为字段或者数据表取一个别名，在查询时使用别名替代其指定的内容。本节将介绍如何为字段和数据表创建别名以及如何使用别名。

6.7.1　为数据表取别名

当数据表的名字很长或者要执行一些特殊查询时，为了方便操作或者需要多次使用相同的表时，可以为表指定别名，用这个别名替代表原来的名称。为表取别名的基本语法格式为：

表名 表别名

"表名"为数据库中存储的数据表的名称，"表别名"为查询时指定的表的新名称，AS 关键字为可选参数。

【例 6.62】若要为 orders 表取别名 o，查询 3001 订单的下单日期，可执行如下的 SQL 语句：

```
SELECT * FROM orders  o
WHERE o.o_num = 3001;
```

在这里 orders AS o 代码表示为 orders 表取别名为 o，指定筛选条件时直接使用 o 代替 orders，查询结果如下：

```
O_NUM     O_DATE         C_ID
----      ----------     -------
3001      01-9月-20        101
```

【例 6.63】若要为 customers 和 orders 表分别取别名，并进行连接查询，可执行如下的 SQL 语句：

```
SQL> SELECT c.c_id, o.o_num
     FROM customers  c LEFT OUTER JOIN orders o
     ON c.c_id = o.c_id;

C_ID  O_NUM
----  -------
101    3001
103    3002
104    3003
101    3005
102
```

从查询结果可以看到，Oracle 可以同时为多个表取别名，而且表别名可以放在不同的位置，如 WHERE 子句、SELECT 列表、ON 子句以及 ORDER BY 子句等。

在前面介绍内连接查询时指出自连接是一种特殊的内连接，在连接查询中的两个表是同一个表，其查询语句如下：

```
SQL> SELECT f1.f_id, f1.f_name
     FROM fruits  f1, fruits  f2
     WHERE f1.s_id = f2.s_id AND f2.f_id = 'a1';

F_ID  F_NAME
----  -------
a1     苹果
b1     香蕉
c0     草莓
```

在这里，如果不使用表别名，Oracle 将不知道引用的是哪个 fruits 表实例，这是表别名的一个非常有用的地方。

提　示
在为表取别名时，要保证不能与数据库中的其他表的名称冲突。

6.7.2　为字段取别名

从本章和前面各章节的例子中可以看到，在使用 SELECT 语句显示查询结果时，Oracle 会显示每个 SELECT 后面指定的输出列，在有些情况下，显示的列的名称会很长或者名称不够直观，Oracle 可以指定列别名、替换字段或表达式。为字段取别名的基本语法格式为：

```
列名 [AS] 列别名
```

"列名"为表中字段定义的名称，"列别名"为字段新的名称，AS 关键字为可选参数。

【例 6.64】若要查询 fruits 表，为 f_name 取别名 fruit_name，为 f_price 取别名 fruit_price，为 fruits 表取别名 f1，查询表中 f_price < 8 的水果的名称，可执行如下的 SQL 语句：

```
SQL> SELECT f1.f_name AS fruit_name, f1.f_price AS fruit_price
     FROM fruits  f1
     WHERE f1.f_price < 8;

FRUIT_NAME   FRUIT_PRICE
----------   -------------
    苹果         5.2
    香蕉         3.2
    橘子         4.2
    香蕉         4.3
    葡萄         5.3
    丑橘         6.2
    甘蔗         6.4
    柚子         7.6
    苹果         6.6
    香蕉         2.6
```

也可以为 SELECT 子句中的计算字段取别名，例如对使用 COUNT 聚合函数或者 CONCAT 等系统函数执行的结果字段取别名。

【例 6.65】若要查询 suppliers 表中的字段 s_name 和 s_city，使用 CONCAT 函数连接这两个字段值，并取列别名为 suppliers_title。

如果没有对连接后的值取别名，其显示列名称将不够直观，那么可执行如下的 SQL 语句：

```
SQL> SELECT CONCAT(s_name , s_city) FROM suppliers ORDER BY s_name;

CONCAT(S_NAME,S_CITY)
-------------------------
ACMEShanghai
DK Inc.Zhengzhou
FNK Inc.Zhongshan
FastFruit Inc.Tianjin
Good SetTaiyuang
Just Eat OursBeijing
LT SuppliesChongqing
```

从查询结果可以看到，显示结果的列名为 SELECT 子句后面的计算字段，实际上计算之后的列是没有名字的，这样的结果让人很不容易理解，若为字段取一个别名，将会使结果清晰明了，可执行如下的 SQL 语句：

```
SQL> SELECT CONCAT(s_name , s_city)
     AS suppliers_title
```

```
        FROM suppliers
        ORDER BY s_name;

    SUPPLIERS_TITLE
    --------------------
    光芒果蔬.郑州
    叮当果蔬.上海
    尚新果蔬.北京
    新鲜果蔬.天津
    明天果蔬.太原
    明日果蔬.中山
    阳光果蔬.北京
    鲜果果蔬.上海
```

从查询结果可以看到，SELECT 子句计算字段值之后增加了 AS suppliers_title，它指示 Oracle 为计算字段创建了一个别名 suppliers_title，显示结果为指定的列别名，这样就增强了查询结果的可读性。

提　示
表别名只在执行查询的时候使用，并不在返回结果中显示，而列别名定义之后，将返回给客户端显示，显示的结果字段为字段列的别名。

6.8　使用正则表达式查询

正则表达式通常被用来检索或替换那些符合某个模式的文本内容，根据指定的匹配模式匹配文本中符合要求的特殊字符串。例如，从一个文本文件中提取电话号码，查找一篇文章中重复的单词或者替换用户输入的某些敏感词语等，这些地方都可以使用正则表达式。正则表达式强大而且灵活，可以应用于非常复杂的查询。

Oracle 中使用 REGEXP_LIKE()函数指定正则表达式的字符匹配模式。表 6-3 列出了 REGEXP_LIKE 函数中常用的字符匹配列表。

表 6-3　正则表达式中常用的字符匹配列表

选　项	说　明	例　子	匹配值示例
^	匹配文本的开始字符	'^b'匹配以字母 b 开头的字符串	book, big, banana, bike
$	匹配文本的结束字符	'st$'匹配以 st 结尾的字符串	test, resist, persist
.	匹配任何单个字符	'b.t'匹配任何 b 和 t 之间有一个字符	bit, bat, but, bite
*	匹配零个或多个在它前面的字符	'f*n'匹配字符 n 前面有任意个字符 f	fn, fan, faan, abcn
+	匹配前面的字符一次或多次	'ba+'匹配以 b 开头后面紧跟至少一个 a	ba, bay, bare, battle

（续表）

选 项	说 明	例 子	匹配值示例
<字符串>	匹配包含指定字符串的文本	匹配包含'fa'字符串的字符串	fan,afa,faad
[字符集合]	匹配字符集合中的任何一个字符	'[xz]' 匹配 x 或者 z	dizzy, zebra, x-ray, extra
[^]	匹配不在括号中的任何字符	'[^abc]'匹配任何不包含 a、b 或 c 的字符串	desk, fox, f8ke
字符串{n,}	匹配前面的字符串至少 n 次	b{2}匹配两个或更多的 b	bbb,bbbb,bbbbbbb
字符串{n,m}	匹配前面的字符串至少 n 次，至多 m 次。如果 n 为 0，此参数为可选参数	b{2,4}匹配最少两个、最多 4 个 b	bb,bbb,bbbb

下面将详细介绍在 Oracle 中如何使用正则表达式。

为了演示使用正则表达式查询，这里首先定义数据表 fruit_s，执行如下的 SQL 语句：

```
CREATE TABLE fruit_s
(
  f_id      varchar2(10)    NOT NULL,
  s_id      number(6)       NOT NULL,
  f_name    varchar(255)    NOT NULL,
  f_price   number (8,2)    NOT NULL
);
```

然后插入需要的数据，代码如下：

```
    INSERT INTO fruit_s (f_id, s_id, f_name, f_price) VALUES  ('a1', 101,'apple',
5.2);
    INSERT INTO fruit_s (f_id, s_id, f_name, f_price) VALUES ('b1',101,'blackberry',
10.2);
    INSERT INTO fruit_s (f_id, s_id, f_name, f_price) VALUES ('bs1',102,'orange',
11.2);
    INSERT INTO fruit_s (f_id, s_id, f_name, f_price)
VALUES('bs2',105,'melon',8.2);
    INSERT INTO fruit_s (f_id, s_id, f_name, f_price) VALUES ('t1',102,'banana',
10.3);
    INSERT INTO fruit_s (f_id, s_id, f_name, f_price) VALUES ('t2',102,'grape',
5.3);
    INSERT INTO fruit_s (f_id, s_id, f_name, f_price) VALUES ('o2',103,'coconut',
9.2);
    INSERT INTO fruit_s (f_id, s_id, f_name, f_price) VALUES ('c0',101,'cherry',
3.2);
    INSERT INTO fruit_s (f_id, s_id, f_name, f_price) VALUES ('a2',103,
'apricot',2.2);
    INSERT INTO fruit_s (f_id, s_id, f_name, f_price) VALUES('l2',104,'lemon',
6.4);
    INSERT INTO fruit_s (f_id, s_id, f_name, f_price) VALUES ('b2',104,'berry',
7.6);
    INSERT INTO fruit_s (f_id, s_id, f_name, f_price) VALUES ('m1',106,'mango',
15.6);
    INSERT INTO fruit_s (f_id, s_id, f_name, f_price) VALUES ('m2',105,'xbabay',
2.6);
    INSERT INTO fruit_s (f_id, s_id, f_name, f_price) VALUES ('t4',107,'xbababa',
3.6);
```

```
    INSERT INTO fruit_s (f_id, s_id, f_name, f_price) VALUES ('m3',105,'xxtt',
11.6);
    INSERT INTO fruit_s (f_id, s_id, f_name, f_price) VALUES('b5',107,'xxxx', 3.6);
```

6.8.1　查询以特定字符或字符串开头的记录

字符 "^" 匹配以特定字符或者字符串开头的文本。

【例 6.66】若要在 fruit_s 表中，查询 f_name 字段以字母 'b'开头的记录，可执行如下的 SQL 语句：

```
SQL> SELECT * FROM fruit_s WHERE REGEXP_LIKE(f_name, '^b');

F_ID  S_ID   F_NAME       F_PRICE
----  ----   ---------    -------------
b1    101    blackberry   10.2
t1    102    banana       10.3
b2    104    berry         7.6
```

fruit_s 表中有 3 条记录的 f_name 字段值是以字母 b 开头的，返回结果有 3 条记录。

【例 6.67】若要在 fruit_s 表中，查询 f_name 字段以 'be' 开头的记录，可执行如下的 SQL 语句：

```
SQL> SELECT * FROM fruit_s WHERE REGEXP_LIKE(f_name, '^be');
 F_ID  S_ID   F_NAME     F_PRICE
 -----  ----   --------   ---------
b2    104    berry       7.6
```

只有 berry 是以 'be' 开头的，所以查询结果中只有一条记录。

6.8.2　查询以特定字符或字符串结尾的记录

字符 "$" 匹配以特定字符或者字符串结尾的文本。

【例 6.68】若要在 fruit_s 表中查询 f_name 字段以字母 'y' 结尾的记录，可执行如下的 SQL 语句：

```
SQL> SELECT * FROM fruit_s WHERE REGEXP_LIKE(f_name, 'y$');

F_ID  S_ID    F_NAME      F_PRICE
----  -----   --------    ---------
b1    101     blackberry  10.2
c0    101     cherry       3.2
b2    104     berry        7.6
m2    105     xbabay       2.6
```

fruit_s 表中有 4 条记录的 f_name 字段值是以字母 'y' 结尾的，返回结果有 4 条记录。

【例 6.69】若要在 fruit_s 表中查询 f_name 字段以字符串 'rry' 结尾的记录，可执行如下的 SQL 语句：

```
SQL> SELECT * FROM fruit_s WHERE REGEXP_LIKE(f_name , 'rry$');

F_ID   S_ID   F_NAME       F_PRICE
-----  -----  ----------   -----------
b1     101    blackberry   10.2
c0     101    cherry       3.2
b2     104    berry        7.6
```

fruit_s 表中有 3 条记录的 f_name 字段值是以字符串 'rry' 结尾的，返回结果有 3 条记录。

6.8.3　用符号 "." 来替代字符串中的任意一个字符

字符 "." 匹配任意一个字符。

【例 6.70】若要在 fruit_s 表中查询 f_name 字段值包含字母 'a' 与 'g' 且两个字母之间只有一个字母的记录，可执行如下的 SQL 语句：

```
SQL> SELECT * FROM fruit_s WHERE REGEXP_LIKE(f_name, 'a.g');

F_ID   S_ID   F_NAME     F_PRICE
-----  ------ ---------  ----------
bs1    102    orange     11.2
m1     106    mango      15.6
```

查询语句中 'a.g' 指定匹配字符中要有字母 a 和 g，且两个字母之间包含单个字符，并不限定匹配的字符的位置和所在查询字符串的总长度，因此 orange 和 mango 都符合匹配条件。

6.8.4　使用 "*" 和 "+" 来匹配多个字符

星号 "*" 匹配前面的字符任意多次，包括 0 次。加号 "+" 匹配前面的字符至少一次。

【例 6.71】若要在 fruit_s 表中查询 f_name 字段值以字母 'b' 开头，且 'b' 后面出现字母 'a' 的记录，可执行如下的 SQL 语句：

```
SQL> SELECT * FROM fruit_s WHERE REGEXP_LIKE(f_name, '^ba*');
F_ID  S_ID  F_NAME      F_PRICE
----  ----  ----------  ------------
b1    101   blackberry  10.2
t1    102   banana      10.3
b2    104   berry       7.6
```

星号 "*" 可以匹配任意多个字符，blackberry 和 berry 中字母 b 后面并没有出现字母 a，但是满足匹配条件。

【例 6.72】若要在 fruit_s 表中查询 f_name 字段值以字母 'b' 开头，且 'b' 后面出现字母 'a' 至少一次的记录，可执行如下的 SQL 语句：

```
SQL> SELECT * FROM fruit_s WHERE REGEXP_LIKE(f_name, '^ba+');

F_ID  S_ID   F_NAME    F_PRICE
----  ------ ------    ----------
```

```
t1      102    banana      10.3
```

'a+' 匹配字母 'a' 至少一次，只有 banana 满足匹配条件。

6.8.5　匹配指定字符串

正则表达式可以匹配指定字符串，只要这个字符串在查询文本中即可，如要匹配多个字符串，多个字符串之间使用分隔符 "|" 隔开。

【例 6.73】若要在 fruit_s 表中查询 f_name 字段值包含字符串 'on' 的记录，可执行如下的 SQL 语句：

```
SQL> SELECT * FROM fruit_s WHERE REGEXP_LIKE(f_name, 'on');

F_ID    S_ID    F_NAME      F_PRICE
-----   ----    -------     ---------
bs2     105     melon       8.20
l2      104     lemon       6.40
o2      103     coconut     9.20

bs2     105     melon       8.2
o2      103     coconut     9.2
l2      104     lemon       6.4
```

从查询结果可以看到，f_name 字段的 melon、lemon 和 coconut 三个值中都包含有字符串 'on'，满足匹配条件。

【例 6.74】若要在 fruit_s 表中查询 f_name 字段值包含字符串 'on' 或者 'ap' 的记录，可执行如下的 SQL 语句：

```
SQL> SELECT * FROM fruit_s WHERE REGEXP_LIKE(f_name, 'on|ap');

F_ID  S_ID   F_NAME    F_PRICE
----  -----  -------   ---------
a1    101    apple     5.2
bs2   105    melon     8.2
t2    102    grape     5.3
o2    103    coconut   9.2
a2    103    apricot   2.2
l2    104    lemon     6.4
```

从查询结果可以看到，f_name 字段的 melon、lemon 和 coconut 三个值中都包含有字符串 'on'，apple 和 apricot 值中包含字符串 'ap'，满足匹配条件。

提　　示
之前介绍过，LIKE 运算符也可以匹配指定的字符串，但与 REGEXP_LIKE 不同，LIKE 匹配的字符串如果在文本中间出现，就找不到它，相应的行也不会返回。而 REGEXP 在文本内进行匹配，如果被匹配的字符串在文本中出现，REGEXP_LIKE 将会找到它，相应的行也会被返回。对比结果参考【例 6.77】。

【例 6.75】若要在 fruit_s 表中使用 LIKE 运算符查询 f_name 字段值为 'on' 的记录，可执行如下的 SQL 语句：

```
SQL> SELECT * FROM fruit_s WHERE f_name LIKE 'on';

未选定行
```

f_name 字段没有值为 'on' 的记录，返回结果为空。读者可以对比一下两者的区别。

6.8.6 匹配指定字符中的任意一个

方括号 "[]" 指定一个字符集合，只匹配其中任何一个字符，即为所查找的文本。

【例 6.76】若要在 fruit_s 表中查找 f_name 字段中包含字母 'o' 或者 't' 的记录，可执行如下的 SQL 语句：

```
SQL> SELECT * FROM fruit_s WHERE REGEXP_LIKE(f_name, '[ot]');

F_ID  S_ID  F_NAME    F_PRICE
----  ----  ------    -------
bs1   102   orange    11.2
bs2   105   melon     8.2
o2    103   coconut   9.2
a2    103   apricot   2.2
l2    104   lemon     6.4
m1    106   mango     15.6
m3    105   xxtt      11.6
```

从查询结果可以看到，所有返回的记录的 f_name 字段的值中都包含字母 o 或者 t，或者两个都有。

方括号 "[]" 还可以指定数值集合。

【例 6.77】若要在 fruit_s 表中查询 s_id 字段的数值中包含 4、5 或者 6 的记录，可执行如下的 SQL 语句：

```
SQL> SELECT * FROM fruit_s WHERE REGEXP_LIKE(s_id, '[456]');

F_ID  S_ID  F_NAME    F_PRICE
----  -----  --------  --------
l2    104   lemon     6.4
b2    104   berry     7.6
m1    106   mango     15.6
m2    105   xbabay    2.6
m3    105   xxtt      11.6
```

从查询结果可以看到，s_id 字段值中有 3 个数字中的 1 个即为匹配记录字段。

匹配集合 ' [456]' 也可以写成 '[4-6]'，即指定集合区间。例如，'[a-z]' 表示集合区间为从 a~z 的字母，'[0-9]' 表示集合区间为所有数字。

6.8.7　匹配指定字符以外的字符

"[^字符集合]"匹配不在指定集合中的任何字符。

【例 6.78】若要在 fruit_s 表中查询 f_id 字段包含字母 a~e 和数字 1~2 以外的字符的记录，可执行如下的 SQL 语句：

```
SQL> SELECT * FROM fruit_s WHERE REGEXP_LIKE(f_id, '[^a-e1-2]');

F_ID  S_ID  F_NAME     F_PRICE
----  ----  ---------  ---------
bs1   102   orange     11.2
bs2   105   melon      8.2
t1    102   banana     10.3
t2    102   grape      5.3
o2    103   coconut    9.2
c0    101   cherry     3.2
l2    104   lemon      6.4
m1    106   mango      15.6
m2    105   xbabay     2.6
t4    107   xbababa    3.6
m3    105   xxtt       11.6
b5    107   xxxx       3.6
```

返回记录中的 f_id 字段值中包含指定字母和数字以外的值，如 s、m、o、t 等，这些字母均不在 a~e 与 1~2 之间，因而满足匹配条件。

6.8.8　使用{n,}或者{n,m}来指定字符串连续出现的次数

"字符串{n,}"表示至少匹配 n 次前面的字符；"字符串{n,m}"表示匹配前面的字符串不少于 n 次，不多于 m 次。例如，a{2,}表示字母 a 连续出现至少 2 次，也可以大于 2 次；a{2,4}表示字母 a 连续出现最少 2 次，最多不能超过 4 次。

【例 6.79】若要在 fruit_s 表中查询 f_name 字段值出现字母 'x' 至少 2 次的记录，可执行如下的 SQL 语句：

```
SQL>SELECT * FROM fruit_s WHERE REGEXP_LIKE(f_name, 'x{2,}');

f_id  s_id  f_name     f_price
----  ----  ---------  ---------
m3    105   xxtt       11.6
b5    107   xxxx       3.6
```

从查询结果可以看到，f_name 字段的 'xxxx' 包含 4 个字母 'x'，'xxtt' 包含两个字母 'x'，均为满足匹配条件的记录。

【例 6.80】若要在 fruit_s 表中查询 f_name 字段值出现字符串 'ba' 最少 1 次、最多 3 次的记录，可执行如下的 SQL 语句：

```
SQL> SELECT * FROM fruit_s WHERE REGEXP_LIKE(f_name , 'ba{1,3}');
F_ID    S_ID    F_NAME          F_PRICE
----    -----   ----------      ------------
t1      102     banana          10.3
m2      105     xbabay          2.6
t4      107     xbababa         3.6
```

从查询结果可以看到，f_name 字段的 'xbabay' 值中 'ba' 出现了 2 次，'banana' 中出现了 1 次，'xbababa' 中出现了 3 次，都是满足匹配条件的记录。

6.9 综合案例——数据表查询操作

SQL 语句可以分为两部分，一部分用来创建数据库对象，另一部分用来操作这些对象。本章详细介绍了操作数据库对象的数据表查询语句。通过本章的介绍，读者可以了解到 SQL 中的查询语言功能的强大，用户可以根据需要灵活使用。本章的综合案例将回顾这些查询语句。

1. 案例目的

根据不同条件对数据表进行查询操作，掌握数据表的查询语句。employee、dept 表结构以及表中的记录如表 6-4~表 6-7 所示。

表 6-4 employee 表结构

字 段 名	字段说明	数据类型	主 键	外 键	非 空	唯 一	自 增
e_no	员工编号	NUMBER(11)	是	否	是	是	否
e_name	员工姓名	VARCHAR2(50)	否	否	是	否	否
e_gender	员工性别	VARCHAR2(2)	否	否	否	否	否
dept_no	部门编号	MUMBER (11)	否	否	是	否	否
e_job	职位	VARCHAR2(50)	否	否	是	否	否
e_salary	薪水	NUMBER (11)	否	否	否	否	否
hireDate	入职日期	DATE	否	否	是	否	否

表 6-5 dept 表结构

字 段 名	字段说明	数据类型	主 键	外 键	非 空	唯 一	自 增
d_no	部门编号	NUMBER (11)	是	是	是	是	是
d_name	部门名称	VARCHAR2(50)	否	否	是	否	否
d_location	部门地址	VARCHAR2(100)	否	否	否	否	否

表 6-6 employee 表中的记录

e_no	e_name	e_gender	dept_no	e_job	e_salary	hireDate
1001	SMITH	m	20	CLERK	8000	2005-11-12
1002	ALLEN	f	30	SALESMAN	5600	2003-05-12
1003	WARD	f	30	SALESMAN	5250	2003-05-12
1004	JONES	m	20	MANAGER	5975	1998-05-18

（续表）

e_no	e_name	e_gender	dept_no	e_job	e_salary	hireDate
1005	MARTIN	m	30	SALESMAN	5250	2001-06-12
1006	BLAKE	f	30	MANAGER	5850	1997-02-15
1007	CLARK	m	10	MANAGER	5450	2002-09-12
1008	SCOTT	m	20	ANALYST	5000	2003-05-12
1009	KING	f	10	PRESIDENT	8000	1995-01-01
1010	TURNER	f	30	SALESMAN	5500	1997-10-12
1011	ADAMS	m	20	CLERK	5100	1999-10-05
1012	JAMES	f	30	CLERK	5950	2008-06-15

表 6-7 dept 表中的记录

d_no	d_name	d_location
10	ACCOUNTING	ShangHai
20	RESEARCH	BeiJing
30	SALES	ShenZhen
40	OPERATIONS	FuJian

2. 案例操作过程

01 创建数据表 employee 和 dept。

```
CREATE TABLE dept
(
  d_no          NUMBER (11)  NOT NULL PRIMARY KEY,
  d_name        VARCHAR(50),
  d_location    VARCHAR(100)
);
```

由于 employee 表的 dept_no 依赖于父表 dept 的主键 d_no，因此需要先创建 dept 表，再创建 employee 表。

```
CREATE TABLE employee
(
  e_no         NUMBER(11) NOT NULL PRIMARY KEY,
  e_name       VARCHAR2(100) NOT NULL,
  e_gender     VARCHAR2(2) NOT NULL,
  dept_no      NUMBER (11) NOT NULL,
  e_job        VARCHAR2(100) NOT NULL,
  e_salary     NUMBER(11) NOT NULL,
  hireDate     DATE,
  CONSTRAINT dno_fk FOREIGN KEY(dept_no)
  REFERENCES dept(d_no)
);
```

02 将指定记录分别插入两个数据表中。

向 dept 表中插入数据，执行如下的 SQL 语句：

```
INSERT INTO dept VALUES (10, '财务部', '上海');
```

```
INSERT INTO dept VALUES (20, '研发部', '北京') ;
INSERT INTO dept VALUES (30, '销售部', '深圳') ;
INSERT INTO dept VALUES (40, '市场部', '附件');
```

向 employee 表中插入数据，执行如下的 SQL 语句：

```
INSERT INTO employee VALUES (1001, '刘子谦', 'm',20, '研发主管',8000,'12-11 月-2005') ;
INSERT INTO employee VALUES (1002, '张萌萌', 'f',30, '销售员', 5600,'12-5 月-2003') ;
INSERT INTO employee VALUES (1003, '付亚琪', 'f',30, '销售员', 5250,'12-5 月-2003') ;
INSERT INTO employee VALUES (1004, '吕凯', 'm',20, '总经理', 5975,'18-5 月-1998') ;
INSERT INTO employee VALUES (1005, '谢思远', 'm',30, '销售员', 5250,'12-6 月-2001') ;
INSERT INTO employee VALUES (1006, '白沐晨', 'f',30, '主管', 5850,'15-2 月-1997') ;
INSERT INTO employee VALUES (1007, '侯新阳', 'm',10, '主管', 5450,'12-9 月-2002') ;
INSERT INTO employee VALUES (1008, '侯明源', 'm',20, '分析员', 5000,'12-5 月-2003') ;
INSERT INTO employee VALUES (1009, '李娜娜', 'f',10, '会计', 8000,'01-1 月-1995') ;
INSERT INTO employee VALUES (1010, '贾玉珂', 'f',30, '销售员', 5500,'12-10 月-1997') ;
INSERT INTO employee VALUES (1011, '马雨轩', 'm',20, '分析员', 5100,'05-10 月-1999') ;
INSERT INTO employee VALUES (1012, '张家诚', 'm',30, '销售员', 5950,'15-6 月-2008');
```

03 在 employee 表中，查询所有记录的 e_no、e_name 和 e_salary 字段值。

```
SELECT e_no, e_name, e_salary FROM employee;
```

执行结果如下：

```
E_NO    E_NAME    E_SALARY
----    -------   ------------
1001    刘子谦      8000
1002    张萌萌      5600
1003    付亚琪      5250
1004    吕凯        5975
1005    谢思远      5250
1006    白沐晨      5850
1007    侯新阳      5450
1008    侯明源      5000
1009    李娜娜      8000
1010    贾玉珂      5500
1011    马雨轩      5100
1012    张家诚      5950
```

04 在 employee 表中，查询 dept_no 等于 10 和 20 的所有记录。

```
SELECT * FROM employee WHERE dept_no IN (10, 20);
```

执行结果如下：

```
SQL> SELECT * FROM employee WHERE dept_no IN (10, 20);

E_NO   E_NAME   E_GENDER   DEPT_NO   E_JOB      E_SALARY   HIREDATE
----   -------  --------   -------   --------   --------   ----------
1001   刘子谦     m          20        研发主管     8000       12-11 月-05
1004   吕凯       m          20        总经理       5975       18-5 月 -98
1007   侯新阳     m          10        主管         5450       12-9 月 -02
1008   侯明源     m          20        分析员       5000       12-5 月 -03
1009   李娜娜     f          10        会计         8000       01-1 月 -95
```

```
1011      马雨轩        m        20      分析员        5100      05-10 月-99
```

05 在 employee 表中，查询工资范围在 5000~7500 的员工信息。

```
SELECT * FROM employee WHERE e_salary BETWEEN 5000 AND 7500;
```

执行结果如下：

```
SQL>SELECT * FROM employee WHERE e_salary BETWEEN 800 AND 2500;
E_NO  E_NAME   E_GENDER   DEPT_NO   E_JOB      E_SALARY    HIREDATE
----  -------  --------   --------  ------     ---------   --------------
1003  付亚琪    f          30        销售员      5250        12-5 月 -03
1004  吕凯      m          20        总经理      5975        18-5 月 -98
1005  谢思远    m          30        销售员      5250        12-6 月 -01
1006  白沐晨    f          30        主管        5850        15-2 月 -97
1007  侯新阳    m          10        主管        5450        12-9 月 -02
1008  侯明源    m          20        分析员      5000        12-5 月 -03
1010  贾玉珂    f          30        销售员      5500        12-10 月-97
1011  马雨轩    m          20        分析员      5100        05-10 月-99
1012  张家诚    m          30        销售员      5950        15-6 月 -08
```

06 在 employee 表中，查询部门编号为 20 的部门中的员工信息。

```
SELECT * FROM employee WHERE dept_no = 20;
```

执行结果如下：

```
E_NO  E_NAME   E_GENDER   DEPT_NO   E_JOB      E_SALARY   HIREDATE
----  -------  --------   --------  --------   --------   ------------
1001  刘子谦    m          20        研发主管    8000       12-11 月-05
1004  吕凯      m          20        总经理      5975       18-5 月 -98
1008  侯明源    m          20        分析员      5000       12-5 月 -03
1011  马雨轩    m          20        分析员      5100       05-10 月-99
```

07 在 employee 表中，查询每个部门最高工资的员工信息。

```
SELECT dept_no, MAX(e_salary) FROM employee GROUP BY dept_no;
```

执行结果如下：

```
DEPT_NO   MAX(E_SALARY)
-------   --------------
30        5950
10        8000
20        8000
```

08 查询员工刘子谦所在部门和部门所在地。

```
SELECT d_no, d_location  FROM dept WHERE d_no=
(SELECT dept_no FROM employee WHERE e_name='刘子谦');
```

执行结果如下：

```
D_NO  D_LOCATION
----  ----------
20    北京
```

09 使用连接查询，查询所有员工的部门和部门信息。

```
SELECT e_no, e_name, dept_no, d_name,d_location
FROM employee, dept WHERE dept.d_no=employee.dept_no;
```

执行结果如下：

```
E_NO    E_NAME      DEPT_NO     D_NAME    D_LOCATION
-----   -------    ----------   --------  ----------
1001    刘子谦        20          研发部      北京
1002    张萌萌        30          销售部      深圳
1003    付亚琪        30          销售部      深圳
1004    吕凯          20          研发部      北京
1005    谢思远        30          销售部      深圳
1006    白沐晨        30          销售部      深圳
1007    侯新阳        10          财务部      上海
1008    侯明源        20          研发部      北京
1009    李娜娜        10          财务部      上海
1010    贾玉珂        30          销售部      深圳
1011    马雨轩        20          研发部      北京
1012    张家诚        30          销售部      深圳
```

10 在 employee 表中，计算每个部门各有多少名员工。

```
SELECT dept_no, COUNT(*) FROM employee GROUP BY dept_no;
```

执行结果如下：

```
DEPT_NO    COUNT(*)
-------    ----------
    30         6
    10         2
    20         4
```

11 在 employee 表中，计算不同类型职工的总工资数。

```
SELECT e_job, SUM(e_salary) FROM employee GROUP BY e_job;
```

执行结果如下：

```
E_JOB       SUM(E_SALARY)
--------    ----------------
分析员        10100
研发主管       8000
总经理        5975
主管         11300
销售员        27550
会计         8000
```

12 在 employee 表中，计算不同部门的平均工资。

```
SELECT dept_no, AVG(e_salary) FROM employee GROUP BY dept_no;
```

执行结果如下：

```
DEPT_NO       AVG(E_SALARY)
---------    ----------------
    30         5566.66667
    10         6725
    20         6018.75
```

13 在 employee 表中，查询工资低于 5500 的员工信息。

```
SELECT e_no,e_name, e_gender ,dept_no ,e_job,e_salary FROM employee WHERE
e_salary < 5500;
```

执行结果如下：

```
E_NO   E_NAME     E_GENDER  DEPT_NO    E_JOB     E_SALARY
-----  -----     ---------  -----     -------   --------
1003   付亚琪        f         30       销售员       5250
1005   谢思远        m         30       销售员       5250
1007   侯新阳        m         10       主管         5450
1008   侯明源        m         20       分析员       5000
1011   马雨轩        m         20       分析员       5100
```

14 在 employee 表中，将查询记录先按部门编号由高到低排列，再按员工工资由高到低排列。

```
SELECT e_name,dept_no, e_salary
FROM employee ORDER BY dept_no DESC, e_salary DESC;
```

执行结果如下：

```
E_NAME    DEPT_NO      E_SALARY
-----     -------     -----------
张家诚       30          5950
白沐晨       30          5850
张萌萌       30          5600
贾玉珂       30          5500
谢思远       30          5250
付亚琪       30          5250
刘子谦       20          8000
吕凯         20          5975
马雨轩       20          5100
侯明源       20          5000
李娜娜       10          8000
侯新阳       10          5450
```

15 在 employee 表中，查询员工姓名以 "张" 开头的员工的信息。

```
SELECT e_no , e_name  FROM employee WHERE REGEXP_LIKE(e_name , '^张');
```

执行过程如下：

```
E_NO    E_NAME
-----   --------
1002    张萌萌
1012    张家诚
```

6.10　疑难解惑

疑问 1：在 WHERE 子句中必须使用圆括号吗？

答：任何时候使用具有 AND 和 OR 运算符的 WHERE 子句，都应该使用圆括号明确操作顺序。如果条件较多，即使能确定计算次序，默认的计算次序也可能会使 SQL 语句不易理解，因此使用括号明确运算符的次序是一个好的习惯。

疑问 2：为什么使用通配符格式正确，却没有查找出符合条件的记录？

答：Oracle 中存储字符串数据时，可能会不小心把两端带有空格的字符串保存到记录中，而在查看表中的记录时，Oracle 不能明确地显示空格，数据库操作者不能直观地确定字符串两端是否有空格。例如，使用 LIKE '%e' 匹配以字母 e 结尾的水果的名称，如果字母 e 后面多了一个空格，LIKE 语句就不能将该记录查找出来。解决的方法是使用 TRIM 函数将字符串两端的空格删除之后再进行匹配。

6.11　经典习题

在已经创建的 employee 表中进行如下操作：

（1）计算所有女员工（'F'）的年龄。

（2）使用 ROWNUM 查询从第 3 条记录开始的记录。

（3）查询销售人员（SALSEMAN）的最低工资。

（4）查询名字以字母 N 或者 S 结尾的记录。

（5）查询在 BeiJing 工作的员工的姓名和职务。

（6）使用左连接方式查询 employee 和 dept 表。

（7）查询所有 2001~2005 年入职的员工的信息，查询部门编号为 20 和 30 的员工信息并使用 UNION 合并两个查询结果。

（8）使用 LIKE 查询员工姓名中包含字母 a 的记录。

（9）使用 REGEXP_LIKE 函数查询员工姓名中包含 T、C 或者 M 三个字母中任意一个的记录。

第7章

插入、更新与删除数据

 学习目标|Objective

存储在系统中的数据是数据库管理系统（DBMS）的核心，数据库被设计用来管理数据的存储、访问和维护数据的完整性。Oracle 中提供了功能丰富的数据库管理语句，包括有效地向数据库中插入数据的 INSERT 语句、更新数据的 UPDATE 语句以及当数据不再使用时删除数据的 DELETE 语句。本章将详细介绍在 Oracle 中如何使用这些语句操作数据。

内容导航|Navigation

- 掌握如何向数据表中插入数据
- 掌握更新数据的方法
- 熟悉如何删除数据
- 掌握综合案例中数据表基本操作的方法和技巧

7.1 插入数据

在使用数据库之前，数据库中必须要有数据，Oracle 中使用 INSERT 语句向数据库中的数据表内插入新的数据记录。插入的方式有：插入完整的记录、插入记录的一部分、插入多条记录、插入另一个查询的结果。下面将分别介绍这些内容。

7.1.1　往数据表的所有字段中插入数据

使用基本的 INSERT 语句插入数据要求指定表名称和插入新记录中的值，基本语法格式为：

```
INSERT INTO table_name (column_list) VALUES (value_list);
```

table_name 是指要插入数据的数据表名，column_list 是指要插入数据的那些列，value_list 是指每个列应对应插入的数据。注意，使用该语句时字段列和数据值的数量必须相同。

接下来将使用样例数据表 person，创建这个数据表的 SQL 语句如下：

```
CREATE TABLE person
(
  id          NUMBER(9)  GENERATED BY DEFAULT AS IDENTITY,
  name        VARCHAR2(40) NOT NULL,
  age         NUMBER(9)   NOT NULL ,
  info        VARCHAR2(50) NULL,
  PRIMARY     KEY (id)
);
```

向数据表中所有字段插入值的方法有两种：一种是指定所有字段名，另一种是完全不指定字段名。

【例 7.1】若要在 person 表中插入一条新记录，id 值为 1，name 值为 Green，age 值为 21，info 值为 Lawyer，可执行如下的 SQL 语句：

执行插入操作之前，使用 SELECT 语句查看表中的数据：

```
SQL> SELECT * FROM person;
未选定行
```

结果显示当前表为空，没有数据。接下来执行插入操作：

```
SQL> INSERT INTO person (id ,name, age , info) VALUES (1,'任然', 21, '律师');
```

该语句执行后，查看执行结果：

```
SQL> SELECT * FROM person;

ID NAME  AGE    INFO
-- ----- ----   -------
1  任然   21     律师
```

可以看到成功插入了记录。在插入数据时指定了 person 表的所有字段，因此将为每一个字段插入新的值。

INSERT 语句后面的列名称的顺序可以不是 person 表定义时的顺序，即插入数据时不需要按照表定义的顺序插入，只要保证值的顺序与列字段的顺序相同即可，参考【例 7.2】。

【例 7.2】若要在 person 表中插入一条新记录，id 值为 2，name 值为飞鸟，age 值为 22，info 值为舞蹈家，可执行如下的 SQL 语句：

```
SQL> INSERT INTO person (age ,name, id , info) VALUES (22, '飞鸟', 2, '舞蹈家
```

```
');
```

该语句执行后，查看执行结果：

```
SQL> SELECT * FROM person;

 ID   NAME    AGE    INFO
 ---  ------  -----  --------
 1    任然     21     律师
 2    飞鸟     22     舞蹈家
```

从查询结果可以看到，INSERT 语句成功插入了一条记录。

使用 INSERT 插入数据时，允许列名称的列表 column_list 为空，此时值列表中需要为表的每一个字段指定值，并且值的顺序必须和数据表中字段定义时的顺序相同，参考【例 7.3】。

【例 7.3】若要在 person 表中插入一条新记录，id 值为 3，name 值为玛丽，age 值为 24，info 值为音乐家，可执行如下的 SQL 语句：

```
SQL> INSERT INTO person VALUES (3,'玛丽', 24, '音乐家');
```

该语句执行后，查看执行结果：

```
SQL> SELECT * FROM person;
 ID   NAME    AGE    INFO
 ---  ------  -----  --------
 1    任然     21     律师
 2    飞鸟     22     舞蹈家
 3    玛丽     24     音乐家
```

可以看到成功插入了记录，数据库中增加了一条 id 为 3 的记录，其他字段值为指定的插入值。本例的 INSERT 语句中没有指定插入列表，只有一个值列表。在这种情况下，值列表为每一个字段列指定插入值，并且这些值的顺序必须和 person 表中字段定义的顺序相同。

提　示

虽然使用 INSERT 插入数据时可以忽略插入数据对应的列名称，那么 VALUES 关键字后面的值不仅要求完整且顺序必须和表定义时列的顺序相同。如果表的结构被修改了，例如对列进行增加、删除或者位置改变的操作，那么这种插入数据的方式就要修改数据的顺序。如果插入数据时同时指定了列名称，就不会受到表结构改变的影响。

7.1.2　往数据表的指定字段中插入数据

在插入记录时，如果某些字段没有指定插入值，Oracle 将往该字段插入定义时的默认值。下面的例子说明在没有指定列字段时插入默认值。

【例 7.4】若要在 person 表中插入一条新记录，name 值为张浩，age 值为 20，info 值为默认值，这里的默认值为空，可执行如下的 SQL 语句：

```
SQL> INSERT INTO person (id,name, age) VALUES (4,'张浩', 20);
```

提示信息表示插入一条记录成功。使用 SELECT 查询表中的记录，查询结果如下：

```
SQL> SELECT * FROM person;

ID  NAME     AGE   INFO
---- -------- ----- --------------
 1  任然      21    律师
 2  飞鸟      22    舞蹈家
 3  玛丽      24    音乐家
 4  张浩      20
```

在本例的插入语句中没有指定 info 字段值，而从查询结果可以看到，info 字段在定义时默认为空，因此系统自动为该字段插入空值。

> **提 示**
>
> 要保证每个插入值的类型和对应列的数据类型匹配，如果类型不同，将无法插入，并且 Oracle 会产生错误。

7.1.3 同时插入多条记录

使用多个 INSERT 语句可以向数据表中插入多条记录。

【例 7.5】若要在 person 表中，在 name、age 和 info 字段指定插入值，插入 3 条新记录，可执行如下的 SQL 语句：

```
INSERT INTO person(id,name, age, info)
VALUES (5,'陈婷',27, '教师') ;
INSERT INTO person(id,name, age, info)
VALUES(6,'王丽',22, '教师') ;
INSERT INTO person(id,name, age, info)
VALUES(7,'李芳',28, '歌唱家');
```

上述语句执行后，查看执行结果：

```
SQL>  SELECT * FROM person;

ID  NAME    AGE    INFO
--- ------  -----  ------
 1  任然     21     律师
 2  飞鸟     22     舞蹈家
 3  玛丽     24     音乐家
 4  张浩     20
 5  陈婷     27     教师
 6  王丽     22     教师
 7  李芳     28     歌唱家
```

从查询结果可以看到，INSERT 语句执行后，person 表中添加了 3 条记录。

如果想使用 INSERT 同时插入多条记录，需要配合 SELECT 操作才行。

【例 7.6】若要在 person 表中，不指定插入列表，同时插入两条新记录，可执行如下的 SQL

语句：

```
INSERT INTO person (id,name, age, info)
SELECT 8,'丽华',21, '学生' from dual
Union all
SELECT 9,'张飞',21, '学生' from dual;
```

上述语句执行后，查看执行结果：

```
SQL> SELECT * FROM person;

ID   NAME    AGE    INFO
---  ----    -----  -------
1    任然     21     律师
2    飞鸟     22     舞蹈家
3    玛丽     24     音乐家
4    张浩     20
5    陈婷     27     教师
6    王丽     22     教师
7    李芳     28     歌唱家
8    丽华     21     学生
9    张飞     21     学生
```

从查询结果可以看到，person 表中添加了两条记录。

提　示

一条同时插入多个数据记录的 INSERT 语句等同于多条插入单个数据记录的 INSERT 语句，但是插入多个数据记录的 INSERT 语句在处理过程中效率更高，因为 Oracle 执行单条 INSERT 语句插入多个数据记录比使用多条 INSERT 语句插入多个数据记录要快。所以在插入多个数据记录时，最好选择使用一条 INSERT 语句。

7.1.4　将查询结果插入到数据表中

INSERT 还可以将 SELECT 语句查询的结果插入到数据表中，如果想要从另一个表中合并个人信息到 person 表，不需要把每一条记录的值一个一个地输入，只需要使用一条 INSERT 语句和一条 SELECT 语句组成的组合语句，即可快速地从一个或多个表中向一个表中插入多个数据记录。基本语法格式如下：

```
INSERT INTO table_name1 (column_list1)
SELECT (column_list2) FROM table_name2 WHERE (condition)
```

table_name1 用于指定待插入数据的表；column_list1 用于指定待插入表中要插入数据的哪些列；table_name2 用于指定插入数据是从哪个表中查询出来的；column_list2 用于指定数据来源表的查询列，该列表必须和 column_list1 列表中的字段个数相同、数据类型相同；condition 用于指定 SELECT 语句的查询条件。

【例 7.7】从 person_old 表中查询所有的记录，并将其插入 person 表中。

首先，创建一个名为 person_old 的数据表，其表结构与 person 表结构相同，可执行如下的 SQL 语句：

```
CREATE TABLE person_old
 (
  id     NUMBER(9)  GENERATED BY DEFAULT AS IDENTITY,
  name  VARCHAR2(40) NOT NULL,
  age    NUMBER(9)   NOT NULL ,
  info   VARCHAR2(50) NULL,
  PRIMARY KEY (id)
);
```

向 person_old 表中添加两条记录：

```
SQL> INSERT INTO person_old VALUES (10,'海莉',20, '学生');
SQL>INSERT INTO person_old VALUES (11,'李刚',31, '警察');
```

查询 person_old 表中的记录，结果如下：

```
SQL> SELECT * FROM person_old;

 ID  NAME   AGE    INFO
 --- ----   ----   -----
 10  海莉    20     学生
 11  李刚    31     警察
```

可以看到，插入记录成功，person_old 表中现在有两条记录。接下来，将 person_old 表中所有的记录插入到 person 表中，可执行如下的 SQL 语句：

```
INSERT INTO person(id, name, age, info)
SELECT id, name, age, info FROM person_old;
```

该语句执行后，查看执行结果：

```
SQL> SELECT * FROM person;

ID  NAME   AGE    INFO
--  ----   -----  -------
1   任然    21     律师
2   飞鸟    22     舞蹈家
3   玛丽    24     音乐家
4   张浩    20
5   陈婷    27     教师
6   王丽    22     教师
7   李芳    28     歌唱家
8   丽华    21     学生
9   张飞    21     学生
10  海莉    20     学生
11  李刚    31     警察
```

从查询结果可以看到，INSERT 语句执行后，person 表中多了两条记录，这两条记录和 person_old 表中的记录完全相同，说明数据转移成功。

> **提　示**
>
> 这个例子中使用的 person_old 表和 person 表的定义相同。事实上，Oracle 不关心 SELECT 返回的列名，它根据列的位置进行插入，SELECT 的第 1 列对应待插入表的第 1 列，第 2 列对应待插入表的第 2 列，等等。即使不同结果的表之间也可以方便地转移数据。

7.2　更新数据

数据表中有数据之后，接下来可以对数据进行更新操作，Oracle 中使用 UPDATE 语句更新数据表中的记录，可以更新特定的行或者同时更新所有的行。基本语法结构如下：

```
UPDATE table_name
SET column_name1 = value1,column_name2=value2,…,column_namen=valuen
WHERE (condition);
```

column_name1,column_name2,…,column_namen 为指定更新的字段的名称； value1, value2,…,valuen 为相对应的指定字段的更新值；condition 指定更新的记录需要满足的条件。更新多个列时，每个"列-值"对之间用逗号隔开，最后一列之后不需要逗号。

【例 7.8】若要在 person 表中，更新 id 值为 11 的记录，将 age 字段值改为 25，将 name 字段值改为李明，可执行如下的 SQL 语句：

```
UPDATE person SET age = 25, name='李明' WHERE id = 11;
```

更新操作执行前可以使用 SELECT 语句查看当前的数据：

```
SQL> SELECT * FROM person WHERE id=11;

ID  NAME   AGE    INFO
--  -----  ---    ------
11  李刚    31     警察
```

从查询结果可以看到，更新之前，id 等于 11 的记录的 name 字段值为李刚，age 字段值为 31。下面使用 UPDATE 语句更新数据：

```
SQL> UPDATE person SET age = 25, name='李明' WHERE id = 11;
已更新 1 行。
```

该语句执行后，查看执行结果：

```
SQL> SELECT * FROM person WHERE id=11;

ID  NAME   AGE    INFO
--  ----   -----  -------
11  李明    25     警察
```

从查询结果可以看到，id 等于 11 的记录中的 name 和 age 字段的值已经成功被修改为指定值。

提 示
保证 UPDATE 以 WHERE 子句结束，通过 WHERE 子句指定被更新的记录所需要满足的条件，如果忽略 WHERE 子句，Oracle 将更新表中所有的行。

【例 7.9】在 person 表中，更新 age 值为 19~22 的记录，将 info 字段值都改为 student，可执行如下的 SQL 语句：

```
UPDATE person SET info='student' WHERE age BETWEEN 19 AND 22;
```

更新操作执行前，可以使用 SELECT 语句查看当前的数据：

```
SQL> SELECT * FROM person WHERE age BETWEEN 19 AND 22;

ID  NAME     AGE    INFO
--  -----    -----  ------
1   任然      21     律师
2   飞鸟      22     舞蹈家
4   张浩      20
6   王丽      22     教师
8   丽华      21     学生
9   张飞      21     学生
10  海莉      20     学生
```

可以看到，这些 age 字段值在 19~22 的记录的 info 字段值各不相同。下面使用 UPDATE 语句更新数据：

```
SQL> UPDATE person SET info='student' WHERE age BETWEEN 19 AND 22;
```

该语句执行后，查看执行结果：

```
SQL> SELECT * FROM person WHERE age BETWEEN 19 AND 22;

ID  NAME     AGE    INFO
--  -----    -----  ---------
1   任然      21     student
2   飞鸟      22     student
4   张浩      20     student
6   王丽      22     student
8   丽华      21     student
9   张飞      21     student
10  海莉      20     student
```

从查询结果可以看到，UPDATE 执行后，成功将数据表中符合条件的 7 条记录的 info 字段值都改为 student。

7.3 删除数据

从数据表中删除数据可使用 DELETE 语句，DELETE 语句允许 WHERE 子句指定删除条件。

DELETE 语句的基本语法格式如下：

```
DELETE FROM table_name [WHERE <condition>];
```

table_name 用于指定要执行删除操作的数据表；"[WHERE <condition>]"为可选参数，用于指定删除条件，如果没有 WHERE 子句，DELETE 语句将删除表中的所有记录。

【例 7.10】若要在 person 表中删除 id 等于 11 的记录，可执行如下的 SQL 语句：

执行删除操作前，使用 SELECT 语句查看当前 id=11 的记录：

```
SQL> SELECT * FROM person WHERE id=11;

ID  NAME   AGE   INFO
--  -----  ----  -----
11  李明   25    警察
```

可以看到，现在表中有 id=11 的记录。下面使用 DELETE 语句删除该记录：

```
SQL> DELETE FROM person WHERE id = 11;
已删除 1 行。
```

该语句执行后，查看执行结果：

```
SQL> SELECT * FROM person WHERE id=11;
未选定行
```

查询结果为空，说明删除操作成功。

【例 7.11】在 person 表中，使用 DELETE 语句同时删除多条记录。在前面的 UPDATE 语句中，对于 age 字段值在 19~22 的记录，把它们的 info 字段值修改为 student。下面删除这些记录：

```
DELETE FROM person WHERE age BETWEEN 19 AND 22;
```

执行删除操作前，使用 SELECT 语句查看当前的数据：

```
SQL> SELECT * FROM person WHERE age BETWEEN 19 AND 22;

ID   NAME   AGE   INFO
---  -----  ----- --------
1    任然    21    student
2    飞鸟    22    student
4    张浩    20    student
6    王丽    22    student
8    丽华    21    student
9    张飞    21    student
10   海莉    20    student
```

可以看到，这些 age 字段值在 19~22 的记录存在于表中。下面使用 DELETE 语句删除这些记录：

```
SQL> DELETE FROM person WHERE age BETWEEN 19 AND 22;
已删除 7 行
```

该语句执行后，查看执行结果：

```
SQL> SELECT * FROM person WHERE age BETWEEN 19 AND 22;
未选定行
```

查询结果为空，删除多条记录成功。

【例 7.12】若要删除 person 表中的所有记录，可执行如下的 SQL 语句：

```
DELETE FROM person;
```

执行删除操作前，使用 SELECT 语句查看当前的数据：

```
SQL> SELECT * FROM person;

ID   NAME    AGE    INFO
--   ------  -----  -------
3    玛丽    24     音乐家
5    陈婷    27     教师
7    李芳    28     歌唱家
```

结果显示 person 表中还有 3 条记录，执行 DELETE 语句删除这 3 条记录：

```
SQL> DELETE FROM person;
已删除 3 行
```

该语句执行后，查看执行结果：

```
SQL> SELECT * FROM person;
未选定行
```

查询结果为空，成功删除了表中的所有记录，现在 person 表中已经没有任何数据记录。

提　示

如果想删除表中的所有记录，还可以使用 TRUNCATE TABLE 语句，TRUNCATE 将直接删除原来的表并重新创建一个表，其语法结构为 TRUNCATE TABLE table_name。TRUNCATE 直接删除表而不是删除记录，因此执行速度比 DELETE 快。

7.4　综合案例——记录的插入、更新和删除

本章重点介绍了数据表中数据的插入、更新和删除操作。Oracle 中可以灵活地对数据进行插入与更新，Oracle 中对数据的操作没有任何提示，因此在更新和删除数据时一要谨慎小心，查询条件一定要准确，避免造成数据的丢失。本章的综合案例包含对数据表中数据的基本操作，包括记录的插入、更新和删除。

1. 案例目的

创建数据表 books，然后对数据表执行插入、更新和删除操作，掌握表数据的基本操作。books

表结构以及表中的记录如表 7-1 和表 7-2 所示。

表 7-1　books 表结构

字　段　名	字段说明	数据类型	主　键	外　键	非　空	唯　一	自　增
b_id	书编号	NUMBER(11)	是	否	是	是	否
b_name	书名	VARCHAR2(50)	否	否	是	否	否
authors	作者	VARCHAR2(100)	否	否	是	否	否
price	价格	NUMBER(11,2)	否	否	是	否	否
pubdate	出版日期	DATE	否	否	是	否	否
note	说明	VARCHAR2(100)	否	否	否	否	否
num	库存	NUMBER(11)	否	否	是	否	否

表 7-2　books 表中的记录

b_id	b_name	authors	price	pubdate	note	num
1	Tale of AAA	Dickes	23	1995-10 月 1	novel	11
2	EmmaT	Jane Lura	35	1993-10 月 1	joke	22
3	Story of Jane	Jane Tim	40	2001-10 月 1	novel	0
4	Lovey Day	George Byron	20	2005-10 月 1	novel	30
5	Old Land	Honore Blade	30	2010-10 月 1	law	0
6	The Battle	Upton Sara	30	1999-10 月 1	medicine	40
7	Rose Hood	Richard Haggard	28	2008-10 月 1	cartoon	28

2. 案例操作过程

01 创建数据表 books，并按表 7-1 的结构定义各个字段。

```
CREATE TABLE books
(
  id        NUMBER(11) GENERATED BY DEFAULT AS IDENTITY,
  name      VARCHAR2(40) NOT NULL,
  authors   VARCHAR2(200) NOT NULL,
  price     NUMBER(11) NOT NULL,
  pubdate   DATE NOT NULL,
  note      VARCHAR2(255) NULL,
  num       NUMBER(11) DEFAULT 0
);
```

02 将表 7-2 中的记录插入 books 表中，分别使用不同的方法插入记录，执行过程如下：

数据表创建好之后，使用 SELECT 语句查看表中的数据，结果如下：

```
SQL> SELECT * FROM books;
未选定行
```

可以看到，当前表是空的，没有任何数据。下面向表中插入记录。

（1）以指定所有字段名称的方式插入记录，可执行如下的 SQL 语句：

```
SQL> INSERT INTO books (id, name, authors, price, pubdate,note,num)
    VALUES(1, 'Tale of AAA', 'Dickes', 23, ' 01-10 月-1995', 'novel',11);
```

若该语句执行成功，便会插入一条记录。

（2）以不指定字段名称的方式插入记录，可执行如下的 SQL 语句：

```
SQL> INSERT INTO books
     VALUES (2,'EmmaT','Jane lura',35,' 01-10 月-1993', 'joke',22);
```

若该语句执行成功，便会插入一条记录。

使用 SELECT 语句查看当前表中的数据：

```
SQL> SELECT * FROM books;

 ID   NAME          AUTHORS        PRICE  PUBDATE      NOTE        NUM
 ---  ----------    --------       ----   ---------    ---------   -----
 1    Tale of AAA   Dickes         23     01-10 月-95  novel       11
 2    EmmaT         Jane lura      35     01-10 月-93  joke        22
```

可以看到，两条语句分别成功插入了一条记录。

（3）同时插入多条记录。

使用 INSERT 语句将剩下的多条记录插入到数据表中，可执行如下的 SQL 语句：

```
SQL> INSERT INTO books
SELECT 3, 'Story of Jane', 'Jane Tim', 40, '01-10 月-2001', 'novel', 0 from dual
Union all
SELECT 4, 'Lovey Day', 'George Byron', 20, '01-10 月-2005', 'novel', 30  from
dual
Union all
SELECT 5, 'Old Land', 'Honore Blade', 30, '01-10 月-2010', 'law',0  from dual
Union all
SELECT 6,'The Battle', 'Upton Sara',33,'01-10 月-1999', 'medicine',40 from dual
Union all
SELECT 7,'Rose Hood', 'Richard Kale',28,'01-10 月-2008', 'cartoon',28 from dual;

已创建 5 行。
```

从执行结果可以看到，所有语句都执行成功了，总共插入了 5 条记录。使用 SELECT 语句查看表中所有的记录：

```
SQL> SELECT * FROM books;

 ID  NAME          AUTHORS        PRICE    PUBDATE      NOTE         NUM
 --  ----------    -----------    --------  ---------    ----------   -----
 1   Tale of AAA   Dickes         23       01-10 月- 95  novel        11
 2   EmmaT         Jane lura      35       01-10 月- 93  joke         22
 3   Story of Jane Jane Tim       40       01-10 月- 01  novel        0
 4   Lovey Day     George Byron   20       01-10 月- 05  novel        30
 5   Old Land      Honore Blade   30       01-10 月- 10  law          0
 6   The Battle    Upton Sara     33       01-10 月- 99  medicine     40
 7   Rose Hood     Richard Kale   28       01-10 月- 08  cartoon      28
```

从查询结果可以看到，所有记录都成功插入到表中。

03 将小说类型（novel）的书的价格都增加 5。

执行该操作的 SQL 语句为：

```
UPDATE books SET price = price + 5 WHERE note = 'novel';
```

执行前先使用 SELECT 语句查看当前记录：

```
SQL> SELECT id, name, price, note FROM books WHERE note = 'novel';
ID  NAME           PRICE    NOTE    NUM
--- ---------      -------  ------  -----
1   Tale of AAA     23      novel   11
3   Story of Jane   40      novel   0
4   Lovey Day       20      novel   30
```

使用 UPDATE 语句执行更新操作：

```
SQL> UPDATE books SET price = price + 5 WHERE note = 'novel';
已更新 3 行。
```

从执行结果可以看到，该语句对 3 条记录进行了更新。使用 SELECT 语句查看更新后的结果：

```
SQL> SELECT id, name, price, note FROM books WHERE note = 'novel';

ID  NAME           PRICE    NOTE     NUM
--- ------------   ------   -------  -----
1   Tale of AAA     28       novel   11
3   Story of Jane   45       novel   0
4   Lovey Day       25       novel   30
```

对比可知，price 的值都在原来的价格之上增加了 5。

04 将名称为 EmmaT 的书的价格改为 40，并将说明改为 drama。

修改语句为：

```
UPDATE books SET price=40,note= 'drama 'WHERE name= 'EmmaT ';
```

执行修改前，使用 SELECT 语句查看当前记录：

```
SQL> SELECT name, price, note FROM books WHERE name='EmmaT';

 NAME      PRICE    NOTE
---------- -------  ------
EmmaT       35      joke
```

下面执行修改操作：

```
SQL> UPDATE books SET price=40,note='drama' WHERE name='EmmaT';
已更新 1 行。
```

结果显示修改了一条记录，使用 SELECT 语句查看修改后的结果：

```
SQL> SELECT name, price, note FROM books WHERE name='EmmaT';

 NAME     PRICE    NOTE
------- -------  ------
```

```
EmmaT        40        drama
```

可以看到，price 和 note 字段的值已经改变，说明修改成功。

05 删除库存为 0 的记录。

删除库存为 0 的记录的语句为：

```
DELETE FROM books WHERE num=0;
```

删除之前使用 SELECT 语句查看当前记录：

```
SQL> SELECT * FROM books WHERE num=0;

ID    NAME          AUTHORS        PRICE   PUBDATE       NOTE     NUM
---   -----------   ------------   ------  ----------    -------  -----
 3    Story of Jane  Jane Tim       45     01-10 月- 01   novel     0
 5    Old Land       Honore Blade   30     01-10 月- 10   law       0
```

可以看到，当前有两条记录的 num 值为 0。下面使用 DELETE 语句删除这两条记录：

```
SQL> DELETE FROM books WHERE num=0;
已删除 2 行。
```

该语句执行成功，再查看一下删除后的结果：

```
SQL> SELECT * FROM books WHERE num=0;
未选定行
```

可以看到，查询结果为空，说明数据表中已经没有库存为 0 的记录。

7.5　疑难解惑

疑问 1：插入记录时可以不指定字段名称吗？

答：无论使用哪种 INSERT 语法，都必须给出 VALUES 的正确数目。如果不提供字段名，就必须给每个字段提供一个值，否则将产生一条错误消息。如果要在 INSERT 操作中省略某些字段，这些字段需要满足一定条件：该列定义为允许空值，或者表定义时给出默认值，如果不给出值，将使用默认值。

疑问 2：更新或者删除表时必须指定 WHERE 子句吗？

答：在前面的章节中可以看到，所有的 UPDATE 和 DELETE 语句全都在 WHERE 子句中指定了条件。如果省略 WHERE 子句，则 UPDATE 或 DELETE 将被应用到表中所有的行。因此，除非确实打算更新或者删除所有记录，否则要注意使用不带 WHERE 子句的 UPDATE 或 DELETE 语句。建议在对表进行更新和删除操作之前，使用 SELECT 语句确认需要删除的记录，以免造成无法挽回的损失。

7.6　经典习题

创建数据表 pet，并对表执行插入、更新与删除操作，pet 表结构如表 7-3 所示。

（1）首先创建数据表 pet，使用不同的方法将表 7-4 中的记录插入 pet 表中。

（2）使用 UPDATE 语句将名为 Fang 的狗的主人改为 Kevin。

（3）将没有主人的宠物的 owner 字段值都改为 Duck。

（4）删除已经死亡的宠物记录。

（5）删除所有表中的记录。

表 7-3　pet 表结构

字 段 名	字段说明	数据类型	主　键	外　键	非　空	唯　一	自　增
name	宠物名称	VARCHAR2(20)	否	否	是	否	否
owner	宠物主人	VARCHAR2(20)	否	否	否	否	否
species	种类	VARCHAR2(20)	否	否	是	否	否
sex	性别	VARCHAR2 (1)	否	否	是	否	否
birth	出生日期	DATE	否	否	是	否	否
death	死亡日期	DATE	否	否	否	否	否

表 7-4　pet 表中记录

name	owner	species	sex	birth	death
Fluffy	Harold	cat	f	2003-10 月 12	2010-8 月 12
Claws	Gwen	cat	m	2004-8 月 10	NULL
Buffy	NULL	dog	f	2009-8 月 11	NULL
Fang	Benny	dog	m	2000-5 月 15	NULL
Bowser	Diane	dog	m	2003-4 月 16	2009-11 月 12
Chirpy	NULL	bird	f	2008-5 月 19	NULL

第 8 章

视 图

学习目标|Objective

数据库中的视图是一个虚拟数据表。同真实的数据表一样，视图包含一系列带有名称的行和列数据。行和列数据用来自由定义视图查询所引用的数据表，并且在引用视图时动态生成。本章将通过一些实例来介绍视图的含义、视图的作用、创建视图、查看视图、修改视图、更新视图和删除视图等。

内容导航|Navigation

- 了解视图的含义和作用
- 掌握创建视图的方法
- 熟悉如何查看视图
- 掌握修改视图的方法
- 掌握更新视图的方法
- 掌握删除视图的方法
- 掌握综合案例中视图应用的方法和技巧

8.1 视图概述

视图是从一个或者多个表中导出的，视图的行为与表非常相似，但视图是一个虚拟表。在视图中，用户可以使用 SELECT 语句查询数据，以及使用 INSERT、UPDATE 和 DELETE 语句修改记录。视图可以使用户操作方便，而且可以保障数据库系统的安全。

8.1.1 视图的含义

视图是一个虚拟数据表，是从数据库中一个或多个数据表中导出来的数据表。视图还可以从已经存在的视图的基础上定义。

视图一经定义便存储在数据库中，与其相对应的数据并没有像数据表那样在数据库中再存储一份，通过视图看到的数据只是存放在基表（Base Table）中的数据。对视图的操作与对表的操作一样，可以对其进行查询、修改和删除。当对通过视图看到的数据进行修改时，相应的基表的数据也要发生变化；同时，若基表的数据发生变化，则这种变化也可以自动地反映到视图中。

下面有一个 student 表和一个 stu_info 表，在 student 表中包含学生的 id 和姓名，在 stu_info 表中包含学生的 id、班级和家庭住址，现在公布分班信息，只需要 id、姓名和班级，这该如何解决？通过学习后面的内容就可以找到完美的解决方案。

数据表的设计如下：

```
CREATE TABLE student
(
  s_id  NUMBER(9),
  name  VARCHAR2(40)
);

CREATE TABLE stu_info
(
  s_id   NUMBER(9),
  class  VARCHAR2(40),
  addr   VARCHAR2(90)
);
```

通过 DESC 命令可以查看表的设计，可以获得字段、字段的定义、是否为主键、是否为空、默认值和扩展信息。

视图提供了一个很好的解决方法。创建一个视图，这些信息来自表的部分信息，其他的信息不取，这样既能满足要求，又不破坏表原来的结构。

8.1.2 视图的作用

与直接从数据表中读取相比，视图有以下优点：

1. 简单化

看到的就是需要的。视图不仅可以简化用户对数据的理解，也可以简化他们的操作。那些被经常使用的查询可以被定义为视图，从而使得用户不必为以后的操作每次指定全部的条件。

2. 安全性

通过视图，用户只能查询和修改他们所能见到的数据，数据库中的其他数据既看不见又取不到。数据库授权命令可以使每个用户对数据库的检索限制到特定的数据库对象上，但不能授权到数据库实际的行和列上。通过视图，用户可以被限制在数据的不同子集上：

（1）使用权限可被限制在基表的行的子集上。

（2）使用权限可被限制在基表的列的子集上。

（3）使用权限可被限制在基表的行和列的子集上。

（4）使用权限可被限制在多个基表的连接所限定的行上。

（5）使用权限可被限制在基表中的数据的统计汇总上。

（6）使用权限可被限制在另一视图的一个子集上，或者一些视图和基表合并后的子集上。

3. 逻辑数据独立性

视图可帮助用户屏蔽真实表结构变化带来的影响。

8.2　创建视图

视图中包含 SELECT 查询的结果，因此视图的创建基于 SELECT 语句和已存在的数据表。视图可以建立在一个数据表上，也可以建立在多个数据表上。本节主要介绍创建视图的方法。

8.2.1　创建视图的语法形式

创建视图使用 CREATE VIEW 语句，基本语法格式如下：

```
CREATE [OR REPLACE] [[NO]FORCE] VIEW
   [schema.] view
   [(alias,. . .)]inline_constraint(s)]
      [out_of_line_constraint (s)]
AS subquery
[
   WITH{READ ONLY CHECK OPTION[CONSTRAINT constraint]}
];
```

其中，CREATE 表示创建新的视图；REPLACE 表示替换已经创建的视图；[NO]FORCE 表示是否强制创建视图；[schema.] view 表示视图所属方案的名称和视图本身的名称；[(alias,...)]inline_constraint(s)]表示视图字段的别名和内联的名称；[out_of_line_constraint (s)]表示约束，是与 inline_constraint(s)相反的声明方式；WITH READ ONLY 表示视图为只读；WITH CHECK OPTION 表示一旦使用该限制，当对视图增加或修改数据时必须满足子查询的条件。

8.2.2　在单个数据表上创建视图

Oracle 可以在单个数据表上创建视图。

【例 8.1】在 t 表上创建一个名为 view_t 的视图，代码如下：

首先创建基表并插入数据，语句如下：

```
CREATE TABLE t
(
quantity NUMBER(9),
price NUMBER(9)
);
表已创建。
INSERT INTO t VALUES(3, 50);
已创建 1 行。
```

创建视图语句为:

```
CREATE VIEW view_t AS SELECT quantity, price FROM t;
视图已创建。
```

语句执行如下:

```
SQL> SELECT * FROM view_t;

QUANTITY      PRICE
---------   -----------
    3           50
```

默认情况下,创建的视图和基表的字段是一样的,也可以通过指定视图字段的名称来创建视图。

【例 8.2】在 t 表上创建一个名为 view_t2 的视图,代码如下:

```
SQL> CREATE VIEW view_t2(qty, price ) AS SELECT quantity, price FROM t;
视图已创建。
```

若该语句执行成功,就查看一下 view_t2 视图中的数据:

```
SQL> SELECT * FROM view_t2;

QTY   PRICE
---   ------
3      50
```

可以看到,view_t2 和 view_t 两个视图中的字段名称不同,但数据是相同的。因此,在使用视图时,可能用户根本就不需要了解基表的结构,更接触不到实际表中的数据,从而保证了数据库的安全。

8.2.3   在多个数据表上创建视图

Oracle 中也可以在两个或者两个以上的数据表上创建视图,可以使用 CREATE VIEW 语句来实现。

【例 8.3】在表 student 和表 stu_info 上创建视图 stu_class,代码如下:

首先向两个表中插入数据,依次执行如下的 SQL 语句:

```
SQL> INSERT INTO student VALUES(1,'王琳');
SQL> INSERT INTO student VALUES(2,'高丽');
SQL> INSERT INTO student VALUES(3,'张凯');
```

```
SQL> INSERT INTO stu_info VALUES(1, '五班','河南');
SQL> INSERT INTO stu_info VALUES (2,'六班','河北');
SQL> INSERT INTO stu_info VALUES (3,'七班','山东');
```

要创建视图 stu_class，执行如下的 SQL 语句：

```
CREATE VIEW stu_class (id,name, class) AS SELECT student.s_id,student.name,
stu_info.class
FROM student ,stu_info WHERE student.s_id=stu_info.s_id;
视图已创建。
```

要查询视图 stu_class，可执行如下的 SQL 语句：

```
SQL> SELECT * FROM stu_class;

ID   NAME   GLASS
---  -----  -------
1    王琳    五班
2    高丽    六班
3    张凯    七班
```

这个例子就解决了刚开始提出的那个问题，通过这个视图可以很好地保护基表中的数据。这个视图中的信息很简单，只包含 id、姓名和班级，id 字段对应 student 表中的 s_id 字段，name 字段对应 student 表中的 name 字段，class 字段对应 stu_info 表中的 class 字段。

8.2.4 创建视图的视图

Oracle 中也可以在视图上创建视图。下面通过案例来学习创建的方法。

【例 8.4】在视图 stu_class 上创建视图 stu_gl_class，代码如下：

```
CREATE OR REPLACE VIEW stu_gl_class
AS
  SELECT stu_class.id, stu_class.name
  FROM stu_class;
视图已创建。
```

要查询视图 stu_gl _class，可执行如下的 SQL 语句：

```
SQL> SELECT * FROM stu_gl_class;
ID    NAME
---   -----
1     王琳
2     高丽
3     张凯
```

从执行结果可以看出，视图 stu_gl_class 就是把视图 stu_class 中的 GLASS 字段去掉。

8.2.5 创建没有源表的视图

默认情况下，如果没有源表，创建视图就会出现错误。

【例 8.5】创建没有源表的视图，代码如下：

```
CREATE OR REPLACE VIEW gl_class
AS
  SELECT stu_class.id, stu_class.name
  FROM class;
```

提示错误信息如下：

```
第 4 行出现错误：
ORA-00942: 表或视图不存在
```

说明视图创建失败。此时需要使用 FORCE 关键词，从而避免这种错误。

【例 8.6】强制创建没有源表的视图，代码如下：

```
CREATE OR REPLACE FORCE VIEW gl_class
AS
  SELECT stu_class.id, stu_class.name
  FROM class;
```

代码执行后，出现以下提示信息，说明视图已经成功创建：

```
警告：创建的视图带有编译错误。
```

8.3 查看视图

查看视图是查看数据库中已存在的视图的定义。DESCRIBE 语句可以用来查看视图，具体的语法如下：

```
DESCRIBE 视图名;
```

【例 8.7】通过 DESCRIBE 语句查看视图 view_t 的定义，代码如下：

```
DESCRIBE view_t;
```

代码执行如下：

```
SQL> DESCRIBE view_t;
DESCRIBE view_t
名称              是否为空？  类型
----------   ----------  ---------
 QUANTITY        NUMBER(9)
 PRICE           NUMBER(9)
```

执行结果显示出了视图的字段定义、字段的数据类型、是否为空。

DESCRIBE 一般情况下都简写成 DESC，输入这个命令的执行结果和输入 DESCRIBE 的执行结果是一样的。

8.4 修改视图

修改视图是指修改数据库中存在的视图，当基表的某些字段发生变化时，可以通过修改视图来保持与基表的一致性。Oracle 中通过 CREATE OR REPLACE VIEW 语句和 ALTER 语句来修改视图的约束。

8.4.1 CREATE OR REPLACE VIEW 语句修改视图

如果要修改视图，使用 CREATE OR REPLACE VIEW 语句，语法如下：

```
CREATE OR REPLACE [[NO]FORCE] VIEW
   [schema.] view
   [(alias,. . .)]inline_constraint(s)]
      [out_of_line_constraint (s)]
AS subquery
[
   WITH{READ ONLY CHECK OPTION[CONSTRAINT constraint]}
];
```

可以看到，修改视图的语句和创建视图的语句是完全一样的。当视图已经存在时，使用修改语句对视图进行修改；当视图不存在时，创建视图。下面通过一个实例来说明。

【例 8.8】修改视图 view_t，代码如下：

```
CREATE OR REPLACE VIEW view_t AS SELECT * FROM t;
```

首先通过 DESC 查看更改之前的视图，以便与更改之后的视图进行对比。执行的结果如下：

```
SQL> DESCRIBE view_t;
DESCRIBE view_t
名称            空值           类型
-----         ------        -----------
QUANTITY      NUMBER(9)
PRICE         NUMBER(9)
```

修改视图的 SQL 语句如下：

```
SQL> CREATE OR REPLACE VIEW view_t(quty,pri) AS SELECT * FROM t;
视图已创建。
```

要查看修改后的视图，可执行如下的 SQL 语句：

```
SQL> DESCRIBE view_t;
DESCRIBE view_t
   名称          是否为空?           类型
  -------      --------------   ------------
   QUTY         NUMBER(9)
   PRI          NUMBER(9)
```

从执行结果可以看到，相比原来的视图 view_t，新的视图 view_t 的字段名称被修改了。

8.4.2 ALTER 语句修改视图的约束

ALTER 语句是 Oracle 提供的另一种修改视图约束的方法。

【例 8.9】使用 ALTER 语句为视图 view_t 添加唯一性约束，代码如下：

```
ALTER VIEW view_t
ADD CONSTRAINT T_UNQ UNIQUE (QUTY)
DISABLE NOVALIDATE;
视图已变更。
```

上面的范例为字段 QUTY 添加了唯一性约束，约束名称为 T_UNQ。其中 DISABLE NOVALIDATE 表示此前的数据和以后的数据都不检查。

另外，使用 ALTER 语句还可以删除添加的视图约束。

【例 8.10】使用 ALTER 语句删除视图 view_t 的唯一性约束，代码如下：

```
ALTER VIEW view_t
DROP CONSTRAINT T_UNQ;
视图已变更。
```

执行结果提示视图已经更新，表示视图 view_t 的唯一性约束已经被成功删除。

8.5 更新视图

更新视图是指通过视图来插入、更新、删除数据表中的数据，因为视图是一个虚拟数据表，其中没有数据。通过视图更新的时候都是转到基表上进行更新的，如果对视图执行增加或者删除记录的操作，实际上是对其基表执行增加或者删除记录的操作。本节将介绍视图更新的 3 种方法：INSERT、UPDATE 和 DELETE。

【例 8.11】使用 UPDATE 语句更新视图 view_t，代码如下：

```
UPDATE view_t SET quty=5;
已更新 1 行。
```

执行视图更新之前，查看基表和视图的信息，执行结果如下：

```
SQL> SELECT * FROM view_t;
  QUTY        PRI
---------- ----------
    5          50
QUANTITY     PRICE
---------- ----------
    5          50
```

使用 UPDATE 语句更新视图 view_t，执行过程如下：

```
SQL> UPDATE view_t SET quty=5;
已更新 1 行。
```

查看视图更新后基表和视图的内容：

```
SQL> SELECT * FROM t;
      QUANTITY              PRICE
 ---------------- -----------
         5                 50


SQL> SELECT * FROM view_t;
    QUTY      PRI
---------- ----------
       5        50


SQL>SELECT * FROM view_t2;
    QTY       PRICE
---------- ----------
       5        50
```

更新视图 view_t 后，基表 t 的内容也被更新了。同样，当更新基表 t 后，另一个视图 view_t2 中的内容也会被更新。

【例 8.12】使用 INSERT 语句在基表 t 中插入一条记录，代码如下：

```
INSERT INTO t VALUES (3,5);
已创建 1 行。
```

查询视图 view_t2 的内容是否更新了，执行结果如下：

```
SQL> SELECT * FROM view_t2;
QTY       PRICE
----- ----------
5        50
3         5
```

向基表 t 中插入一条记录，通过 SELECT 语句查看基表 t 和视图 view_t2，可以看到其中的内容也跟着更新了。

【例 8.13】使用 DELETE 语句删除视图 view_t2 中的一条记录，代码如下：

```
DELETE FROM view_t2 WHERE price=5;
已删除 1 行。
```

查询视图 view_t2 的内容是否更新了，结果如下：

```
SQL> SELECT * FROM view_t2;
QTY       PRICE
---- -------
5        50
```

查询数据表 t 的内容是否更新了，结果如下：

```
SQL> SELECT * FROM t;
QUANTITY       PRICE
-------- --------------
    5            50
```

在视图 view_t2 中删除 price=5 的记录，视图中的删除操作最终是通过删除基表中相关的记录实现的，查看删除操作之后的表 t 和视图 view_t2，可以看到通过视图删除了其所依赖的基表中的数据。

8.6　删除视图

当视图不再需要时，可以将其删除，删除一个或多个视图可以使用 DROP VIEW 语句，语法如下：

```
DROP VIEW view_name
```

其中，view_name 是要删除的视图名称。删除视图必须拥有 DROP 权限。

【例 8.14】删除 stu_class 视图，代码如下：

```
DROP VIEW stu_class;
视图已删除。
```

执行结果如下：

```
SQL>DROP VIEW IF EXISTS stu_class;
view STU_GLASS 已删除。
```

如果名称为 stu_class 的视图存在，该视图将被删除。使用 DESC VIEW 语句查看操作结果：

```
SQL>DESC VIEW stu_class;
ERROR:
----------------
错误：对象 VIEW 不存在
```

可以看到，stu_class 视图已经不存在，删除成功。

8.7　限制视图的数据操作

对视图数据的增加或更新实际上是操作视图的源表。通过对视图的限制操作可以提高数据操作的安全性。

8.7.1　设置视图的只读属性

如果想防止用户修改数据，可以将视图设为只读。

【例 8.15】在 t 表上创建一个名为 view_tt 的只读视图，代码如下：

```
CREATE OR REPLACE VIEW view_tt AS
SELECT quantity, price FROM t
```

```
WITH READ ONLY;
视图已创建。
```

创建完成后，如果对视图 view_tt 执行插入、更新和删除等操作，就会提示错误信息。

8.7.2 设置视图的检查属性

在修改视图的数据时，可以指定一定的检查条件。此时需要使用 WITH CHECK OPTION 来设置视图的检查属性，表示启动了和子查询条件一样的约束。

【例 8.16】在 t 表上创建一个名为 view_tc 的视图，限制条件为字段 price 的值大于 10，代码如下：

```
CREATE OR REPLACE VIEW view_tc AS
SELECT quantity, price FROM t
WHERE price>10
WITH CHECK OPTION;
视图已创建。
```

创建完成后，对视图 view_tc 执行插入、更新和删除等操作时，会受到检查条件的限制。

【例 8.17】往视图 view_tc 中插入数据(3,5)，代码如下：

```
INSERT INTO view_tc VALUES (3,5);
ORA-01402:视图 WITH CHECK OPTION where 子句违规
```

这里添加的 price 的值小于 10，所以出现错误提示。同样，更新和删除操作也受到限制条件的约束。

8.8 综合案例——视图应用

本章介绍了 Oracle 数据库中视图的含义和作用，并且讲解了创建视图、修改视图和删除视图的方法。创建视图和修改视图是本章的重点。这两部分的内容比较多，而且比较复杂。希望读者能够认真学习这两部分的内容，并且在计算机上进行操作。读者在创建视图之后一定要查看视图的结构，确保创建的视图是正确的，修改过视图后也要查看视图的结构，保证修改是正确的。

1. 案例目的

掌握视图的创建、查询、更新和删除操作。

假如 HenanHebei 的 3 个学生参加 Tsinghua University、Peking University 的自学考试，现在需要用数据对其考试的结果进行查询和管理，Tsinghua University 的分数线为 40，Peking University 的分数线为 41。学生表包含学生的学号、姓名、家庭地址和电话号码；报名表包含学号、姓名、所在学校和报名的学校，表结构以及表中的内容分别如表 8-1~表 8-6 所示。

表 8-1 stu 表结构

字 段 名	数据类型	主 键	外 键	非 空	唯 一	自 增
s_id	NUMBER(11)	是	否	是	是	否
s_name	VARCHAR2(20)	否	否	是	否	否
addr	VARCHAR2(50)	否	否	是	否	否
tel	VARCHAR2(50)	否	否	是	否	否

表 8-2 sign 表结构

字 段 名	数据类型	主 键	外 键	非 空	唯 一	自 增
s_id	NUMBER (11)	是	否	是	是	否
s_name	VARCHAR2(20)	否	否	是	否	否
s_sch	VARCHAR2(50)	否	否	是	否	否
s_sign_sch	VARCHAR2(50)	否	否	是	否	否

表 8-3 stu_mark 表结构

字 段 名	数据类型	主 键	外 键	非 空	唯 一	自 增
s_id	NUMBER (11)	是	否	是	是	否
s_name	VARCHAR2(20)	否	否	是	否	否
mark	NUMBER (11)	否	否	是	否	否

表 8-4 stu 表内容

s_id	s_name	addr	tel
1	王丽	河南	12345678
2	李贤	河南	12345677
3	张浩	河南	12345676

表 8-5 sign 表内容

s_id	s_name	s_sch	s_sign_sch
1	王丽	第一高级中学	北京大学
2	李贤	第二高级中学	清华大学
3	张浩	第三高级中学	清华大学

表 8-6 stu_mark 表内容

s_id	s_name	mark
1	王丽	80
2	李贤	71
3	张浩	70

2. 案例操作过程

01 创建学生表 stu，插入 3 条记录。

创建学生表和插入数据的代码如下：

```
CREATE TABLE stu
```

```
(
  s_id NUMBER (11) PRIMARY KEY,
  s_name VARCHAR2(20) NOT NULL,
  addr VARCHAR2(50) NOT NULL,
  tel VARCHAR2(50) NOT NULL
);
表已创建。
INSERT INTO stu VALUES
(1,'王丽','河南','12345678');
INSERT INTO stu VALUES
(2,'张浩', '河北','12345677');
INSERT INTO stu VALUES
(3,'李贤','河南','12345676');
```

查询学生表 stu 的结果如下：

```
SQL> SELECT * FROM stu;

  S_ID  S_NAME  ADDR       TEL
  ----  ------- -----      ------------
    1    王丽    河南       12345678
    2    李贤    河南       12345677
    3    张浩    河北       12345676
```

执行上面的代码后，在当前的数据库中创建了一个表 stu，通过插入语句向表 stu 中插入了 3 条记录。表 stu 的主键为 s_id。

02 创建报名表 sign，插入 3 条记录。

创建报名表并插入数据，代码如下：

```
CREATE TABLE sign
(
  s_id NUMBER (11) PRIMARY KEY,
  s_name VARCHAR2(20) NOT NULL,
  s_sch VARCHAR2(50) NOT NULL,
  s_sign_sch VARCHAR2(50) NOT NULL
);
INSERT INTO sign VALUES
(1,'王丽','第一高级中学','北京大学');
INSERT INTO sign VALUES
(2,'张浩','第二高级中学','清华大学');
INSERT INTO sign VALUES
(3,'李贤','第三高级中学','清华大学');
```

查询报名表 sign 的结果如下：

```
SQL> SELECT * FROM sign;

S_ID  S_NAME  S_SCH        S_SIGN_SCH
----  ------  ----------   ------------
1     王丽    第一高级中学   北京大学
2     张浩    第二高级中学   清华大学
3     李贤    第三高级中学   清华大学
```

创建了一个 sign 表，同时向该表中插入了 3 条报考记录。

03 创建成绩表 stu_mark，插入 3 条记录。

创建成绩表，代码如下：

```
CREATE TABLE stu_mark
(
  s_id NUMBER (11) PRIMARY KEY ,
  s_name VARCHAR2(20) NOT NULL,
  mark NUMBER (11) NOT NULL
);
INSERT INTO stu_mark VALUES
(1,'王丽',80) ;
INSERT INTO stu_mark VALUES
(2,'李贤',71) ;
INSERT INTO stu_mark VALUES
(3,'张浩',70);
```

查询成绩表 stu_mark 的结果如下：

```
SQL> SELECT * FROM stu_mark;

S_ID  S_NAME   MARK
----  ------   ------
1     王丽      80
2     李贤      71
3     张浩      70
```

创建了 stu_mark 表，向该表中插入了 3 条成绩记录。

04 创建考上北京大学的学生的视图。

创建考上北京大学的学生的视图，代码如下：

```
CREATE VIEW beida (id,name,mark,sch)
AS SELECT stu_mark.s_id,stu_mark.s_name,stu_mark.mark, sign.s_sign_sch
FROM stu_mark ,sign
WHERE stu_mark.s_id=sign.s_id AND stu_mark.mark>=41 AND sign.s_sign_sch='北
京大学';
视图已创建。
```

查询视图 beida 的结果如下：

```
SQL> SELECT *FROM beida;
 ID    NAME   MARK    SCH
 ----  ------ ----  -----------
  1    王丽    80     北京大学
```

视图 beida 包含考上北京大学的学生的学号、姓名、成绩和报考的学校名称，其中，报考的学校名称为北京大学。通过 SELECT 语句进行查看，可以获得成绩在北京大学分数线之上的学生的信息。

05 创建考上清华大学的学生的视图。

创建考上清华大学的学生的视图，代码如下：

```
CREATE VIEW qinghua (id,name,mark,sch)
AS SELECT stu_mark.s_id, stu_mark.s_name, stu_mark.mark, sign.s_sign_sch
FROM stu_mark ,sign
WHERE stu_mark.s_id=sign.s_id  AND stu_mark.mark>=40 AND sign.s_sign_sch='
清华大学';
视图已创建。
```

查询视图 qinghua 的结果如下：

```
SQL> SELECT * FROM qinghua ;
ID  NAME      MARK    SCH
--  ------    ------  ------
 2  李贤        71      清华大学
 3  张浩        70      清华大学
```

视图 qinghua 只包含成绩在清华大学分数线之上的学生的信息，这些信息包括学号、姓名、成绩和报考学校。

06 张浩的成绩在录入的时候录入错误，多录了 50 分，对其录入成绩进行更正。

更新张浩的成绩，代码如下：

```
UPDATE stu_mark SET mark = mark-50 WHERE stu_mark.s_name ='张浩';
已更新 1 行。
```

张浩的录入成绩发生了错误，当更新张浩的成绩后，视图中是否还有张浩被清华大学录取的信息呢？

07 查看更新后视图和表的情况。

查看更新后视图和表的情况，代码如下：

```
SELECT * FROM stu_mark;
SELECT * FROM qinghua;
```

执行结果如下：

```
SQL> SELECT * FROM stu_mark;

  S_ID      S_NAME    MARK
 ------    --------  ------
   1        王丽        80
   2        李贤        71
   3        张浩        20

SQL> SELECT * FROM qinghua ;

ID   NAME    MARK    SCH
---  ------  ------  ----------
 2   李贤      71      清华大学
```

从执行结果可以看到，视图 qinghua 中已经不存在张浩的信息了，说明更新了成绩表 stu_mark 后，视图 qinghua 的内容也相应地更新了。

08 删除创建的视图。

删除 beida、qinghua 视图，执行的过程如下：

```
SQL> DROP VIEW beida;
视图已删除
SQL> DROP VIEW qinghua;
视图已删除
```

上述语句执行后，qinghua 和 beida 两个视图分别被成功删除。

8.9　疑难解惑

疑问 1：Oracle 中视图和数据表的区别以及联系是什么？

答：

1. 两者的区别：

（1）视图是已经编译好的 SQL 语句，是基于 SQL 语句的结果集的可视化的数据表，而实际的数据表不是。

（2）视图没有实际的物理记录，而基表有。

（3）数据表是内容，视图是窗口。

（4）数据表占用物理空间，而视图不占用物理空间，视图只是逻辑概念的存在，数据表可以及时对它进行修改，但视图只能用创建的语句来修改。

（5）视图是查看数据表的一种方法，可以查询数据表中某些字段构成的数据，只是一些 SQL 语句的集合。从安全的角度来说，视图可以防止用户接触实际的数据表，因为用户不知道表结构。

（6）数据表属于全局模式中的表，是实表；视图属于局部模式的表，是虚表。

（7）视图的建立和删除只影响视图本身，不影响对应的基表。

2. 两者的联系：

视图是在基表之上建立的表，它的结构（所定义的列）和内容（所有记录）都来自基表，它依据基表的存在而存在。一个视图可以对应一个基表，也可以对应多个基表。视图是基表的抽象和在逻辑意义上建立的新关系。

疑问 2：什么时候视图不能进行更新操作？

答：当视图中包含如下内容时，视图的更新操作将不能被执行：

（1）视图中不包含基表中被定义为非空的列。

（2）在定义视图的 SELECT 语句后的字段列表中使用数学表达式。

（3）在定义视图的 SELECT 语句后的字段列表中使用集合函数。

（4）在定义视图的 SELECT 语句中使用 DISTINCT、UNION、TOP、GROUP BY 或 HAVING 子句。

8.10　经典习题

（1）如何在一个数据表上创建视图？

（2）如何在多个数据表上创建视图？

（3）如何更改视图？

（4）如何查看视图的详细信息？

（5）如何更新视图的内容？

（6）如何理解视图和基表之间的关系、用户操作的权限？

第 9 章

PL/SQL 编程

学习目标 Objective

PL/SQL 是 Oracle 数据库对 SQL 语句的扩展。在普通 SQL 语句的使用上增加了编程语言的特点，所以 PL/SQL 就是把数据操作和查询语句组织在 PL/SQL 代码的过程性单元中，通过逻辑判断、循环等操作实现复杂的功能或者计算的程序设计语言。本章将介绍 PL/SQL 编程的相关知识。

内容导航 Navigation

- 了解 PL/SQL 的基本概念
- 掌握使用常量和变量的方法
- 熟悉表达式的使用方法
- 掌握 PL/SQL 的控制结构与语句
- 熟悉 PL/SQL 中的异常
- 掌握 PL/SQL 中的函数

9.1　PL/SQL 概述

Oracle 通过 SQL 访问数据时，对输出结果缺乏控制，没有数组处理、循环结构和其他编程语言的特点。为此，Oracle 开发了 PL/SQL，用于对数据库数据的处理进行很好的控制。

9.1.1 PL/SQL 是什么

如果不使用 PL/SQL 语言，Oracle 一次只能处理一条 SQL 语句。每条 SQL 语句的处理都需要客户端向服务器端执行调用操作，从而在性能上造成很大的开销，尤其是在网络操作中。如果使用 PL/SQL，一个块中的所有 SQL 语句作为一个组，只需要客户端向服务器端进行一次调用，从而减少了网络转输。

PL/SQL 是一种程序设计语言，叫作过程化 SQL 语言（Procedural Language/SQL）。PL/SQL 是 Oracle 对标准数据库语言 SQL 的过程化扩充，它将数据库技术和过程化程序设计语言联系起来，是一种应用开发语言，可使用循环、分支程序结构来处理数据，将 SQL 的数据操纵功能与过程化语言的数据处理功能结合起来。PL/SQL 的使用使 SQL 成为一种高级程序设计语言，支持高级语言的块操作、条件判断、循环语句、嵌套等，与数据库核心的数据类型集成，使 SQL 的程序设计效率更高。

总的来说，PL/SQL 具有以下特点：

（1）支持事务控制和 SQL 数据操作命令。

（2）支持 SQL 的所有数据类型，并且在此基础上扩展了新的数据类型，也支持 SQL 的函数和运算符。

（3）PL/SQL 可以存储在 Oracle 服务器中，提高程序的运行性能。

（4）服务器上的 PL/SQL 程序可以使用权限进行控制。

（5）良好的可移植性，可以移植到另一个 Oracle 数据库中。

（6）可以对程序中的错误进行自动处理，使程序能够在遇到错误的时候不会被中断。

（7）减少网络的交互，有助于提高程序的运行性能。

9.1.2 PL/SQL 的结构

PL/SQL 程序的基本单位是块（Block），一个基本的 PL/SQL 块由三部分组成：声明部分、执行部分和异常处理部分。其中声明部分以 DECLARE 作为开始标志，主要声明在可执行部分中调用的所有变量、常量、游标和用户自定义的异常处理；执行部分用 BEGIN 作为开始标志，主要包括对数据库中进行操作的 SQL 语句，以及对块中进行组织、控制的 PL/SQL 语句，这部分是必需的；异常处理部分以 EXCEPTION 为开始标志，主要包括在执行过程中出错或出现非正常现象时所做的相应处理。其中执行部分是必需的，其他两部分是可选的。

【例 9.1】一个简单的 PL/SQL 程序只包含执行部分的内容，代码如下：

```
BEGIN
DBMS_OUTPUT.PUT_LINE ('您好，这是一个简单的 PL/SQL 程序');
    END;
    /
```

打开 SQL Plus 并执行上面的代码，该范例运行结果如图 9-1 所示。

图 9-1 代码运行结果

> **提 示**
>
> 如果看不到输出的语句，可以运行 "SET SERVEROUTPUT ON;" 命令，打开 SQL Plus 的
> 输出功能。

【例 9.2】包括声明和执行体两部分的结构，实现变量值 "年龄" 的输出，代码如下：

```
DECLARE
v_age number(5);
BEGIN
v_age:=25;
DBMS_OUTPUT.PUT_LINE ('您的年龄是：'|| v_age);
    END;
    /
```

该范例首先声明了一个变量，然后为变量赋值，最后输出变量的值。该范例的运行结果如图
9-2 所示。

图 9-2 代码运行结果

【例 9.3】包括声明部分、执行体部分和异常处理部分的结构，在数据表中查询指定字段的编
码，代码如下：

```
DECLARE
v_ss_id  number(6);
BEGIN
SELECT S_ID
 INTO v_ss_id
  FROM FRUITS
WHERE FRUITS.F_NAME='apple';
DBMS_OUTPUT.PUT_LINE ('apple 对应的编码是：'||v_ss_id);
```

```
EXCEPTION
  WHEN NO_DATA_FOUND THEN
  DBMS_OUTPUT.PUT_LINE (' apple 没有对应的编码');
  WHEN TOO_MANY_ROWS THEN
  DBMS_OUTPUT.PUT_LINE (' apple 对应的编码很多，请确认！');

END;
  /
```

该范例将从水果表 FRUITS 中查询产品名称 apple 对应的产品编码，并将编码存储到变量 v_ss_id 中，最后输出的屏幕上。该范例的运行结果如图 9-3 所示。

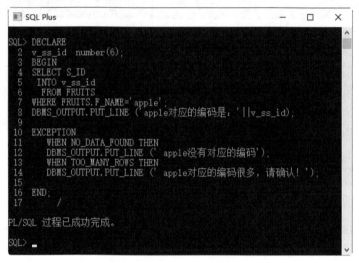

图 9-3　代码运行结果

如果返回记录超过一条或者没有返回记录，就会引发异常，此时程序会根据异常处理部分的内容进行操作。

9.1.3　PL/SQL 的编程规范

通过了解 PL/SQL 的编程规范，读者可以编写出高质量的程序，从而减少工作时间，提高工作效率，其他开发人员也能清晰地阅读。PL/SQL 的编程规范如下：

1. PL/SQL 中允许出现的字符集

（1）字母，包括大写和小写。

（2）数字 0~9。

（3）空格、回车符和制表符。

（4）符号包括+、−、*、/、<、>、=、!、~、^、;、:、@、%、#、$、&、_、|、(、)、[、]、{、}、?。

2. PL/SQL 中的大小写问题

（1）关键字（BEGIN、EXCEPTION、END、IF THEN ELSE、LOOP、END LOOP）、数据

类型（VARCHAR2、NUMBER）、内部函数（LEAST、SUBSTR）和用户定义的子程序，使用大写。

（2）变量名以及 SQL 中的列名和表名，使用小写。

3. PL/SQL 中的空白

（1）在等号或比较运算符的左右各留一个空格。

（2）主要代码段之间用空行隔开。

（3）结构词（DECLARE、BEGIN、EXCEPTION、END、IF and END IF、LOOP and END LOOP）居左排列。

（4）把同一结构的不同逻辑部分分开写在独立的行，即使这个结构很短。例如，IF 和 THEN 被放在同一行，而 ELSE 和 END IF 则放在独立的行。

4. PL/SQL 中必须遵守的要求

（1）标识符不区分大小写，例如 NAME 和 Name、name 是一样的。所有的名称在存储时都被自动修改为大写。

（2）标识符中只能出现字母、数字和下画线，并且以字母开头。

（3）不能使用保留字。若与保留字同名，则必须使用双引号引起来。

（4）标识符最多 30 个字符。

（5）语句使用分号结束。

（6）语句的关键字、标识符、字段的名称和数据表的名称都需要使用空格分隔。

（7）字符类型和日期类型需要使用单引号引起来。

5. PL/SQL 中的注释

适当地添加注释可以提高代码的可读性。Oracle 提供了两种注释方法，分别如下：

（1）单行注释：使用"--"两个短画线可以注释掉后面的语句。

（2）多行注释：使用"/*...*/"可以注释掉这两部分包含的内容。

【例 9.4】在程序中使用注释，代码如下：

```
DECLARE
v_maxprice  number(8,2);                    --最大价格
BEGIN
   /*
   利用 MAX 函数获得产品最大的价格
*/
SELECT MAX(F_PRICE) INTO v_maxprice
  FROM FRUITS;
DBMS_OUTPUT.PUT_LINE ('水果的最大价格是: '|| v_maxprice);  --输出最大的价格
END;
   /
```

该范例的运行结果如图 9-4 所示。

图9-4 代码运行结果

从结果可以看出，注释并没有对执行产生任何影响，只是提高了程序的可读性。

9.2 使用常量和变量

常量和变量在 PL/SQL 的编程中经常被用到。通过变量可以把需要的参数传递进来，经过处理后，还可以把值传递出去，最终返回给用户。

简单地说，常量是固化在程序代码中的信息，常量的值从定义开始就是固定的。常量主要用于为程序提供固定和精确的值，包括数值和字符串，如数字、逻辑值真（true）、逻辑值假（false）等都是常量。

常量的语法格式如下：

```
constant_name CONSTANT datatype
[NOT NULL]
{:=| DEFAULT} expression;
```

其中 constant_name 表示常量的名称；CONSTANT 声明常量的关键词，如果是常量，该项则是必需的；datatype 表示常量的数据类型；NOT NULL 表示常量值为非空；{:=| DEFAULT}表示常量必须显式地为其赋值；expression 表示常量的值或表达式。

在程序运行过程中，变量的值可以改变。变量是存储信息的单元，它对应某个内存空间，变量用于存储特定数据类型的数据，用变量名代表其存储空间。程序能在变量中存储值和取出值，可以把变量比作超市的货架（内存），货架上摆放着商品（变量），可以把商品从货架上取出来（读取），也可以把商品放入货架（赋值）。

变量的语法格式如下：

```
variable_name  datatype
[
  [NOT NULL]
{:=| DEFAULT} expression;
];
```

其中 variable_name 表示变量的名称；datatype 表示变量的数据类型；NOT NULL 表示变量值为非空；{:=| DEFAULT}表示变量的赋值；expression 表示变量存储的值，也可以是表达式。

【例 9.5】在程序中使用常量和变量，代码如下：

```
DECLARE
v_fid  VARCHAR2(10);                                --水果 ID
v_fname  VARCHAR2(255);                             --水果名称
v_fprice  number(8,2);                              --水果价格
v_date    DATE:=SYSDATE;
v_ceshi   CONSTANT  v_fname%TYPE:= '这是测试';        --测试
BEGIN
SELECT F_ID,F_NAME, F_PRICE  INTO v_fid,v_fname,v_fprice
  FROM FRUITS
WHERE F_ID = 't1';
DBMS_OUTPUT.PUT_LINE ('水果的 ID 是: '|| v_fid);
DBMS_OUTPUT.PUT_LINE ('水果的名称是: '|| v_fname);
DBMS_OUTPUT.PUT_LINE ('水果的价格是: '|| v_fprice);
DBMS_OUTPUT.PUT_LINE ('目前的时间是: '|| v_date);
DBMS_OUTPUT.PUT_LINE ('常量 v_ceshi 是: '|| v_ceshi);
END;
    /
```

该范例的运行结果如图 9-5 所示。

图 9-5　代码运行结果

9.3　使用表达式

在 PL/SQL 的编程中，表达式主要是用来计算结果。根据操作数据类型的不同，常见的表达式包括算术表达式、关系表达式和逻辑表达式。

算术表达式就是用算术运算符连接的语句，如 i+j+k;、20-x;、a*b;、j/k;等即为合法的算术运算符的表达式。

【例 9.6】计算表达式（86+20×3–152）的绝对值，代码如下：

```
DECLARE
v_abs  number(8);
BEGIN
 v_abs:=ABS(86+20*3-15**2);
DBMS_OUTPUT.PUT_LINE (' v_abs='|| v_abs);
END;
    /
```

该范例的运行结果如图 9-6 所示。

图 9-6　代码运行结果

关系表达式主要是由关系运算符连接起来的字符或数值，最终结果是一个布尔类型值。常见的关系运算符如下：

（1）等于号"="。

（2）大于号">"。

（3）小于号"<"。

（4）大于等于">="。

（5）小于等于"<="。

（6）不等于号"!="和"<>"。

逻辑表达式主要是由逻辑符号和常量或变量等组成的表达式。逻辑符号包括如下：

（1）逻辑非"NOT"。

（2）逻辑或"OR"。

（3）逻辑与"AND"。

9.4　PL/SQL 的控制结构与语句

PL/SQL 是面向过程的编程语言，通过逻辑的控制语句可以实现不同的目的。

9.4.1 基本处理流程

对数据的处理流程称为基本处理流程。在 PL/SQL 中，基本的处理流程包含三种结构，即顺序结构、选择结构和循环结构。

顺序结构是 PL/SQL 程序中基本的结构，它按照语句出现的先后顺序依次执行，如图 9-7 所示。

选择结构按照给定的逻辑条件来决定执行顺序，有单向选择、双向选择和多向选择之分，但程序在执行过程中都只执行其中一条分支。单向选择和双向选择的结构如图 9-8 所示。

图 9-7　顺序结构　　　　　　图 9-8　单向选择和双向选择的结构

循环结构即根据代码的逻辑条件来判断是否重复执行某一段程序，若逻辑条件为 true，则进入循环重复执行，否则结束循环。循环结构可分为条件循环和计数循环，如图 9-9 所示。

图 9-9　循环结构

一般而言，在 PL/SQL 中，程序总体是按照顺序结构执行的，而在顺序结构中可以包含选择结构和循环结构。

9.4.2 IF 条件控制语句

条件判断语句就是对语句中不同条件的值进行判断，进而根据不同的条件执行不同的语句。条件判断语句主要包括 IF...结构、IF...ELSE...结构和 IF...ELSEIF...结构。

1. IF...结构

IF...结构是使用最为普遍的条件选择结构，每一种编程语言都有一种或多种形式的 IF 语句，在编程中它是经常被用到的。

IF…结构的语法格式如下：

```
IF condition THEN
    statements;
END IF;
```

当 condition 的返回结果为 true，则程序执行 IF 语句对应的 statements；若 condition 的返回结果为 false，则继续往下执行。

【例 9.7】计算（86+20×3−152）的绝对值，如果结果大于 50，就将其结果输出，代码如下：

```
DECLARE
v_abs  number(8);
BEGIN
  v_abs:=ABS(86+20*3-15**2);
  IF v_abs>50 THEN
  DBMS_OUTPUT.PUT_LINE (' v_abs='|| v_abs||' 该值是大于 50 的');
  END IF;
  DBMS_OUTPUT.PUT_LINE ('这是一个 IF 条件语句');
END;
    /
```

该范例的运行结果如图 9-10 所示。

图 9-10　代码运行结果

2. IF...ELSE...结构

IF...ELSE...结构通常用于一个条件需要两个程序分支来执行的情况。IF...ELSE...结构的语法格式如下：

```
IF condition THEN
  statements;
ELSE
  statements;
END IF;
```

若 condition 的返回结果为 true，则程序执行 THEN 后面的语句（statements）；若 condition 的返回结果为 false，则执行 ELSE 后面的语句。

【例 9.8】计算（$86+20\times3-15^2$）的绝对值，然后判断该值是否大于 80，将对应的结果输出，代码如下：

```
DECLARE
v_abs  number(8);
BEGIN
  v_abs:=ABS(86+20*3-15**2);
  IF v_abs>80 THEN
  DBMS_OUTPUT.PUT_LINE (' v_abs='|| v_abs||' 该值是大于 80 的');
  ELSE
  DBMS_OUTPUT.PUT_LINE (' v_abs='|| v_abs||' 该值是小于于 80 的');
  END IF;
END;
    /
```

该范例的运行结果如图 9-11 所示。

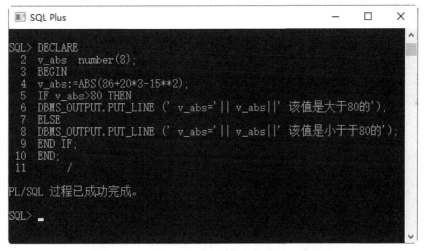

图 9-11　代码运行结果

3. IF...ELSIF...结构

IF...ELSIF...结构可以提供多个 IF 条件选择，当程序执行到该结构部分时，会对每一个条件进行判断，一旦条件为 true，就会执行对应的语句，然后继续判断下一个条件，直到所有的条件判断完成。其语法格式如下：

```
IF condition1 THEN
  Statements1;
ELSEIF condition2 THEN
  Statements2;
…
[ELSE statements3;]
END IF;
```

若 condition1 的返回结果为 true，则程序执行语句 statements1；若 condition1 的返回结果为 false，则判断 ELSEIF 后面的 condition2；若 condition2 的返回结果为 true，则执行 statements2；若 condition2 的返回结果为 false，则继续判断 ELSEIF 后面的条件，直到所有的条件判断完成。

【例 9.9】根据不同的学习成绩输出对应的成绩级别，代码如下：

```
DECLARE
v_abs   number(8);
BEGIN
  v_abs:=88;
  IF v_abs<60 THEN
  DBMS_OUTPUT.PUT_LINE ('该考生成绩不及格');
  ELSIF v_abs>=60 AND v_abs<70 THEN
  DBMS_OUTPUT.PUT_LINE (' 该考生成绩及格');
  ELSIF v_abs>=70 AND v_abs<85 THEN
  DBMS_OUTPUT.PUT_LINE (' 该考生成绩良好');
  ELSE
  DBMS_OUTPUT.PUT_LINE (' 该考生成绩优秀');
  END IF;
  DBMS_OUTPUT.PUT_LINE (' 该考生成绩为'|| v_abs);

END;
    /
```

该范例的运行结果如图 9-12 所示。

图 9-12　代码运行结果

9.4.3　CASE 条件控制语句

CASE 语句是根据条件来选择执行对应的语句，和 IF 语句比较相似。CASE 语句分为两种，包括简单的 CASE 语句和搜索式的 CASE 语句。

1. 简单的 CASE 语句

CASE 语句给出一个表达式，并把表达式结果与提供的几个可预见的结果进行比较，如果比较成功，就执行对应的语句。该类型的语法格式如下：

```
[<<lable_name>>]
CASE case_operand
WHEN when_operand THEN
statement;
[
WHEN when_operand THEN
statement;
[
WHEN when_operand THEN
statement;
 ]…
[ELSE statement[statement;]]…;
END CASE [label_name];
```

其中<<lable_name>>是一个标签，可以选择性添加，提高可读性；case_operand 是一个表达式，通常是一个变量；when_operand 是 case_operand 对应的结果，如果相同，就执行对应的 statement。[ELSE statement[statement;]]表示当所有的 when_operand 都不能对应 case_operand 的值时，会执行 ELSE 处的语句。

【例 9.10】在 fruits 表中，用 CASE 语句找到水果编号对应的水果名称，然后输出到屏幕中，代码如下：

```
DECLARE
v_fid  VARCHAR2(10);
BEGIN
SELECT F_ID INTO v_fid
  FROM FRUITS
  WHERE FRUITS.F_ID='t1';
  CASE v_fid
  WHEN 'a1' THEN
  DBMS_OUTPUT.PUT_LINE ('该水果名称为苹果');
  WHEN 'b1' THEN
  DBMS_OUTPUT.PUT_LINE ('该水果名称为草莓');
  WHEN 'bs1' THEN
  DBMS_OUTPUT.PUT_LINE ('该水果名称为橘子');
  WHEN 'bs2' THEN
  DBMS_OUTPUT.PUT_LINE ('该水果名称为甜瓜');
  WHEN 't1' THEN
  DBMS_OUTPUT.PUT_LINE ('该水果名称为香蕉');
  WHEN 't2' THEN
  DBMS_OUTPUT.PUT_LINE ('该水果名称为葡萄');
```

```
   ELSE
   DBMS_OUTPUT.PUT_LINE (' 没有对应的水果');
   END CASE;

END;
    /
```

该范例的运行结果如图 9-13 所示。

图 9-13　代码运行结果

2. 搜索式的 CASE 语句

搜索式的 CASE 语句会依次检测布尔值是否为 true，一旦为 true，那么它所在的 WHEN 子句会被执行，后面的布尔表达式将不再考虑。如果所有的布尔表达式都不为 true，那么程序会转到 ELSE 子句，如果没有 ELSE 子句，系统就会给出异常。语法格式如下：

```
[<<lable_name>>]
CASE
WHEN boolean_expression THEN  statement;
 [boolean_expression THEN  statement; ]…
[ELSE statement[statement;]]…;
END CASE [label_name];
```

其中 boolean_expression 为布尔表达式。

【例 9.11】在 fruits 表中，用搜索式的 CASE 语句找到水果编号对应的水果名称，然后输出到屏幕中，代码如下：

```
DECLARE
v_fname  VARCHAR2(255);
BEGIN
SELECT F_NAME INTO v_fname
  FROM FRUITS
  WHERE FRUITS.F_ID='b1';
  CASE
  WHEN v_fname='apple' THEN
```

```
    DBMS_OUTPUT.PUT_LINE ('该水果名称为苹果');
    WHEN v_fname='blackberry' THEN
    DBMS_OUTPUT.PUT_LINE ('该水果名称为草莓');
    WHEN v_fname=' orange' THEN
    DBMS_OUTPUT.PUT_LINE ('该水果名称为橘子');
    WHEN v_fname= ' melon ' THEN
    DBMS_OUTPUT.PUT_LINE ('该水果名称为甜瓜');
    WHEN v_fname='banana' THEN
    DBMS_OUTPUT.PUT_LINE ('该水果名称为香蕉');
    WHEN v_fname='grape' THEN
    DBMS_OUTPUT.PUT_LINE ('该水果名称为葡萄');
    ELSE
    DBMS_OUTPUT.PUT_LINE (' 没有对应的水果');
    END CASE;

END;
    /
```

该范例的运行结果如图 9-14 所示。

图 9-14 代码运行结果

9.4.4 LOOP 循环控制语句

LOOP 语句主要用于实现重复的循环操作。其语法格式如下：

```
[<<lable_name>>]
LOOP
  statement…
END LOOP [label_name];
```

其中 LOOP 为循环的开始标记，statement 为 LOOP 语句中重复执行的语句，END LOOP 为循环结束标志。

LOOP 语句往往还需要和条件控制语句一起使用，这样可以避免出现死循环的情况。

【例 9.12】通过 LOOP 循环，在每轮循环都让变量递减 2，直到变量的值小于 1，然后终止循环，代码如下：

```
DECLARE
v_summ  NUMBER(4):=10;
BEGIN
<<bbscip_loop>>
LOOP
DBMS_OUTPUT.PUT_LINE ('目前 v_summ 为: '|| v_summ);
v_summ:= v_summ-2;
IF v_summ<1 THEN
   DBMS_OUTPUT.PUT_LINE ('退出 LOOP 循环，当前 v_summ 为: '|| v_summ);
    EXIT bbscip_loop;
END IF;
END LOOP;
END;
    /
```

该范例的运行结果如图 9-15 所示。

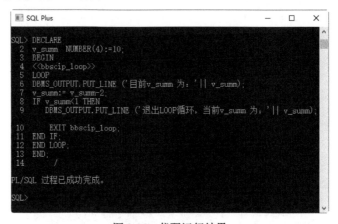

图 9-15　代码运行结果

9.5　PL/SQL 中的异常

PL/SQL 编程的过程中难免会出现各种错误，这些错误被称为异常。本节开始讲述异常的相关知识。

9.5.1　异常概述

PL/SQL 程序在运行的过程中，由于程序本身或者数据问题而引发的错误被称为异常。为了提高程序的健壮性，可以在 PL/SQL 块中引入异常处理部分，以捕获异常，并根据异常出现的情况进行相应的处理。

Oracle 异常分为两种类型：系统异常和自定义异常。其中系统异常又分为预定义异常和非预定义异常。

1. 预定义异常

Oracle 定义了这类异常的错误编号和名字，常见的预定义异常如下：

（1）NO_DATA_FOUND：SELECT ... INTO ... 时，没有找到数据。

（2）DUL_VAL_ON_INDEX：试图在一个有唯一性约束的列上存储重复值。

（3）CURSOR_ALREADY_OPEN：试图打开一个已经打开的游标。

（4）TOO_MANY_ROWS：SELECT ... INTO ... 时，查询的结果是多值。

（5）ZERO_DIVIDE：被零除。

2. 非预定义异常

Oracle 为这类异常定义了错误编号，但没有定义异常名字。使用的时候，先声明一个异常名，通过伪过程 PRAGMA EXCEPTION_INIT 将异常名与错误号关联起来。

3. 自定义异常

程序员从业务角度出发制定的一些规则和限制。

【例 9.13】演示除数为零的异常，代码如下：

```
DECLARE
v_summ  NUMBER(4);
BEGIN
  v_summ:=10/0;
  DBMS_OUTPUT.PUT_LINE ('目前 v_summ 为: '|| v_summ);
END;
    /
```

该范例的运行结果如图 9-16 所示。

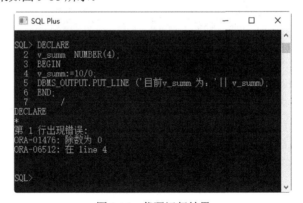

图 9-16　代码运行结果

9.5.2　异常处理

在 PL/SQL 中，异常处理分为 3 部分：声明部分、执行部分和异常部分。其语法格式如下：

```
EXCEPTION
```

```
            WHEN e_name1 [OR e_name2 ... ] THEN
                statements;
            WHEN e_name3 [OR e_name4 ... ] THEN
                statements;
                ...
            WHEN OTHERS THEN
                statements;
        END;
        /
```

其中 EXCEPTION 表示声明异常；e_name1 为异常的名称；statements 表示发生异常后如何处理；WHEN OTHERS THEN 是异常处理的最后部分，如果前面的异常没有被捕获，这是最终捕获的地方。

【例 9.14】演示除数为零的异常处理，代码如下：

```
DECLARE
v_summ  NUMBER(4);
BEGIN
  v_summ:=10/0;
DBMS_OUTPUT.PUT_LINE ('目前 v_summ 为：'|| v_summ);
  EXCEPTION
  WHEN ZERO_DIVIDE  THEN
DBMS_OUTPUT.PUT_LINE ('除数不能为零');
END;
    /
```

该范例的运行结果如图 9-17 所示。

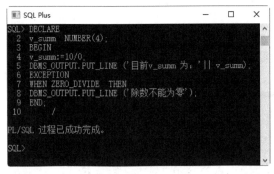

图 9-17　代码运行结果

9.6　PL/SQL 中的函数

在 PL/SQL 编程的过程中使用函数可以将复杂的运算过程封装起来，提高工作效率。函数通常用于返回特定的数据，其实质是一个有名字的 PL/SQL 块，作为一个对象存储于数据库中，可以被反复执行。

其定义的语法规则如下：

```
CREATE [ OR REPLACE ] FUNCTION function_name
```

```
     [
 (parameter_declaration [,parameter_declaration] )
     ]
    RETURN datatype
    IS | AS
        [local_variable_declarations;...]
    BEGIN
        statement [statement|pragma]…
        [RECEPTION expression_handler[exception_handler]…]
    END [function_name];
```

其中 OR REPLACE 表示覆盖同名函数；FUNCTION 是用于创建函数的关键字；function_name 表示函数的名称；parameter_declaration 表示函数的参数，有 IN、OUT、IN OUT 三种类型；RETURN datatype 表示函数返回值的类型。

【例 9.15】将水果 apple 的价格打 5 折，代码如下：

```
CREATE FUNCTION pri
（v_pric IN NUMBER(8,2),v_name IN VARCHAR2(255)）
RETURE NUMBER
IS
BEGIN
IF v_name='apple' THEN
  RETURN(v_pric*0.5);
END IF;
END;
    /
```

函数定义完成后，即可开始调用该函数，命令如下：

```
SELECT F_NAME,F_PRICE,pri(f_name,f_price) FROM fruits;
```

删除函数 pri 的命令如下：

```
DROP FUNCTION pri;
```

9.7　疑难解惑

疑问 1：什么是复合类型的变量？

答：所谓符合类型的变量，就是每个变量包含多个元素，可以存储多个值。复合类型的变量需要先定义，然后才能声明该类型的变量。常用的三种类型包括记录类型、索引表类型和 VARRAY 数组。

疑问 2：如何查看函数？

答：函数创建完成后，被存储在 Oracle 服务器中，随时可以被调用。用户如果想查看，可以在数据字典 USER_PROCEDURES 中查看函数的属性，在数据字典 USER_SOURCE 中查看函数的源脚本。这两个数据字典属于视图，利用这两个视图不仅可以查看函数的相关信息，还可以查看存储过程的相关信息，在后面的章节会讲述存储过程的相关知识。

9.8 经典习题

（1）在 PL/SQL 中使用变量和常量。

（2）编写一个算术表达式的例子。

（3）编写一个 IF 语句的例子。

（4）编写一个 CASE 语句的例子。

（5）编写一个 LOOP 语句的例子。

（6）编写一个异常处理的例子。

第 **10** 章

存储过程

学习目标 | Objective

简单地说，存储过程就是一条或者多条 SQL 语句的集合，可视为批文件，但是其作用不仅限于批处理。本章主要介绍如何创建存储过程，如何调用、查看、修改、删除存储过程等。

内容导航 | Navigation

- 掌握如何创建存储过程
- 掌握如何调用存储过程
- 熟悉如何查看存储过程
- 掌握修改存储过程的无参数和有参数的使用方法
- 掌握修改存储过程的方法
- 熟悉如何删除存储过程
- 掌握综合案例中创建存储过程的方法和技巧

10.1　创建存储过程

在数据转换或查询报表时经常使用存储过程，它的作用是 SQL 语句不可替代的。本节主要讲述存储过程的概念和如何创建一个存储过程。

10.1.1 什么是存储过程

存储过程是指在 Oracle 数据库中，一组为了完成特定功能的 SQL 语句集，存储在数据库中，经过第一次编译后，再次调用时不需要再次编译，用户通过指定存储过程的名字并给出参数（如果该存储过程带有参数）来执行它。存储过程是数据库中一个重要的对象，任何一个设计良好的数据库应用程序都应该用到存储过程。

相对于直接使用 SQL 语句，在应用程序中直接调用存储过程有以下好处：

（1）减少网络通信量。调用一个行数不多的存储过程与直接调用 SQL 语句的网络通信量可能不会有很大的差别，但是如果存储过程包含上百行 SQL 语句，那么其性能绝对比一条一条地调用 SQL 语句要高得多。

（2）执行速度更快。有两个原因：首先，在存储过程创建的时候，数据库已经对其进行了一次解析和优化；其次，存储过程一旦执行，在内存中就会保留一份这个存储过程，这样下次再执行同样的存储过程时可以从内存中直接调用。

（3）更强的适应性：由于存储过程对数据库的访问是通过存储过程来进行的，因此数据库开发人员可以在不改动存储过程接口的情况下对数据库进行任何改动，而这些改动不会对应用程序造成影响。

（4）分布式工作：应用程序和数据库的编码工作可以分别独立进行，而不会相互压制。

10.1.2 创建存储过程

创建存储过程需要使用 CREATE PROCEDURE 语句，基本语法格式如下：

```
CREATE [OR REPLACE] PROCEDURE [schema.] procedure_name
   [parameter_name [[IN]datatype[{:=DEFAULT}expression]]
   {IS|AS}
BODY:
```

CREATE PROCEDURE 为用来创建存储函数的关键字；OR REPLACE 表示如果指定的过程已经存在，就覆盖同名的存储过程；schema 表示该存储过程的所属机构。procedure_name 为存储过程的名称；parameter_name 为存储过程的参数名称；[IN]datatype[{:=DEFAULT}expression]设置传入参数的数据类型和默认值；{IS|AS}表示存储过程的连接词；BODY:表示函数体，是存储过程的具体操作部分，可以用 BEGIN…END 来表示 SQL 代码的开始和结束。

编写存储过程并不是一件简单的事情，可能存储过程中需要复杂的 SQL 语句，并且要有创建存储过程的权限。但是使用存储过程将简化操作，减少冗余的操作步骤，同时还可以减少操作过程中的失误，提高效率。因此，存储过程是非常有用的，而且应该尽可能学会使用。

【例 10.1】创建一个简单的存储过程，代码如下：

```
CREATE PROCEDURE HELLO
AS
BEGIN
   dbms_output.put_line('您好，这是一个简单的存储过程');
```

```
END;
```

在上述代码中，此存储过程名为 HELLO，使用 CREATE PROCEDURE HELLO 语句定义。此存储过程没有参数。BEGIN 和 END 语句用来限定存储过程体，过程本身仅输出一行字符串。

在 Oracle SQL Developer 中运行上面的代码，执行结果如下：

```
过程已创建
```

10.2　调用存储过程

存储过程已经定义好了，接下来需要知道如何调用这些存储过程。

直接调用存储过程的方法如下：

```
execute procedure_name;
```

也可以缩写成如下形式：

```
exec procedure_name;
```

其中 procedure_name 为存储过程的名称。

【例 10.2】调用存储过程 HELLO。

在 Oracle SQL Developer 中调用存储过程，如果想让 DBMS_OUTPUT.PUT_LINE 成功输出，就需要把 SERVEROUTPUT 选项设置为 ON 状态。默认情况下，它是 OFF 状态的。

可以使用以下语句查看 SERVEROUTPUT 选项的状态：

```
SHOW SERVEROUTPUT
```

如果是 OFF 状态，就显示以下信息：

```
SERVEROUTPUT OFF
```

设置为 ON 状态的语句如下：

```
SET SERVEROUTPUT ON
```

在 Oracle SQL Developer 中运行下面的代码，调用存储过程 HELLO：

```
exec HELLO;
```

运行结果如下：

```
您好，这是一个简单的存储过程
PL/SQL 过程已成功完成。
```

另外，也可以在 BEGIN....END 中直接调用存储过程，调用语法如下：

```
BEGIN
   procedure_name;
END;
```

【例 10.3】调用存储过程 HELLO。

```
BEGIN
    HELLO;
END;
/
```

运行结果如下：

```
您好，这是一个简单的存储过程
PL/SQL 过程已成功完成。
```

10.3　查看存储过程

Oracle 存储了存储过程的状态信息，用户可以查看已经存在的存储过程，还可以到视图 USER_SOURCE 中查看。

【例 10.4】查看存储过程 HELLO。

查看存储过程的 SQL 语句如下：

```
SELECT * FROM USER_SOURCE WHERE NAME='HELLO' ORDER BY LINE;
```

在 Oracle SQL Developer 中运行上面的代码，结果如下：

```
NAME        TYPE          LINE  TEXT
HELLO       PROCEDURE      1     CREATE PROCEDURE HELLO
HELLO       PROCEDURE      2    AS
HELLO       PROCEDURE      3    BEGIN
HELLO       PROCEDURE      4    DBMS_OUTPUT.PUT_LINE('您好，这是一个简单的存储过程
');
HELLO       PROCEDURE      5    END;
```

从执行结果可以看出，每条记录中的 TEXT 字段都存储了语句脚本，这些脚本综合起来就是存储过程 HELLO 的内容。

> **提　示**
>
> 在查看存储过程时，需要把存储过程的名称大写，如果是小写的，就无法查询到任何内容。
> 如果想查看所有的存储过程，可以在 ALL_SOURCE 视图中查询。

10.4　存储过程的参数

存储过程可以带参数，也可以不带参数。在数据转换时经常使用不带参数的存储过程。

10.4.1 无参数的存储过程

下面通过案例来学习不带参数的存储过程的使用方法和技巧。

【例 10.5】把数据表 fruits 中价格最低的两个水果的名称设置为"打折水果"。

创建存储过程的脚本如下:

```
CREATE PROCEDURE FRUITS_PRC
AS
BEGIN
UPDATE fruits SET f_name='打折水果'
  WHERE f_id IN
    (
    SELECT f_id FROM
    (SELECT * FROM  fruits ORDER BY f_price ASC)
      WHERE ROWNUM<3
    );
  COMMIT;
END;
```

其中"COMMIT;"语句表示提交更改。

在 Oracle SQL Developer 中运行上面的代码,结果如下:

过程已创建

在 Oracle SQL Developer 中执行存储过程 FRUITS_PRC,语句如下:

```
EXEC FRUITS_PRC;
PL/SQL 过程已成功完成。
```

要查看数据表 fruits 的记录是否发生变化,可执行如下的 SQL 语句:

```
SELECT * FROM fruits WHERE ROWNUM<3;
F_ID      S_ID     F_NAME    F_PRICE
----      -------  -------   --------
a1        101      打折水果   5.2
b1        101      打折水果   3.2
```

从查询结果可以看出,存储过程已经生效。

10.4.2 有参数的存储过程

存储过程可以带有参数,使用参数可以增加存储过程的灵活性,为数据库编程带来很大的便利。存储过程的参数可以是常量、变量和表达式等。一旦在存储过程中使用了参数,在执行存储过程时必须指定对应的参数。

【例 10.6】根据输入的水果类型编码,在数据表 fruits 中搜索符合条件的数据,并将数据输出。

创建存储过程的脚本如下:

```
CREATE PROCEDURE FRUITS_PRCC(parm_sid IN NUMBER(6))
AS
 cur_id fruits.f_id%type;              --存放水果的编码
 cur_prtifo fruits%ROWTYPE;            --存放表 fruits 的行记录

BEGIN
  SELECT fruits.f_id INTO cur_id
    FROM fruits
    WHERE s_id = parm_sid;             --根据水果类型编码获取水果的编码
  IF SQL%FOUND THEN
    DBMS_OUTPUT.PUT_LINE(parm_sid||':');
  END IF;
  FOR my_prdinfo_rec IN
    (SELECT * FROM fruits WHERE CATEGORY=cur_id)
  LOOP
    DBMS_OUTPUT.PUT_LINE('水果名称'|| my_prdinfo_rec.f_name
      ||'水果价格'|| my_prdinfo_rec.f_price
      ||'水果数量'|| my_prdinfo_rec.QUANTITY);
  END LOOP;
  EXCEPTION
    WHEN NO_DATA_FOUND THEN
      DBMS_OUTPUT.PUT_LINE('没有数据');
    WHEN TOO_MANY_ROWS THEN
      DBMS_OUTPUT.PUT_LINE('数据过多');
END;
/
```

在 Oracle SQL Developer 中运行上面的代码，结果如下：

警告：创建的过程带有编译错误。

在 Oracle SQL Developer 中执行存储过程 FRUITS_PRCC，语句如下：

```
BEGIN
  EXEC FRUITS_PRCC (106);
END;
```

执行结果如下：

```
106:
水果名称 苹果 水果价格 6.6 水果数量1
```

10.5　修改存储过程

在 Oracle 中，如果要修改存储过程，使用 CREATE OR REPLACE PROCEDURE 语句，也就是覆盖原始的存储过程。

【例 10.7】修改存储过程 HELLO，代码如下：

```
CREATE OR REPLACE PROCEDURE HELLO
AS
BEGIN
```

```
  DBMS_OUTPUT.PUT_LINE('这是修改后的存储过程');
END;
/
```

在 Oracle SQL Developer 中运行下面的代码，调用存储过程 HELLO：

```
exec HELLO;
```

运行结果如下：

```
这是修改后的存储过程
PL/SQL 过程已成功完成。
```

10.6　删除存储过程

删除存储过程可以使用 DROP 语句，其语法结构如下：

```
DROP PROCEDURE [schema.] procedure_name
```

schema 表示存储过程所属的机构，procedure_name 为要移除的存储过程的名称。

【例 10.8】删除存储过程 HELLO，代码如下：

```
DROP PROCEDURE HELLO;
```

上面语句的作用是删除存储过程 HELLO。

10.7　查看存储过程的错误

编写的存储过程难免会出现各种错误而导致编译失败，为了减少排查错误的范围，Oracle 提供了查看存储过程错误的方法：

```
SHOW ERRORS PROCEDURE procedure_name;
```

【例 10.9】创建一个有错误的存储过程，然后查看错误信息。

创建一个有错误的存储过程，代码如下：

```
CREATE OR REPLACE PROCEDURE HELLO
AS
BEGIN
  DBMM_OUTPUT.PUT_LINE('这是有错误的存储过程');
END;
```

执行结果如下：

```
警告：创建的过程带有编译错误
```

查看错误的具体细节，代码如下：

```
SHOW ERRORS PROCEDURE HELLO;
```

结果如下：

```
PROCEDURE HELLO 出现错误:
LINE/COL                    ERROR
----- ------------------------------------------------------
4/1      PL/SQL: Statement ignored
4/1      PLS-00201: 必须声明标识符 'DBMM_OUTPUT.PUT_LINE'
```

从错误提示可知，错误是由第 4 行引起的，正确的写法如下：

```
DBMS_OUTPUT.PUT_LINE('这是有错误的存储过程');
```

10.8 综合案例——综合运用存储过程

通过这一章的学习，读者应该掌握了如何运用存储过程以及 Oracle 的控制语句。所有的存储过程都存储在服务器上，只要调用就可以在服务器上执行。

1. 案例目的

通过实例掌握存储过程的创建和使用。

2. 案例操作过程

创建一个名为 sch 的数据表，表结构如表 10-1 所示，将表 10-2 中的数据插入 sch 表中。

表 10-1 sch 表结构

字 段 名	数据类型	主 键	外 键	非 空	唯 一	自 增
id	NUMBER(10)	是	否	是	是	否
name	VARCHAR2 (50)	否	否	是	否	否
class	VARCHAR2(50)	否	否	是	否	否

表 10-2 sch 表内容

id	Name	class
1	谢思远	二.一班
2	李聪	二.二班

创建一个 sch 表，并且向 sch 表中插入表格中的数据，代码如下：

```
CREATE TABLE sch
(
  id    NUMBER(10),
  name  VARCHAR2(50),
  class VARCHAR2(50)
);
INSERT INTO sch VALUES(1,'谢思远','二.一班');
INSERT INTO sch VALUES(2,'李聪','二.二班');
```

通过 DESC 命令查看创建的数据表，查询结果如下：

```
SQL> DESC sch;
名称    空值    类型
----- -- ------  ------
ID            NUMBER(10)
NAME          VARCHAR2(50)
GLASS         VARCHAR2(50)
```

通过 SELECT * FROM sch 来查看插入表的内容，查询结果如下：

```
SELECT * FROM sch;
ID    NAME      GLASS
------ ----------- -----------
  1   谢思远     二.一班
  2   李聪       二.二班
```

创建一个存储过程用来统计表 sch 中的记录数和 sch 表中 id 的总和。下面创建一个可以统计表内记录条数的存储函数，函数名为 count_sch()，代码如下：

```
CREATE OR REPLACE PROCEDURE COUNT_SCH
AS
cur_count number(6);
cur_sum number(6);
BEGIN
        SELECT COUNT(*) INTO cur_count
          FROM sch;
SELECT SUM(id) INTO cur_sum
          FROM sch;

IF SQL%FOUND THEN
        DBMS_OUTPUT.PUT_LINE('记录总数: '||cur_count);
        DBMS_OUTPUT.PUT_LINE('id总和: '||cur_sum);
        END IF;
END;
```

在 Oracle SQL Developer 中运行上面的代码，结果如下：

```
过程已创建。
```

在 Oracle SQL Developer 中执行存储过程 COUNT_SCH，语句如下：

```
EXEC COUNT_SCH;
```

执行结果如下：

```
记录总数: 2
id总和: 3
PL/SQL 过程已成功完成。
```

10.9　疑难解惑

疑问 1：存储过程中的代码可以改变吗？

答：目前，Oracle 还不提供对已有存储过程代码的修改，如果必须要修改存储过程，可以使用 CREATE OR REPLACE PROCEDURE 语句覆盖掉同名的存储过程。

疑问 2：删除存储过程需要注意什么问题？

答：存储过程之间可以相互调用，如果删除了被调用的存储过程，那么重新编译时调用者会出现错误，所以在执行删除操作时最好要分清各个存储过程之间的关系。

10.10　经典习题

（1）编写一个名为 WORD 的存储过程，功能读者可以自定。

（2）调用存储过程 WORD。

（3）修改 WORD。

第 **11** 章

Oracle 触发器

学习目标 | Objective

　　Oracle 的触发器和存储过程一样，都是嵌入 Oracle 的一段程序。触发器是由事件来触发某个操作，这些事件包括 INSERT、UPDATAE 和 DELETE 语句。如果定义了触发程序，当数据库执行这些语句的时候就会激发触发器执行相应的操作。触发程序是与表有关的命名数据库对象，当数据表上出现特定事件时，将激活该对象。本章通过实例来介绍触发器的含义、如何创建触发器、查看触发器、触发器的使用方法以及如何删除触发器。

内容导航 | Navigation

- 了解什么是触发器
- 掌握创建触发器的方法
- 掌握查看触发器的方法
- 掌握触发器的使用技巧
- 掌握删除触发器的方法
- 熟练掌握综合案例中使用触发器的方法和技巧

11.1　创建触发器

学习了存储过程后，再学习触发器会比较容易，它们之间有相似的地方。

11.1.1 触发器是什么

触发器是一个特殊的存储过程，不同的是，执行存储过程要使用 EXEC 语句来调用，而触发器的执行不需要使用 EXEC 语句来调用，也不需要手工启动，只要当一个预定义事件发生时，触发器就会被 Oracle 自动调用。比如，当对 fruits 表进行操作（INSERT、DELETE 或 UPDATE）时，就会激活相应的触发器执行。

触发器可以查询其他表，而且可以包含复杂的 SQL 语句。它们主要用于满足复杂的业务规则或要求。例如，可以根据客户当前账户的状态来控制是否允许插入新订单。本小节将介绍如何创建触发器。

创建触发器时要遵循一定的语法结构，具体的语法结构如下：

```
create [or replace] trigger 触发器名 触发时间 触发事件
on 表名
[for each row]
begin
 pl/sql 语句
end
```

语法结构中的主要参数介绍如下：

● 触发器名：触发器对象的名称。由于触发器是数据库自动执行的，因此该名称只是一个名称，没有实质的用途。

● 触发时间：指明触发器何时执行，该值可取：

 ➢ before: 表示在数据库操作之前触发器执行。

 ➢ after: 表示在数据库操作之后触发器执行。

● 触发事件：指明哪些数据库操作会触发此触发器：

 ➢ insert: 数据库插入会触发此触发器。

 ➢ update: 数据库修改会触发此触发器。

 ➢ delete: 数据库删除会触发此触发器。

● 表名：数据库触发器所在的数据表。

● for each row: 对数据表的每一行执行一次触发器。如果没有这一选项，就只对整个数据表执行一次。

在数据库中使用触发器可以实现如下功能：

（1）允许和限制对表的修改。

（2）自动生成派生列，比如自增字段。

（3）强制数据一致性。

（4）提供审计和日志记录。

（5）防止无效的事务处理。

（6）启用复杂的业务逻辑。

注意，如果使用系统用户登录数据库，那么在创建触发器时系统会提示用户"无法对 SYS 拥有的对象创建触发器"，这就需要改变登录用户了，具体的方法如下：

首先在 SQL Plus 窗口中输入以下语句：

```
alter user scott identified by 123456 account unlock;
```

执行结果如图 11-1 所示，提示用户已更改。

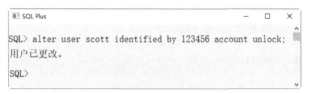

图 11-1　更改登录用户

接着在 SQL Plus 窗口中输入以下语句：

```
conn scott/123456
```

执行结果如图 11-2 所示，提示已连接。这样就可以在普通用户下创建数据表，并为该数据表创建触发器。

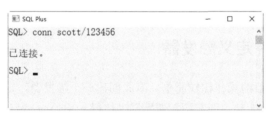

图 11-2　连接数据库

如果当前 Oracle 数据库中不存在 scott 用户，那么上述操作就是无用的，这时就需要在当前数据库中创建一个名为 scott 的用户，而且还必须为 scott 用户授予相应的权限，才能对触发器执行创建、修改以及删除等操作。具体操作方法如下：

首先以管理员身份登录 Oracle 数据库，执行如下的代码：

```
请输入用户名： sys
输入口令：
连接到：
Oracle Database 19c Enterprise Edition Release 19.0.0.0.0 - Production
Version 19.3.0.0.0
SQL> show user;
USER 为 "SYS"
```

接着创建普通用户 scott，执行如下的代码：

```
CREATE USER scott
IDENTIFIED BY Wyy2008
PASSWORD EXPIRE;
```

下面为 scott 用户授予超级管理员权限，执行如下的代码：

```
grant dba to scott;
```

为 scott 用户授予其他权限，执行如下的代码：

```
grant create session to scott;  --赋予 create session 的权限
grant create table,create view,create trigger, create sequence, create
procedure to scott;  --分配创建数据表、视图、触发器、序列、过程等权限
grant unlimited tablespace to scott; --授权使用数据表空间
```

下面以 scott 普通用户登录 Oracle 数据库，执行如下的代码：

```
请输入用户名:scott
输入口令：Wyy2008（这里是笔者设置的密码）
ERROR:
ORA-28001: the password has expired
更改 scott 的口令
新口令：
重新键入新口令：
口令已更改
连接到：
Oracle Database 19c Enterprise Edition Release 19.0.0.0.0 - Production
Version 19.3.0.0.0
```

这里重新设置了 scott 用户的密码（即口令），密码更改成功后，就能够以 scott 用户登录 Oracle 数据库了，接着就可以对触发器进行创建、修改、删除等操作。

11.1.2　为单个事件定义触发器

为单个事件定义触发器的操作比较简单。下面创建一个触发器，该触发器可以防止员工表中插入的新数据 work_year 被改动，即在插入新数据时使得 work_year 默认为 0。

要想实现这一功能，首先需要创建一个员工表，执行语句如下：

```
CREATE TABLE EMPLOYEE
(
  id        number       not null primary key,
  name      varchar2(8),
  work_year number
);
```

接着在员工表中插入表数据，执行如下的代码：

```
select * from employee;
insert all
  into employee(id,name,work_year) values(1,'刘江',5)
  into employee(id,name,work_year) values(2,'张玲',5)
  into employee(id,name,work_year) values(3,'赵龙',5)
  into employee(id,name,work_year) values(4,'胡明',4)
  into employee(id,name,work_year) values(5,'陈湘',3)
select * from dual;
```

防止员工表中插入的新数据 work_year 被改动，即插入新员工信息时，员工工龄默认为 0。执行如下的语句：

```
create or replace trigger tr_before_insert_employee
  before insert
  on employee
```

```
for each row
  begin
    :new.work_year:=0;
  end;
```

执行结果如下：

触发器已创建

检验触发器是否生效，首先向表中插入一行数据，并设置这个员工的工龄为"5"，执行语句如下：

```
insert into employee(id,name,work_year) values(6,'悠悠',5);
已创建 1 行。
```

下面查询这行数据，执行如下的语句：

```
select * from employee where id=6;
```

执行结果如下：

```
    ID    NAME       WORK_YEAR
------- -------- ---------------
     6    悠悠             0
```

可以看到这行数据的工龄自动更改为"0"。从执行结果可以看出，在插入数据前启动了触发器。

11.1.3　为多个事件定义触发器

除了可以为单个事件定义触发器外，还可以为多个事件定义触发器。下面为多个事件创建触发器，实现的功能是通过 insert or update 操作将学生信息表中的 name 字段改为大写形式。

首先需要创建一个员工表，执行如下的语句：

```
CREATE TABLE student
(
  id         number         not null primary key,
  name       varchar2(10)
);
```

接着在员工表中插入表数据，执行如下的代码：

```
select * from student;
insert all
  into student(id,name) values(1,'Sum')
  into student(id,name) values(2,'Tom')
  into student(id,name) values(3,'Jack')
  into student(id,name) values(4,'Rose')
  into student(id,name) values(5,'Bluck')
select * from dual;
```

为多个事件定义触发器，执行如下的语句：

```
create or replace trigger tr_insert_update_student
  before insert or update
  on student
```

```
  for each row
    begin
      :new.name:=upper(:new.name);
    end;
```

接着在学生信息表中插入一行数据，这里输入 name 字段的状态为小写"hill"，可执行如下的语句：

```
insert into student(id,name) values(6,'hill');
```

查看插入行的信息内容，执行如下的语句：

```
select * from student where id=6;
    ID    NAME
------- --------
     6    HILL
```

从查询结果中可以看到，name 字段的名字为大写"HILL"，这就说明触发器执行成功。

接着修改学生信息表中的 name 字段为小写"tom"，执行如下的语句：

```
update student set name='tom' where id=2;
```

查看修改行的信息内容，执行如下的语句：

```
select * from student where id=2;
    ID    NAME
------ -------
     2    TOM
```

从执行结果可以看到，name 字段的状态仍然为大写"TOM"，这就说明修改字段信息时，触发器执行成功。

11.2   查看触发器

一个完整的触发器包括触发器名称和触发器内容信息，用户可以使用命令查看数据库中已经定义的触发器。

11.2.1   查看触发器的名称

用户可以查看已经存在的触发器的名称。要查看触发器的名称，可执行如下的语句：

```
SELECT OBJECT_NAME FROM USER_OBJECTS WHERE OBJECT_TYPE='TRIGGER';
OBJECT_NAME
--------------------
TR_BEFORE_INSERT_EMPLOYEE
TR_INSERT_UPDATE_STUDENT
```

从执行结果可以看到当前数据库中存在的触发器。

11.2.2　查看触发器的内容信息

有了触发器的名称，就可以查看触发器的具体内容了。查看触发器 TR_BEFORE_INSERT_EMPLOYEE 的内容信息，命令如下：

```
SELECT * FROM USER_SOURCE WHERE NAME='TR_BEFORE_INSERT_EMPLOYEE' ORDER BY LINE;
```

输出的具体内容如下：

```
NAME                         TYPE      LINE   TEXT
TR_BEFORE_INSERT_EMPLOYEE    TRIGGER   1      trigger tr_before_insert_employee
TR_BEFORE_INSERT_EMPLOYEE    TRIGGER   2       before insert
TR_BEFORE_INSERT_EMPLOYEE    TRIGGER   3       on employee
TR_BEFORE_INSERT_EMPLOYEE    TRIGGER   4       for each row
TR_BEFORE_INSERT_EMPLOYEE    TRIGGER   5       begin
TR_BEFORE_INSERT_EMPLOYEE    TRIGGER   6       :new.work_year:=0;
TR_BEFORE_INSERT_EMPLOYEE    TRIGGER   7       end;
```

11.3　修改触发器

在 Oracle 中，如果要修改触发器，可使用 CREATE OR REPLACE TRIGGER 语句，也就是覆盖原始的存储过程。

修改已经创建好的触发器 tr_update_employee01，对于工龄大于 3 的员工的记录，把它的 status 字段修改为 ACF。执行如下的语句：

```
create or replace trigger tr_update_employee01
  before update
  on employee01
  for each row
    when (old.status='ACT' and old.work_year>3)
    begin
      :new.status:='ACF';
    end;
```

这里为了保证触发器的演示效果，需要创建一个新的表 employee01，执行如下的代码：

```
CREATE TABLE EMPLOYEE01
(
  id          number         not null primary key,
  name        varchar2(8),
  work_year   number,
  status      varchar2(10)
);
```

然后插入数据记录，代码如下：

```
insert all
  into employee01(id, name, work_year,status) values(1,'刘江',5,'ACT')
  into employee01(id, name, work_year,status) values(2,'张玲',5,'ACT')
```

```
   into employee01(id, name, work_year,status) values(3,'赵龙',5,'ACT')
   into employee01(id, name, work_year,status) values(4,'明月',4,'ACT')
   into employee01(id, name, work_year,status) values(5,'湘浩',3,'ACT')
select * from dual;
```

若要测试修改触发器是否成功，可执行如下的 SQL 语句：

```
update employee set id= id;
```

要查询员工信息表，可执行如下的 SQL 语句：

```
select * from employee01;
    ID    NAME       WORK_YEAR      STATUS
------  -------  --------------  ----------
     1    刘江              5       ACF
     2    张玲              5       ACF
     3    赵龙              5       ACF
     4    明月              4       ACF
     5    湘浩              3       ACT
```

从查询结果中可以看到，对于工龄大于 3 的员工的记录，其 status 字段更改为"ACF"，而工龄小于或等于 3 的员工，其记录中的 status 字段仍为"ACT"。从查询结果可以看出，触发器被成功修改。

11.4　删除触发器

使用 DROP TRIGGER 语句可以删除 Oracle 中已经定义的触发器，删除触发器语句的基本语法格式如下：

```
DROP TRIGGER [schema.]TRIGGER_NAME
```

其中，schema 表示该触发器的所属机构，是可选的；TRIGGER_NAME 是要删除的触发器的名称。

要删除一个触发器，可执行如下的代码：

```
DROP TRIGGER tr_update_employee01;
触发器已删除。
```

11.5　综合案例——触发器的使用

本章介绍了 Oracle 数据库的触发器的定义和作用、创建触发器、查看触发器、使用触发器和删除触发器等内容。创建触发器和使用触发器是本章的重点内容。在创建触发器的时候一定要弄清楚触发器的结构，在使用触发器的时候，要清楚触发器触发的时间（BEFORE 或 AFTER）和触发的条件（INSERT、DELETE 或 UPDATE）。在创建触发器后，要清楚怎么修改触发器。

1. 案例目的

掌握触发器的创建和调用方法。

下面是创建触发器的范例，每更新一次 persons 表的 num 字段后，都要更新 sales 表对应的 sum 字段。其中，persons 表结构如表 11-1 所示，sales 表结构如表 11-2 所示，persons 表内容如表 11-3 所示，按照操作过程完成操作。

表 11-1　persons 表结构

字 段 名	数据类型	主　键	外　键	非　空	唯　一	自　增
name	VARCHAR2 (40)	否	否	是	否	否
num	NUMBER (11)	否	否	是	否	否

表 11-2　sales 表结构

字 段 名	数据类型	主　键	外　键	非　空	唯　一	自　增
name	VARCHAR2 (40)	否	否	是	否	否
sum	NUMBER (11)	否	否	是	否	否

表 11-3　persons 表内容

name	num
晓晓	20
小华	69

2. 案例操作过程

01 创建一个业务统计表 persons。

创建一个业务统计表 persons，执行如下的代码：

```
CREATE TABLE persons
(
  name VARCHAR2(40),
  num NUMBER(11)
);
```

02 创建一个销售额表 sales。

创建一个销售额表 sales，执行如下的代码：

```
CREATE TABLE sales
(
  name VARCHAR2(40),
  sum NUMBER(11)
);
```

03 创建一个触发器。

创建一个触发器，在插入 persons 表的 num 字段后，更新 sales 表的 sum 字段，执行如下的代码：

```
CREATE TRIGGER NUM_SUM
  AFTER INSERT
```

```
  ON persons
  for each row
BEGIN
 INSERT INTO sales VALUES (NEW.name,7*NEW.num);
END;
```

04 向 persons 表中插入记录，执行如下的代码：

```
INSERT INTO persons VALUES ('晓晓',20);
INSERT INTO persons VALUES ( '小华',69);
```

05 查询 persons 表中的记录，执行如下的代码：

```
SQL> SELECT * FROM persons;

NAME   NUM
---------- ------
晓晓   20
小华   69
```

06 查询 sales 表中的记录，执行如下的代码：

```
SQL> SELECT *FROM sales;

NAME      NUM
-----  -------
 晓晓    140
 小华    483
```

从查询结果可以看到，在 persons 表插入记录之后，NUM_SUM 触发器计算插入 persons 表中的数据，并将结果插入 sales 表中相应的位置。

11.6　疑难解惑

疑问 1：创建触发器时需要特别注意什么问题？

答：在使用触发器时需要注意，对于相同的数据表，相同的事件只能创建一个触发器，比如为表 account 创建了一个 BEFORE INSERT 触发器，那么如果为表 account 再次创建一个 BEFORE INSERT 触发器，Oracle 将会报错，此时只能在表 account 上创建 AFTER INSERT 或者 BEFORE UPDATE 类型的触发器。灵活地运用触发器将为操作省去很多麻烦。

疑问 2：为什么要及时删除不用的触发器？

答：触发器定义之后，每次执行触发事件都会激活触发器并执行触发器中的语句。如果需求发生变化，而触发器没有进行相应的改变或者删除，那么触发器仍然会执行旧的语句，从而影响新的数据的完整性。因此，要将不再使用的触发器及时删除。

11.7　经典习题

（1）创建 INSERT 事件的触发器。

（2）创建 UPDATE 事件的触发器。

（3）创建 DELETE 事件的触发器。

（4）查看触发器。

（5）删除触发器。

第**12**章

游　标

学习目标 | Objective

查询语句可能返回多条记录，如果数据量非常大，就需要使用游标来逐条读取查询结果集中的记录。应用程序可以根据需要滚动或浏览其中的数据。本章将介绍游标的概念、游标的分类、游标的基本操作等内容。

内容导航 | Navigation

- 了解游标的基本概念
- 掌握显式游标的使用方法
- 掌握隐式游标的使用方法
- 掌握综合案例中游标的操作技巧和方法

12.1　认识游标

游标是 Oracle 的一种数据访问机制，它允许用户访问单独的数据行，用户可以对每一行进行单独处理，从而降低系统开销和潜在的阻隔情况，用户也可以使用这些数据生成 SQL 代码并立即执行或输出。

12.1.1 游标的概念

游标类似于一个可以变动的光标。类似于 C 语言中的指针，游标可以指向结果集中的任意位置。在查看或处理结果集中的数据时，游标可以提供在结果集中向前或向后浏览数据的功能。当要对结果集进行逐行单独处理时，必须声明一个指向该结果集的游标变量。游标默认指向的是结果集的首记录。

默认情况下，游标可以返回当前行的数据记录，且只能返回一行的记录。如果想要返回多行的记录，就需要不断地滚动游标，把需要的数据记录查询一遍。用户可以操作游标所在行的记录，例如把返回记录作为另一个查询的条件等。

12.1.2 游标的优点

SELECT 语句返回的是一个结果集，但有的时候应用程序并不总是能对整个结果集进行有效的处理，游标便提供了这样一种机制，它能从包括多条数据记录的结果集中每次提取一条记录，游标总是与一条 SQL 选择语句相关联，由结果集和指向特定记录的游标组成（因为游标指向的就是当前存取数据记录的位置）。使用游标具有以下优点：

（1）允许程序对由 SELECT 查询语句返回的结果集中的每一行执行相同或不同的操作，而不是对整个结果集执行同一个操作。

（2）提供对数据表中由游标指向的行进行删除和更新的能力。

（3）游标作为数据库管理系统和应用程序设计之间的桥梁，将两种处理方式连接起来。

12.1.3 游标的分类

Oracle 中的游标分为静态游标和 REF 游标两类。接下来只对常用的静态游标进行详细介绍。静态游标分为两种类型：

（1）显式游标：在使用之前必须有明确的游标声明和定义，这样的游标定义会关联数据查询语句，通常会返回一行或多行的数据记录。打开游标后，用户可以利用游标的位置对结果集进行检索，使之返回单行的数据记录，而后用户就可以对此记录进行处理。关闭游标后，就不能再对结果集进行任何操作。显式游标需要用户自己编写代码，一切由用户控制。

（2）隐式游标：隐式游标和显式游标不同，它由数据库自动管理，用户无法控制此游标，但能得到它的属性信息。

12.2 显式游标

介绍完游标的概念和分类等内容之后，下面将向读者介绍如何操作显式游标。对于显式游标的操作主要有：声明游标、打开游标、读取游标中的数据和关闭游标。

12.2.1 显式游标的语法

使用游标之前，要声明游标。声明显式游标的语法如下：

```
CURSOR cursor_name
   [(parameter_name  datatype,…)]
     IS select_statement;
```

其中 CURSOR 表示声明游标，cursor_name 是游标的名称，parameter_name 表示参数名称，datatype 表示参数类型，select_statement 是游标关联的 SELECT 语句。

声明名称为 cursor_fruits 的游标，该游标的作用是使用 SELECT 语句从 fruits 表中查询出 f_name 和 f_price 字段的值。

为了演示游标的操作，先删除前面创建的不符合游标操作要求的水果信息表 fruits，执行如下的代码：

```
DROP TABLE fruits;
```

接着创建水果信息表（fruits 表），并添加相应的数据记录，执行如下的语句：

```
CREATE TABLE fruits
(
   f_id          varchar2(10)        NOT NULL,
   s_id          number(6)           NOT NULL,
   f_name        varchar2(10)        NOT NULL,
   f_price       number (8,2)        NOT NULL
);
```

创建好数据表后，向 fruits 表中输入表数据，执行如下的语句：

```
INSERT INTO fruits (f_id, s_id, f_name, f_price) VALUES  ('a1', 101,'苹果',5.2);
INSERT INTO fruits (f_id, s_id, f_name, f_price) VALUES  ('b1',101,'黑莓',
10.2);
INSERT INTO fruits (f_id, s_id, f_name, f_price) VALUES  ('bs1',102,'橘子',
11.2);
INSERT INTO fruits (f_id, s_id, f_name, f_price) VALUES  ('bs2',105,'甜瓜
',8.2);
INSERT INTO fruits (f_id, s_id, f_name, f_price) VALUES  ('t1',102,'香蕉',
10.3);
INSERT INTO fruits (f_id, s_id, f_name, f_price) VALUES  ('t2',102,'葡萄', 5.3);
INSERT INTO fruits (f_id, s_id, f_name, f_price) VALUES  ('o2',103,'椰子', 9.2);
INSERT INTO fruits (f_id, s_id, f_name, f_price) VALUES  ('c0',101,'草莓', 3.2);
INSERT INTO fruits (f_id, s_id, f_name, f_price) VALUES  ('a2',103, '杏子',2.2);
INSERT INTO fruits (f_id, s_id, f_name, f_price) VALUES  ('l2',104,'柠檬', 6.4);
INSERT INTO fruits (f_id, s_id, f_name, f_price) VALUES  ('b2',104,'浆果', 7.6);
INSERT INTO fruits (f_id, s_id, f_name, f_price) VALUES  ('m1',106,'芒果',
15.6);
INSERT INTO fruits (f_id, s_id, f_name, f_price) VALUES  ('m2',105,'甘蔗', 2.6);
INSERT INTO fruits (f_id, s_id, f_name, f_price) VALUES  ('t4',107,'李子', 3.6);
INSERT INTO fruits (f_id, s_id, f_name, f_price) VALUES  ('m3',105,'山竹',
```

```
11.6);
    INSERT INTO fruits (f_id, s_id, f_name, f_price) VALUES  ('b5',107,'火龙果',
3.6);
```

接着声明游标 cursor_fruits，执行如下的语句：

```
DECLARE
CURSOR cursor_fruits
IS SELECT f_name, f_price FROM fruits;
```

这样就声明了一个名为 cursor_fruits 的游标。

12.2.2 打开游标

在使用游标之前，必须打开游标。打开游标的语法格式如下：

```
OPEN cursor_name ;
```

若要打开名为 cursor_fruits 的游标，可执行如下的语句：

```
OPEN cursor_fruits;
```

这样就打开了一个名称为 cursor_fruits 的游标。

12.2.3 读取游标中的数据

打开游标之后，就可以读取游标中的数据了，FETCH 命令可以读取游标中的某一行数据记录。
FETCH 语句的语法格式如下：

```
FETCH cursor_name INTO Record_name;
```

读取的记录放到变量中。如果想读取多个记录，FETCH 需要和循环语句一起使用，直到某个
条件不符合要求而退出。使用 FETCH 时，游标属性%ROWCOUNT 会不断累加。

若要使用名为 cursor_fruits 的游标检索 fruits 表中的记录，可执行如下的语句：

```
FETCH cursor_ fruits INTO Record_name;
```

这样就读取了名为 cursor_fruits 的游标。

12.2.4 关闭游标

打开游标以后，服务器会专门为游标开辟一定的内存空间存放游标操作的数据结果集合，同
时游标的使用也会根据具体情况对某些数据进行封锁。所以在不使用游标的时候，可以将其关闭，
以释放游标所占用的服务器资源。关闭游标使用 CLOSE 语句，语法格式如下：

```
CLOSE  cursor_name
```

若要关闭名为 cursor_fruits 的游标，可执行如下的语句：

```
CLOSE cursor_fruits;
```

这样就关闭了名为 cursor_fruits 的游标。

12.2.5 使用显式游标的案例

下面通过一个案例来学习显式游标的整个过程。

【例 12.1】 定义名称为 frt_cur 的游标，然后打开、读取和关闭游标 frt_cur，示例代码如下：

```
set serveroutput on;
DECLARE
 CURSOR frt_cur

 IS SELECT f_id,f_name FROM fruits;

cur_fruits  frt_cur%ROWTYPE;

BEGIN
  OPEN  frt_cur;
    FETCH frt_cur INTO cur_fruits;
    dbms_output.put_line(cur_fruits.f_id||'.'||cur_fruits.f_name);
CLOSE  frt_cur;
    END;
```

上述代码的具体含义如下：

- set serveroutput on：打开 Oracle 自带的输出方法 dbms_output。
- CURSOR frt_cur：声明一个名为 frt_cur 的游标。
- IS SELECT f_id,f_name FROM fruits：表示游标关联的查询。
- cur_fruits frt_cur%ROWTYPE：定义一个游标变量，名为 cur_fruits。
- OPEN frt_cur：表示打开游标。
- FETCH frt_cur INTO cur_fruits：表示利用 FETCH 语句从结果集中提取游标指向的当前行记录。
- dbms_output.put_line(cur_fruits.f_id||'.'||cur_fruits.f_name)：表示输出结果并换行，这里输出表 fruits 中的 f_id 和 f_name 字段的值。

在 Oracle SQL Developer 中运行上面的代码，执行结果如下：

```
a1.苹果
```

通过上面的案例，读者可以充分理解显式游标的 4 个基本步骤。

12.2.6 使用显式游标的 LOOP 语句

上一小节中的案例中只提取了一条数据记录，如果用户想使用显式游标提取多条数据记录，就需要一个遍历结果集的方法，这就是 LOOP 语句的作用。

【例 12.2】 通过 LOOP 语句使用游标遍历数据记录，示例代码如下：

```
set serveroutput on;
```

```
DECLARE
CURSOR frt_loop_cur
IS SELECT f_id,f_name,f_price FROM fruits
WHERE f_price>10;

cur_id fruits.f_id%TYPE;
cur_name  fruits.f_name%TYPE;
cur_price  fruits.f_name%TYPE;

BEGIN
  OPEN  frt_loop_cur;
    LOOP
      FETCH frt_loop_cur INTO cur_id,cur_name,cur_price;
      EXIT WHEN frt_loop_cur%NOTFOUND;
      dbms_output.put_line(cur_id||'.'||cur_name
                    ||'.'||cur_price);
     END LOOP;
   CLOSE  frt_loop_cur;
END;
```

cur_id fruits.f_id%TYPE：表示变量类型同表 fruits 对应的字段类型一致。

EXIT WHEN frt_loop_cur%NOTFOUND：表示利用游标的属性在没有数据记录时退出循环。

在 Oracle SQL Developer 中运行上面的代码，执行结果如下：

```
b1.黑莓.10.2
bs1.橘子.11.2
t1.香蕉.10.3
m1.芒果.15.6
m3.山竹.11.6
```

该案例中通过使用 LOOP 语句把所有符合条件的记录全部输出。

12.2.7　使用 BULK COLLECT 和 FOR 语句的游标

使用 FETCH…INTO…语句只能提取单条数据记录。如果数据量比较大，执行效率就比较低。为了解决这一问题，可以使用 FETCH…BULK COLLECT INTO…语句批量提取数据。

【例 12.3】通过 BULK COLLECT 和 FOR 语句使用游标遍历数据记录，示例代码如下：

```
set serveroutput on;
DECLARE
CURSOR frt_collect_cur
IS SELECT * FROM fruits
WHERE f_price>10;
TYPE FRT_TAB IS TABLE OF FRUITS%ROWTYPE;
frt_rd FRT_TAB;
BEGIN
  OPEN  frt_collect_cur;
    LOOP
      FETCH frt_collect_cur BULK COLLECT INTO frt_rd LIMIT 2;
      FOR i in 1..frt_rd.count LOOP
      dbms_output.put_line(frt_rd(i).f_id||'.'||frt_rd(i).f_name
                    ||'.'||frt_rd(i).f_price);
```

```
        END LOOP;
        EXIT WHEN frt_collect_cur%NOTFOUND;
      END LOOP;
    CLOSE  frt_collect_cur;
END;
```

其中下列代码用于定义和表 fruits 的行对象一致的集合类型 frt_rd，该变量用于存放批量得到的数据。

```
TYPE FRT_TAB IS TABLE OF FRUITS%ROWTYPE;
frt_rd FRT_TAB;
```

LIMIT 2 表示每次提取两条数据记录。

在 Oracle SQL Developer 中运行上面的代码，执行结果如下：

```
b1.黑莓.10.2
bs1.橘子.11.2
t1.香蕉.10.3
m1.芒果.15.6
m3.山竹.11.6
```

12.2.8　使用 CURSOR FOR LOOP 语句的游标

通过使用 CURSOR FOR LOOP 语句可以在不声明变量的情况下提取数据记录。

【例 12.4】通过 CURSOR FOR LOOP 语句使用游标遍历数据记录，示例代码如下：

```
set serveroutput on;
DECLARE
CURSOR frt1 IS SELECT * FROM fruits
WHERE f_price<10;
BEGIN
  FOR curfrt1 IN frt1
    LOOP
      dbms_output.put_line(curfrt1.f_id||'.'|| curfrt1.f_name
                    ||'.'|| curfrt1.f_price);
    END LOOP;
END;
```

在 Oracle SQL Developer 中运行上面的代码，执行结果如下：

```
a1.苹果.5.2
bs2.甜瓜.8.2
t2.葡萄.5.3
o2.椰子.9.2
c0.草莓.3.2
a2.杏子.2.2
l2.柠檬.6.4
b2.浆果.7.6
m2.甘蔗.2.6
t4.李子.3.6
b5.火龙果.3.6
```

12.2.9　显式游标的属性

利用游标属性可以得到游标执行的相关信息。显式游标有以下 4 个属性：

- %ISOPEN：用于判断游标属性是否打开，如果打开就返回 true，否则返回 false。
- %FOUND：用于检查行数据是否有效，如果有效就返回 true，否则返回 false。
- %NOTFOUND：与%FOUND 属性相反，如果没有提取出数据记录就返回 true，否则返回 false。
- %ROWCOUNT：表示累计到当前为止使用 FETCH 提取数据的行数，即数据记录的条数。

【例 12.5】通过%ISOPEN 属性判断游标是否打开了，示例代码如下：

```
set serveroutput on;
DECLARE
CURSOR frt2 IS SELECT * FROM fruits;
cur_fruits  fruits%ROWTYPE;
BEGIN
  IF frt2%ISOPEN THEN
     FETCH frt2 INTO cur_fruits;
     dbms_output.put_line(cur_fruits.f_id||'.'|| cur_fruits.f_name
                     ||'.'|| cur_fruits.f_price);
 ELSE
dbms_output.put_line('游标 frt2 没有打开');
END IF;
END;
```

在 Oracle SQL Developer 中运行上面的代码，执行结果如下：

游标 frt2 没有打开

【例 12.6】通过%FOUND 属性判断数据的有效性，示例代码如下：

```
set serveroutput on;
DECLARE
CURSOR frt_found_cur
IS SELECT * FROM fruits;
cur_prodrcd FRUITS%ROWTYPE;
BEGIN
  OPEN  frt_found_cur;
     LOOP
        FETCH frt_found_cur INTO cur_prodrcd;
        IF frt_found_cur%FOUND THEN
        dbms_output.put_line(cur_prodrcd.f_id||'.'|| cur_prodrcd.f_name
                     ||'.'|| cur_prodrcd.f_price);
        ELSE
          dbms_output.put_line('没有数据被提取');
           EXIT;
END IF;
    END LOOP;
  CLOSE  frt_found_cur;
END;
```

在 Oracle SQL Developer 中运行上面的代码，执行结果如下：

```
a1.苹果.5.2
b1.黑莓.10.2
bs1.橘子.11.2
bs2.甜瓜.8.2
t1.香蕉.10.3
t2.葡萄.5.3
o2.椰子.9.2
c0.草莓.3.2
a2.杏子.2.2
l2.柠檬.6.4
b2.浆果.7.6
m1.芒果.15.6
m2.甘蔗.2.6
t4.李子.3.6
m3.山竹.11.6
b5.火龙果.3.6
没有数据被提取
```

%NOTFOUND 属性的含义与%FOUND 属性正好相反，这里就不进行讲解了。

【例 12.7】通过%ROWCOUNT 属性查看已经返回了多少条记录，示例代码如下：

```
set serveroutput on;
DECLARE
CURSOR frt_rowcount_cur
IS SELECT * FROM fruits
WHERE f_price<8;
TYPE FRT_TAB IS TABLE OF FRUITS%ROWTYPE;
frt_count_rd FRT_TAB;

BEGIN
  OPEN  frt_rowcount_cur;
    LOOP
      FETCH frt_rowcount_cur BULK COLLECT INTO frt_count_rd LIMIT 2;
      FOR i in frt_count_rd.first..frt_count_rd.last LOOP
dbms_output.put_line(frt_count_rd(i).f_id||'.'
|| frt_count_rd(i).f_name||'.'|| frt_count_rd(i).f_price);
      END LOOP;
      IF mod(frt_rowcount_cur%ROWCOUNT,2)=0 THEN
dbms_output.put_line('读取到第'||frt_rowcount_cur%ROWCOUNT||'
条记录');
        ELSE
 dbms_output.put_line( '读取到单条记录为'
||frt_rowcount_cur%ROWCOUNT||'条记录');
      END IF;
    EXIT WHEN  frt_rowcount_cur%NOTFOUND;
    END LOOP;
  CLOSE  frt_rowcount_cur;
END;
```

在 Oracle SQL Developer 中运行上面的代码，执行结果如下：

```
a1.苹果.5.2
t2.葡萄.5.3
```

```
读取到第 2
条记录
c0.草莓.3.2
a2.杏子.2.2
读取到第 4
条记录
l2.柠檬.6.4
b2.浆果.7.6
读取到第 6
条记录
m2.甘蔗.2.6
t4.李子.3.6
读取到第 8
条记录
b5.火龙果.3.6
读取到单条记录为 9 条记录
```

12.3 隐式游标

上一节中向读者介绍了显式游标的使用方法和技巧，本节将介绍隐式游标的使用方法，包括使用隐式游标、隐式游标的属性和如何在游标中使用异常处理。

12.3.1 使用隐式游标

隐式游标是由数据库自动创建和管理的游标，默认名称为 SQL，也称为 SQL 游标。

每当运行 SELECT 语句时，系统会自动打开一个隐式游标，用户不能控制隐式游标，但是可以使用隐式游标。

【例 12.8】使用隐式游标，示例代码如下：

```
set serveroutput on;
DECLARE
  cur_id  fruits.f_id%TYPE;
  cur_name  fruits.f_name%TYPE;
  cur_price  fruits.f_name%TYPE;
BEGIN
  SELECT f_id,f_name,f_price INTO cur_id,cur_name,cur_price
  FROM fruits
  WHERE f_price=5.3;
  IF SQL%FOUND THEN
      dbms_output.put_line(cur_id||'.'||cur_name||'.'||cur_price);
  END IF;
END;
```

在 Oracle SQL Developer 中运行上面的代码，执行结果如下：

```
t2.葡萄.5.3
```

上面代码中的判断条件：

```
WHERE f_price=5.3;
```

必须保证只有一条记录符合，因为 SELECT INTO 语句只能返回一条记录，如果返回多条记录，在 Oracle SQL Developer 中运行时会提示：实际返回的行数超过请求的行数。

12.3.2 隐式游标的属性

隐式游标的属性种类和显式游标是一样的，但是属性的含义有一定的区别：

- %ISOPEN：Oracle 自行控制该属性，返回值永远是 false。
- %FOUND：该属性反映了操作是否影响数据，如果影响数据，就返回 true，否则返回 false。
- %NOTFOUND：与%FOUND 属性相反，如果操作没有影响数据，就返回 true，否则返回 false。
- %ROWCOUNT：该属性反映了操作对数据影响的数量。

【例 12.9】验证隐式游标的 ISOPEN 属性返回值为 false 的特性，示例代码如下：

```
set serveroutput on;
DECLARE
BEGIN
    DELETE FROM fruits;
      IF SQL%ISOPEN THEN
        dbms_output.put_line('游标打开了');
      ELSE
        dbms_output.put_line('游标没有打开');
      END IF;
END;
```

在 Oracle SQL Developer 中运行上面的代码，执行结果如下：

游标没有打开

%FOUND 属性在 INSERT、UPDATE 和 DELETE 语句的执行对数据有影响时会返回 true，而 SELECT INTO 语句只要有语句返回，该属性即为 true。

【例 12.10】验证隐式游标属性%FOUND 的应用，示例代码如下：

```
set serveroutput on;
DECLARE
    cur_id  fruits.f_id%TYPE;
    cur_name  fruits.f_name%TYPE;
    cur_price  fruits.f_price%TYPE;
BEGIN
    SELECT f_id ,f_name,f_price INTO cur_id,cur_name,cur_price
 FROM fruits;

    EXCEPTION
    WHEN TOO_MANY_ROWS THEN
    IF SQL%FOUND THEN
       dbms_output.put_line('%FOUND 为 true');
       DELETE FROM fruits WHERE f_price=10.2;
```

```
        IF SQL%FOUND THEN
          dbms_output.put_line('删除数据了');
        END IF;
    END IF;
END;
```

以下代码的含义是当返回多条数据记录时会出现 TOO_MANY_ROWS 异常，而后执行 THEN 后面的脚本，即对可能引起的异常进行相应的处理。

```
EXCEPTION
    WHEN TOO_MANY_ROWS THEN
```

以下代码表示当 SQL%FOUND 为 true 时，执行删除操作。

```
DELETE FROM fruits WHERE f_price=10.2;
```

以下代码表示继续判断 SQL%FOUND 是否为 true，如果是 true，就继续 THEN 后的操作。

```
IF SQL%FOUND THEN
        dbms_output.put_line('删除数据了');
```

在 Oracle SQL Developer 中运行上面的代码，执行结果如下：

```
%FOUND 为 true
```

从结果可以看出该属性的使用方法和特征。由于在删除操作时没有在数据库中找到符合 WHERE 条件的记录，因此没有执行任何删除操作，此时的 SQL%FOUND 为 false，后面的删除提示自然就没有执行。

%NOTFOUND 属性的含义与%FOUND 属性正好相反，这里就不再深入讲解了。

【例 12.11】通过%ROWCOUNT 属性查看已经返回了多少行记录，输入语句如下：

```
set serveroutput on;
DECLARE
   cur_id  fruits.f_id%TYPE;
   cur_name  fruits.f_name%TYPE;
   cur_price  fruits.f_price%TYPE;
   cur_count  varchar2(8);
BEGIN
   SELECT f_id ,f_name,f_price INTO cur_id,cur_name,cur_price
 FROM fruits;

   EXCEPTION
   WHEN NO_DATA_FOUND THEN
     dbms_output.put_line('SQL%ROWCOUNT');
     dbms_output.put_line('没有数据');

   WHEN TOO_MANY_ROWS THEN
     cur_count:= SQL%ROWCOUNT;
    dbms_output.put_line(' SQL%ROWCOUNT 值为: '||cur_count);
END;
```

在 Oracle SQL Developer 中运行上面的代码，执行结果如下：

```
SQL%ROWCOUNT 值为: 1
```

由结果可知，定义变量 cur_count 保存 SQL%ROWCOUNT 是成功的。

12.3.3　在游标中使用异常处理

从上一节的例子可以看出，当出现异常情况时，用户可以提前为异常处理做好准备。如果不进行处理，程序（或脚本）的执行就会中断操作，可见合理地处理异常可以维护脚本运行的稳定性。

【例 12.12】在游标中使用异常处理。

为了演示效果，可以先将 fruits 表中的数据删除，执行如下的 SQL 语句：

```
delete from fruits;
```

针对没有数据的异常处理，代码如下：

```
set serveroutput on;
DECLARE
    cur_id  fruits.f_id%TYPE;
cur_name  fruits.f_name%TYPE;
BEGIN
    SELECT f_id ,f_name INTO cur_id,cur_name
 FROM fruits;

    EXCEPTION
    WHEN NO_DATA_FOUND THEN
    dbms_output.put_line('没有数据');

END;
```

在 Oracle SQL Developer 中运行上面的代码，执行结果如下：

```
没有数据
```

由结果可知，对于没有数据的异常情况，用户提前为异常处理做好了准备。

12.4　综合案例——游标的综合应用

本节将讲述一个游标的综合应用案例。通过本节的学习可以更加熟练地操作游标，从而解决实际工作中的问题。

1. 案例目的

案例中牵涉到两个数据表，分别为数据表 fruit（水果）和数据表 fruitage（水果信息）。利用游标转换两个表中的数据，要求把价格高于 10 的水果放到 fruitage 表中。

2. 案例操作过程

01 创建数据表 fruit 并插入数据。

要创建数据表 fruit，可执行如下的 SQL 语句：

```
CREATE TABLE fruit
(
  f_id      varchar2(10)      NOT NULL,
  f_name    varchar2(255)     NOT NULL,
  f_price   number (8,2)      NOT NULL
);
```

为了演示，需要插入如下数据：

```
INSERT INTO fruit VALUES ('a1', '苹果',5.2);
INSERT INTO fruit VALUES ('b1','蓝莓', 10.2);
INSERT INTO fruit VALUES ('bs1','橘子', 11.2);
INSERT INTO fruit VALUES ('bs2','火龙果',8.2);
INSERT INTO fruit VALUES ('t1','香蕉', 10.3);
INSERT INTO fruit VALUES ('t2','葡萄', 5.3);
INSERT INTO fruit VALUES ('o2','芒果', 9.2);
```

02 创建数据表 fruitage。

表 fruitage 和表 fruit 的字段一致，可执行如下的 SQL 语句来创建：

```
CREATE TABLE fruitage AS SELECT * FROM fruit
WHERE 2=3;
```

若 WHERE 后面的条件为真，则复制表时把数据也一起复制。

03 创建游标，完成数据转移的要求。

```
set serveroutput on;
DECLARE
   cur_id  fruit.f_id%TYPE;
   cur_name  fruit.f_name%TYPE;
   cur_price  fruit.f_price%TYPE;
   CURSOR frt_cur
   IS SELECT f_id ,f_name f_price INTO cur_id,cur_name,cur_price
     FROM fruit
     WHERE f_price>10;
  BEGIN
  OPEN  frt_cur;
  LOOP
    FETCH frt_cur INTO cur_id,cur_name,cur_price;
    IF frt_cur%FOUND THEN
      INSERT INTO fruitage VALUES(cur_id, cur_name,cur_price);
    ELSE
      dbms_output.put_line('已经取出所有数据，共有'||frt_cur%ROWCOUNT
        ||'条记录');
      EXIT;
    END IF;
  END LOOP;
  CLOSE  frt_cur;
 END;
```

在 Oracle SQL Developer 中运行上面的代码，执行结果如下：

已经取出所有数据，共有 3 条记录

12.5　疑难解惑

疑问 1：游标使用完后如何处理？

答：在使用完游标之后，一定要将其关闭，关闭游标的作用是释放游标和数据库的连接，将其从内存中删除，游标删除后将释放系统资源。

疑问 2：执行游标后，没有输出内容，只显示"匿名块已完成"，是怎么回事？

答：在 Oracle SQL Developer 中运行游标内容，必须在开头部分添加如下代码：

```
set serveroutput on;
```

否则，运行完成只会显示以下信息：

```
匿名块已完成
```

12.6　经典习题

（1）简述游标的含义及分类。

（2）使用游标的基本操作步骤都有哪些？

（3）打开 stu_info 表，使用游标查看 stu_info 表中成绩小于 70 的记录。

第**13**章

管理表空间

学习目标|Objective

在 Oracle 中,创建数据库时需要同时指定数据库建立的表空间,所以表空间是非常重要的知识。本章主要介绍表空间的基础知识和管理表空间的方法等知识。通过本章的学习,读者可以熟练地在创建数据库时指定表空间和大文件表空间。

内容导航|Navigation

- 了解什么是表空间
- 掌握查看表空间的方法
- 掌握管理表空间的方法
- 掌握管理临时表空间的方法
- 掌握管理数据文件的方法

13.1　什么是表空间

表空间是 Oracle 数据库的必备知识。本节主要讲述表空间的基本知识。

表空间是数据库的逻辑划分,Oracle 数据库被划分成多个表空间的逻辑区域,这样就形成了 Oracle 数据库的逻辑结构。一个表空间只能属于一个数据库。所有的数据库对象都存放在指定的空间中,因为主要存放的是数据表,所以称作表空间。一个 Oracle 数据库能够有一个或多个表空间,而一个表空间则对应着一个或多个物理的数据库文件。表空间是 Oracle 数据库恢复的最小单位,容纳着许多数据库实体，如数据表、视图、索引、聚簇、回退段和临时段等。

Oracle 数据库中至少存在一个表空间，即 SYSTEM 的表空间。每个 Oracle 数据库均有 SYSTEM 表空间，这是数据库创建时自动创建的。SYSTEM 表空间必须总是保持联机，因为其包含着数据库运行所要求的基本信息，包括关于整个数据库的数据字典、联机求助机制、所有回退段、临时段和自举段、所有的用户数据库实体、其他 Oracle 软件产品要求的表。

一个小型应用的 Oracle 数据库通常仅包括 SYSTEM 表空间，然而一个稍大型应用的 Oracle 数据库采用多个表空间，会对数据库的使用带来更大的方便。

Oracle 表空间能帮助 DBA 用户完成以下工作：

（1）决定数据库实体的空间分配。

（2）设置数据库用户的空间份额。

（3）控制数据库部分数据的可用性。

（4）分布数据于不同的设备之间以改善性能。

（5）备份和恢复数据。

用户创建数据库实体时，在给定的表空间中必须被授予相应的权力，所以对一个用户来说，若要操纵一个 Oracle 数据库中的数据，应该：

（1）被授予关于一个或多个表空间中的 RESOURCE 特权。

（2）被指定了默认的表空间。

（3）被分配了指定表空间中存储空间的使用份额。

（4）被指定了缺省临时段表空间，建立不同的表空间，设置最大的存储容量。

13.2　查看表空间

在 Oracle 19c 中，默认的表空间有 5 个，分别为 SYSTEM、SYSAUX、UNDOTBS1、TEMP 和 USERS。

【例 13.1】若要查询当前登录用户默认的表空间的名称，可执行如下的 SQL 语句：

```
SELECT TABLESPACE_NAME FROM DBA_TABLESPACES;
```

查询结果如下：

```
TABLESPACE_NAME
--------------------
SYSTEM
SYSAUX
UNDOTBS1
TEMP
USERS
```

从查询结果可以看出，默认情况下有 5 个表空间。各个表空间的含义如下：

（1）SYSTEM 表空间：用来存储 SYS 用户的数据表、视图和存储过程等数据库对象。

（2）SYSAUX 表空间：用于安装 Oracle 19c 数据库使用的实例数据库。

（3）UNDOTBS1 表空间：用于存储撤销信息。

（4）TEMP 表空间：用户存储 SQL 语句处理的数据表和索引的信息。

（5）USERS 表空间：存储数据库用户创建的数据库对象。

如果要查看某个用户的默认表空间，可以通过 DBA_USERS 数据字典进行查询。

【例 13.2】若要查询 SYS、SYSDG、SYSBACKUP、SYSTEM 和 SYSKM 用户的默认表空间，可执行如下的 SQL 语句：

```
SELECT DEFAULT_TABLESPACE,USERNAME FROM DBA_USERS WHERE USERNAME LIKE 'SYS%';
```

查询结果如下：

```
DEFAULT_TABLESPACE       USERNAME
---------------          ----------------
SYSTEM                   SYS
SYSTEM                   SYSTEM
SYSTEM                   SYS$UMF
USERS                    SYSBACKUP
USERS                    SYSRAC
USERS                    SYSKM
USERS                    SYSDG
```

从查询结果可以看出，SYSDG、SYSBACKUP 和 SYSKM 用户的默认表空间是 USERS，而 SYS 和 SYSTEM 用户的默认表空间是 SYSTEM。

如果想要查看表空间的使用情况，可以使用数据字典 DBA_FREE_SPACE。

【例 13.3】若要查询 SYSTEM 默认表空间的使用情况，可执行如下的 SQL 语句：

```
SELECT * FROM DBA_FREE_SPACE WHERE TABLESPACE_NAME='SYSTEM';
```

查询结果如下：

```
TABLESPACE_NAME   FILE_ID   BLOCK_ID   BYTES    BLOCKS   RELATIVE_FNO
---------------   --------  -------   -----    ------   -----------
  SYSTEM            1        115056   1179648    144         1
```

13.3　管理表空间

在 Oracle 数据库中，用户可以对表空间进行创建、修改和删除等操作。

13.3.1　创建表空间

使用 CREATE TABLESPACE 语句可以创建表空间，语法规则如下：

```
CREATE TABLESPACE tablespace_name
DATAFILE filename SINE size
[AUTOEXTENO[ON/OFF]]NEXT size
```

```
[MAXSIZE size]
[PERMANENT|TEMPORARY]
[EXTENT MANAGEMENT
[DICTIONARY|LOCAL
[AUTOALLOCATE|UNIFORM.[SIZE integer[K|M]]]]]
```

其中，

- tablespace_name：为要创建的表空间指定的名称。
- DATAFILE filename SINE size：指定在表空间中存放的数据文件的文件名和数据库文件的大小。
- [AUTOEXTENO[ON/OFF]]NEXT size：指定数据文件的扩展方式，ON 代表自动扩展，OFF 为非自动扩展，NEXT 后指定自动扩展的大小。
- [MAXSIZE size]：指定数据文件为自动扩展方式时的最大值。
- [PERMANENT|TEMPORARY]：指定表空间的类型，PERMANENT 表示永久表空间，TEMPORARY 表示临时性表空间。如果不指定表空间的类型，默认为永久性表空间。
- EXTENT MANAGEMENT DICTIONARY|LOCAL：指定表空间的管理方式，DICTIONARY 是指字典管理方式，LOCAL 是指本地的管理方式。默认情况下的管理方式为本地管理方式。

【例 13.4】若要创建一个表空间，名称为 MYTEM，大小为 30MB，可执行如下的 SQL 语句：

```
CREATE TABLESPACE MYTEM
DATAFILE 'MYTEM.DBF' SIZE 30M;
```

执行结果如下：

表空间已创建。

其中 MYTEM.DBF 为表空间的数据文件。

13.3.2　设置表空间的可用状态

表空间的可用状态分为两种：联机状态和脱机状态。如果是联机状态，此时用户可以操作表空间；如果是脱机状态，此时表空间是不可用的。

设置表空间的可用状态的语法格式如下：

```
ALTER TABLESPACE tablespace {ONLINE|OFFLINE[NORMAL|TEMPORARY|IMMEDIATE]}
```

其中 ONLINE 表示设置表空间为联机状态；OFFLINE 为脱机状态，包括 NORMAL 为正常状态、TEMPORARY 为临时状态、IMMEDIATE 为立即状态。

【例 13.5】若要把表空间 MYTEM 设置为脱机状态，脱机状态为临时状态，可执行如下的 SQL 语句：

```
ALTER TABLESPACE MYTEM OFFLINE TEMPORARY;
```

执行结果如下：

表空间已更改。

如果想恢复表空间 MYTEM 为联机状态，可执行以下的语句：

```
ALTER TABLESPACE MYTEM ONLINE;
```

执行结果如下：

表空间已更改。

13.3.3　设置表空间的读写状态

根据需要，用户可以把表空间设置成只读或者可读写状态。具体的语法格式如下：

```
ALTER TABLESPACE tablespace READ {ONLY|WRITE};
```

其中 ONLY 表示设置为只读状态，WRITE 表示设置为可读写状态。

【例 13.6】若要把表空间 MYTEM 设置为只读状态，可执行如下的 SQL 语句：

```
ALTER TABLESPACE MYTEM READ ONLY;
```

执行结果如下：

表空间已更改。

【例 13.7】若要把表空间 MYTEM 设置为可读写状态，可执行如下的 SQL 语句：

```
ALTER TABLESPACE MYTEM READ WRITE;
```

执行结果如下：

表空间已更改。

在设置表空间为只读状态之前，需要保证表空间为联机状态。

13.3.4　重命名表空间

对于已经存在的表空间，可以根据需要更改它的名称，语法格式如下：

```
ALTER TABLESPACE oldname RENAME TO newname;
```

【例 13.8】若要把表空间 MYTEM 的名称更改为 MYTEMNEW，可执行如下的 SQL 语句：

```
ALTER TABLESPACE MYTEM RENAME TO MYTEMNEW;
```

执行结果如下：

表空间已更改。

并不是所有的表空间都可以命名，系统自动创建的表空间不可更名，例如 SYSTEM 和 SYSAUX 等。另外，表空间必须是联机状态才可以重命名。

13.3.5 删除表空间

删除表空间的方式有两种，包括使用本地管理方式和使用数据字典的方式。相比而言，使用本地管理方式删除表空间的速度更快些，所以在删除表空间前，可以先把表空间的管理方式修改为本地管理，再删除表空间。

删除表空间的语法格式如下：

```
DROP TABLESPACE tablespace_name [INCLUDING CONTENTS] [CASCADE CONSTRAINTS];
```

其中[INCLUDING CONTENTS]表示在删除表空间时把表空间文件也删除，[CASCADE CONSTRAINTS]表示在删除表空间时把表空间中的完整性也删除。

【例 13.9】若要删除表空间 MYTEMNEW，执行如下的 SQL 语句：

```
DROP TABLESPACE MYTEMNEW INCLUDING CONTENTS;
```

执行结果如下：

表空间已删除。

13.3.6 创建大文件表空间

创建大文件空间和普通表空间的语法格式非常类似，定义大文件表空间的语法格式如下：

```
CREATE BIGFILE TABLESPACE tablespace_name
DATAFILE filename SINE size
```

【例 13.10】若要创建大文件空间，名称为 MY_BG，可执行如下的 SQL 语句：

```
CREATE BIGFILE TABLESPACE MY_BIG DATAFILE 'mybg.dbf' SIZE 3G;
```

执行结果如下：

表空间已创建。

即创建了 3GB 的数据文件 mybg.dbf。

13.4 管理临时表空间

临时表空间是表空间的一种，主要用来存放临时的数据信息。本节主要讲述临时表空间的一些操作。

13.4.1 创建临时表空间

在数据库中进行存储操作时，当内存不够时写入临时表空间，当执行完对数据库的操作后，该空间的内容自动清空。

创建临时表空间的语法格式如下：

```
CREATE TEMPORARY TABLESPACE tablespace_name
TEMPFILE filename SINE size
```

【例 13.11】若要创建一个临时表空间，名称为 MY_Temp，大小为 30MB，可执行如下的 SQL 语句：

```
CREATE TEMPORARY TABLESPACE MY_Temp
  TEMPFILE 'MY_Temp01.dbf' SIZE 30M;
```

执行结果如下：

表空间已创建。

13.4.2　查看临时表空间

使用数据字典 DBA_TEMP_FILES 可以查看临时表空间。

【例 13.12】若要查询临时表空间的名称，可执行如下的 SQL 语句：

```
SELECT TABLESPACE_NAME FROM DBA_TEMP_FILES;
```

查询结果如下：

```
TABLESPACE_NAME
-----------------
TEMP
MY_TEMP
```

13.4.3　创建临时表空间组

临时表空间组是由多个表空间组成的，每一个临时表空间组至少要包含一个临时表空间，而且临时表空间组的名称不能和其他表空间重名。

创建临时表空间组的语法格式如下：

```
CREATE TEMPORARY TABLESPACE tablespace_name
TEMAFILE filename SINE size TABLESPACE GROUP group_name;
```

【例 13.13】若要创建一个临时表空间组，名称为 testgroup，大小为 20MB，可执行如下的 SQL 语句：

```
CREATE TEMPORARY TABLESPACE MYTTN
TEMPFILE 'test.dbf' SIZE 20M TABLESPACE GROUP testgroup;
```

执行结果如下：

表空间已创建。

对于已经存在的临时表空间，可以将其移动到指定的临时表空间组中。

【例 13.14】若要将临时表空间 MY_TEMP 移到临时表空间组 testgroup 中，可执行如下的 SQL

语句：

```
ALTER TABLESPACE MY_TEMP TABLESPACE GROUP testgroup;
```

执行结果如下：

表空间已更改。

13.4.4　查看临时表空间组

通过数据字典 DBA_TABLESPACE_GROUPS 可以查看临时表空间组信息。

【例 13.15】若要查看临时表空间组信息，可执行如下的 SQL 语句：

```
SELECT * FROM DBA_TABLESPACE_GROUPS;
```

查询结果如下：

```
GROUP_NAME     TABLESPACE_NAME
----------     ------------------
TESTGROUP      MY_TEMP
TESTGROUP      MYTTN
```

13.4.5　删除临时表空间组

在删除临时表空间组时，需要把临时表空间组中的临时表空间一起删除。具体删除临时表控制组的语法格式如下：

```
DROP TABLESPACE tablespace_name INCLUDING CONTENTS AND DATAFILES;
```

【例 13.16】若要删除临时表空间组 TESTGROUP，可执行如下的 SQL 语句：

```
DROP TABLESPACE TESTGROUP INCLUDING CONTENTS AND DATAFILES;
```

在删除临时表空间组时，不能删除默认的临时表空间。

13.5　管理数据文件

在创建和管理表空间时都会用到数据文件。本节主要讲述数据文件的一些操作。

13.5.1　移动数据文件

在 Oracle 数据库中，创建表空间时，数据文件也同时被创建了。根据实际工作的需要，可以把当前表空间中的数据文件移动到其他表空间中。

移动数据文件的基本步骤如下：

（1）把要存放数据文件的表空间设置成脱机状态，语句如下：

```
ALTER TABLESPACE MYTEMM OFFLINE;
```

（2）可以手动把要移动的文件移动到其他的表空间中。

（3）更改数据文件的名称，语句如下：

```
ALTER TABLESPACE MYTEMM RENAME oldfilename TO newfilename;
```

（4）把该表空间设置成联机状态，语句如下：

```
ALTER TABLESPACE MYTEMM ONLINE;
```

13.5.2　删除数据文件

对应不再使用的数据文件，可以进行删除操作。如果数据文件处于以下 3 种情况，不可以被删除：

（1）数据文件或者数据文件所在的表空间处于只读状态。

（2）数据文件中存在数据。

（3）数据文件是表空间中唯一一个或第一个数据文件。

13.6　疑难解惑

疑问 1：临时表空间组删除后能恢复吗？

答：临时表空间组删除后不能恢复，所以在进行删除操作时必须慎重。在删除临时表空间组后，临时表空间组的文件并没有删除，如果要删除临时表空间组的临时表空间，就需要先把临时表空间组中的临时表空间移除。

疑问 2：创建表空间时用什么方式？

答：使用本地表空间管理的方式可以减少数据字典表的竞争现象，并且不需要对空间进行回收。因此，在 Oracle 中最好使用本地表空间管理的方式创建表空间。

13.7　经典习题

（1）简述什么是表空间。

（2）创建一个表空间并进行修改操作。

（3）创建一个临时表空间。

（4）创建一个临时表空间组。

（5）移动数据文件到指定的表空间中。

（6）删除数据文件。

第 **14** 章

事务与锁

学习目标 | Objective

Oracle 中提供了多种数据完整性的保证机制，如约束、触发器、事务和锁管理等。事务管理主要是为了保证一批相关数据库中数据的操作能全部被完成，从而保证数据的完整性。锁机制主要是执行对多个活动事务的并发控制，它可以控制多个用户对同一数据进行的操作，使用锁机制可以解决数据库的并发问题。本章将介绍事务与锁相关的内容，主要有事务的原理与管理常用语句、事务的类型和应用、锁的作用与类型、锁的应用等。

内容导航 | Navigation

- 了解什么是事务
- 掌握管理事务的常用语句
- 掌握设置保存点的方法
- 掌握事务的应用案例
- 了解什么是锁
- 掌握锁的分类
- 掌握等待锁和死锁的发生过程
- 熟练掌握综合案例中死锁的应用

14.1　事务管理

事务是 Oracle 中的基本工作单元，它是用户定义的一个数据库操作序列，这些操作要么做，要么全不做，是一个不可分割的工作单位。本节将学习事务的管理方法。

14.1.1　事务是什么

事务是一组包含一条或多条语句的逻辑单元，在事务中的语句被作为一个整体，要么被一起提交，作用在数据库上，使数据库数据被修改；要么一起被撤销，对数据库不做任何修改。

例如，常见的银行账号之间转账的例子，主要操作为 3 步完成：第 1 步在源账号中减少转账金额，例如减少一万；第 2 步在目标账号中增加转账金额，增加一万；第 3 步在事务日志中记录该事务。

在上面的 3 步操作中，如果有一步失败，整个事务都会回滚，所有的操作都将撤销，目标账号和源账号上的金额都不会发生变化。

14.1.2　事务的属性

事务是作为单个逻辑工作单元执行的一系列操作。一个逻辑工作单元必须有 4 个属性，即原子性（Atomic）、一致性（Consistent）、隔离性（Isolated）和持久性（Durable）属性，简称 ACID 属性，只有这样才能成为一个事务。

（1）原子性：事务必须是原子工作单元，对于其数据修改，要么全都执行，要么全都不执行。

（2）一致性：事务在完成时，必须使所有的数据都保持一致状态。在相关数据库中，所有规则都必须应用于事务的修改，以保持所有数据的完整性。事务结束时，所有的内部数据结构都必须是正确的。

（3）隔离性：由并发事务所做的修改必须与任何其他并发事务所做的修改隔离。事务识别数据时，数据所处的状态要么是另一并发事务修改它之前的状态，要么是第二个事务修改它之后的状态，事务不会识别中间状态的数据。这称为可串行性，因为它能够重新装载起始数据，并且重播一系列事务，以使数据结束时的状态与原始事务执行的状态相同。

（4）持久性：事务完成之后，它对于系统的影响是永久性的。该修改即使出现系统故障，也将一直保持。

14.1.3　事务管理的常用语句

Oracle 中常用的事务管理语句包含如下几条：

- SET TRANSACTION：设置事务的属性。

- COMMIT：提交事务。
- SAVEPIONT：设置事务点。
- ROLLBACK：事务失败时执行回滚操作。
- ROLLBACK TO SAVEPIONT：回滚到保存点。

提 示

一个事务中可以包含一条语句或者多条语句，甚至一段程序，一段程序中也可以包含多个事务。事务可以根据需求把一段事务分成多个组，每个组可以理解为一个事务。

14.1.4　事务的类型

事务的类型分为两种，包括显式事务和隐式事务。

1. 显式事务

显式事务是通过命令完成的，具体语法规则如下：

```
新事务开始
sql statement
…
COMMIT|ROLLBACK;
```

其中 COMMIT 表示提交事务，ROLLBACK 表示事务回滚。

Oracle 事务不需要设置开始标记。通常有以下情况之一时，事务会开启：

（1）登录数据库后，第一次执行 DML 语句。

（2）当事务结束后，第一次执行 DML 语句。

2. 隐式事务

隐式事务没有非常明确的开始点和结束点，Oracle 中的每一条数据操作语句（例如 SELECT、INSERT、UPDATE 和 DELETE）都是隐式事务的一部分，即使只有一条语句，系统也会把这条语句当作一个事务，要么完整执行这条语句，要么什么都不执行。

默认情况下，隐式事务 AUTOCOMMIT（自动提交）为打开状态，可以控制提交的状态：

```
SET AUTOCOMMIT ON/OFF
```

当有以下情况出现时，事务会结束：

（1）执行 DDL 语句，事务自动提交，比如使用 CREATE、GRANT 和 DROP 等命令。

（2）使用 COMMIT 提交事务，使用 ROLLBACK 回滚事务。

（3）正常退出 SQL Plus 时自动提交事务、非正常退出时 ROLLBACK 事务回滚。

14.1.5　事务的应用实例

事务的主要作用是保证数据的一致性。在事务没有提交前，当前会话所做的操作是其他会话不会看到的。下面通过案例来理解事务的特性。

【例 14.1】理解事务的特性。

为了演示效果，可以创建一个数据表 pt 并插入数据，执行如下的 SQL 语句：

```
CREATE TABLE  pt
(
  id     NUMBER(6),
  name   VARCHAR2(10)
);
```

```
INSERT INTO pt VALUES (10, '小明');
```

登录 SQL Plus，定义窗口为 SQL Plus1。执行更新操作：

```
UPDATE pt SET id=20;
```

执行成功后，查询表 pt 的内容是否发生变化，查询结果如下：

```
SELECT * FROM pt;
    ID        NAME
---------- -----
    20        小明
```

以同样的用户登录新的 SQL Plus，定义窗口为 SQL Plus2，同样查询表 pt 的内容，查询结果如下：

```
SELECT * FROM pt;
    ID        NAME
---------- ------
    10        小明
```

从结果可知，当会话 1 还没有提交时，会话 2 还不能看到修改的数据。

在 SQL Plus1 窗口中提交事务，执行如下的 SQL 语句：

```
COMMIT;
```

执行完成后提示如下：

```
提交完成，
```

再次在窗口 SQL Plus2 中查询表 pt 的内容，查询结果如下：

```
SELECT * FROM pt;
    ID      NAME
------- --------
    20      小明
```

14.1.6　事务的保存点

在事务中可以根据实际的工作需要设置保存点，保存点可以设置在任何位置，当然也可以设置多个保存点，这样就可以把一个长的事务根据需要划分为多个小的段，这样操作的好处是当对数据的操作出现问题时不需要全部回滚，只需要回滚到保存点即可。

事务可以回滚保存点以后的操作，但是保存点会被保留，保存点以前的操作不会回滚。下面仍然通过一个案例来理解保存点的应用。

向数据表 pt 中插入数据，此时隐式事务已经自动打开，执行如下的 SQL 语句：

```
INSERT INTO pt VALUES (30,'小林');
```

创建保存点，名称为 BST，执行如下的 SQL 语句：

```
SAVEPOINT BST;
```

保存点创建成功后，提示信息如下：

```
保存点已创建
```

继续向数据表 pt 中插入数据，执行如下的 SQL 语句：

```
INSERT INTO pt VALUES (40,'小红');
```

此时查看 pt 表中的记录，查询结果如下：

```
SELECT * FROM pt;
    ID      NAME
------- ----------
    20      小明
    30      小林
    40      小红
```

回滚到保存点 BST，执行如下的 SQL 语句：

```
ROLLBACK TO BST;
```

回滚操作后，提示信息如下：

```
回退已完成。
```

此时查看 pt 表中的记录，查询结果如下：

```
SELECT * FROM pt;
    ID      NAME
------- ----------
    20      小明
    30      小林
```

从结果可以看出，保存点以后的操作被回滚，保存点以前的操作被保留。

事务开始之后，事务中所有的操作都会写到事务日志中。写到日志中的事务一般有两种：一种是针对数据的操作，例如插入、修改和删除，这些操作的对象是大量的数据；另一种是针对任务的操作，例如创建索引。当取消这些事务操作时，系统自动执行这种操作的反操作，保证系统的一致性。系统自动生成一个检查点机制，这个检查点周期地检查事务日志，如果在事务日志中，事务全部完成，那么检查点事务日志中的事务提交到数据库中，并且在事务日志中做一个检查点提交标识；如果在事务日志中，事务没有完成，那么检查点将事务日志中的事务不提交到数据库中，并且在事务日志中做一个检查点未提交的标识。

14.2　锁

Oracle 支持多用户共享同一个数据库，但是当多个用户对同一个数据库进行修改时，会产生并发问题，使用锁可以解决用户存取数据的这个问题，从而保证数据库的完整性和一致性。

14.2.1　锁是什么

在多个会话同时操作一个数据表时，需要防止事务之间的破坏性交互，此时就需要对优先操作的会话进行锁定。可见锁是一种在共享资源中控制访问的一种机制。

从事务的分离性可以看出，当前事务不能影响其他的事务，所以当多个会话访问相同的资源时，数据库会利用锁确保它们像队列一样依次进行。Oracle 处理数据时用到锁是自动获取的，但是 Oracle 也允许用户手动锁定数据。对于一般的用户，通过系统的自动锁管理机制基本可以满足使用要求，但如果对数据安全、数据库完整性和一致性有特殊要求，就需要亲自控制数据库的锁和解锁，这就需要了解 Oracle 的锁机制，掌握锁的使用方法。

如果不使用锁机制，对数据的并发操作会带来一些问题：脏读、幻读、非重复性读取、丢失更新。

1. 脏读

当一个事务读取的记录是另一个事务的一部分时，如果第一个事务正常完成，就没有什么问题，如果此时另一个事务未完成，就产生了脏读。例如，员工表中编号为 1001 的员工工资为 1740，如果事务 1 将工资修改为 1900，但还没有提交确认，此时事务 2 读取员工的工资为 1900。事务 1 中的操作因为某种原因执行了 ROLLBACK 回滚，取消了对员工工资的修改，但事务 2 已经把编号为 1001 的员工的数据读走了。此时就发生了脏读。如果此时用了行级锁，第一个事务修改记录时封锁正在修改的行，那么第二个事务只能等待，这样就避免了脏数据的产生，从而保证了数据的完整性。

2. 幻读

当某一数据行执行 INSERT 或 DELETE 操作，而该数据行恰好属于某个事务正在读取的范围，就会发生幻读现象。例如，现在要对员工涨工资，将所有低于 1700 的工资都涨到新的 1900，事务 1 使用 UPDATE 语句进行更新操作，事务 2 同时读取这一批数据，但是在其中插入了几条工资小于 1900 的记录，此时事务 1 如果查看数据表中的数据，会发现自己更新之后还有工资小于 1900 的记录。幻读事件是在某个凑巧的环境下发生的，简而言之，它在运行 UPDATE 语句的同时，有人执行了 INSERT 操作。因为插入了一行新的数据记录，所以没有被锁定，并且能正常运行。

3. 非重复性读取

如果一个事务不止一次地读取相同的记录，但在两次读取中间有另一个事务刚好修改了数据，则两次读取的数据将出现差异，此时就会发生非重复读取。例如，事务 1 和事务 2 都读取一条工资为 2310 的数据行，如果事务 1 将记录中的工资修改为 2500 并提交，事务 2 使用的员工的工资仍为 2310。

4. 丢失更新

一个事务更新了数据库之后，另一个事务再次对数据库更新，此时系统只能保留最后一个数据的修改。

例如，对一个员工表进行修改，事务 1 将员工表中编号为 1001 的员工工资修改为 1900，而之后事务 2 又把该员工的工资更改为 3000，那么最后员工的工资为 3000，导致事务 1 的修改丢失。

使用锁可以实现并发控制，能够保证多个用户同时操作同一数据库中的数据而不发生上述数据不一致的现象。

14.2.2　锁的分类

Oracle 中提供了两种锁模式，包括排他锁和共享锁。

（1）排他锁：用于数据修改操作，例如 INSERT、UPDATE 或 DELETE。确保不会同时对同一资源进行多重更新。

（2）共享锁：用于读取数据操作，允许多个事务读取相同的数据，但不允许其他事务修改当前数据，如 SELECT 语句。当多个事务读取一个资源时，资源上存在共享锁，任何其他事务都不能修改数据，除非将事务隔离级别设置为可重复读或者更高的级别，或者在事务生存周期内用锁定提示对共享锁进行保留，那么一旦数据完成读取，资源上的共享锁立即得以释放。

14.2.3　锁的类型

Oracle 按对象的不同，使用不同类型的锁来管理并发会话对数据对象的操作，从而使数据库实现高度的并发访问。

按照操作对象，锁分为以下几种类型：

- DML 锁：该类型的锁主要是为了保护数据，也称为数据锁。
- DDL 锁：用于保护模式中对象的结构。
- 内部闩锁：完全自动调用，主要保护数据库的内部结构。

DML 锁主要保证了并发访问数据的完整性，可以分为行级锁和表级锁。

（1）行级锁：属于排他锁，也被称为事务锁。当修改表的记录时，需要对将要修改的记录添加行级锁，防止两个事务同时修改相同的记录，事务结束后，该锁也会释放。

（2）表级锁：主要作用是防止在修改数据表的数据时，表的结构发生变化。

下面通过案例进行验证操作。

在 SQL Plus 中修改表 pt 的记录，示例语句如下：

```
UPDATE pt SET id=800 WHERE id=300;
```

此时已经锁定了该表，在事务结束前，不允许其他会话对表 pt 进行 DDL 操作。

打开另一个 SQL Plus 窗口，对表进行 DDL 操作，示例语句如下：

```
DROP TABLE pt;
```

执行结果如下：

错误报告：
SQL 错误：ORA-00054：资源正忙，但指定以 NOWAIT 方式获取资源，或者超时失效

在 Oracle 中除了执行 DML 时自动为表添加锁外，用户还可以手动添加锁。添加锁的语法规则如下：

```
LOCK TABLE [schema.] table IN
    [EXCLUSIVE]
    [SHARE]
    [ROW EXCLUSIVE]
    [SHARE ROW EXCLUSIVE]
    [ROW SHARE*| SHARE UPDATE*]
    MODE[NOWAIT]
```

如果要释放锁，那么只需要执行 ROLLBACK 命令即可。

14.2.4　锁等待和死锁

由排他锁机制可知，当一个会话正在修改表的某个记录时，会对该记录进行加锁，如果此时另一个会话也来修改此记录，会因为等不到排他锁而一直等待，数据库长时间没有响应，直到第一个会话把事务提交，释放排他锁后，第二个会话才能对数据进行修改操作。

下面通过一个案例来理解锁等待。

打开 SQL Plus 窗口，修改 pt 表中 id 为 20 的记录，示例语句如下：

```
UPDATE pt SET id=60 WHERE  id=20;
```

执行后，提示如下：

已更新 1 行。

此时虽然更新操作已经完成，但事务还没有提交。

打开另一个 SQL Plus 窗口，同样修改 pt 表中 id 为 200 的记录，示例语句如下：

```
UPDATE pt SET id=80 WHERE id=20;
```

此时的执行效果不会提示已更新，而是一直等待。主要原因是第一个会话封锁了该记录，事务还没有结束，锁不会释放，而第二个会话得不到该记录的排他锁，所以只能等待。

在两个或多个任务中，如果每个任务锁定了其他任务试图锁定的资源，此时会造成这些任务永久阻塞，从而出现死锁。此时系统处于死锁状态。

1. 死锁的原因

在多用户环境下，死锁的发生是由于两个事务都锁定了不同的资源，同时又都在申请对方锁定的资源，即一组进程中的各个进程均占有不会释放的资源，又因互相申请其他进程占用的且不会释放的资源而处于一种永久等待的状态。形成死锁有 4 个必要条件：

（1）请求与保持条件：获取资源的进程可以同时申请新的资源。

（2）非剥夺条件：已经分配的资源不能从该进程中剥夺。

（3）循环等待条件：多个进程构成环路，并且其中每个进程都在等待相邻进程正占用的资源。

（4）互斥条件：资源只能被一个进程使用。

2. 可能会造成死锁的资源

每个用户会话可能有一个或多个代表它运行的任务，其中每个任务可能获取或等待获取各种资源。以下类型的资源可能会造成阻塞，并最终导致死锁：

- 锁：等待获取资源（如对象、页、行、元数据和应用程序）的锁可能导致死锁。例如，事务 T1 在行 r1 上有共享锁（S 锁）并等待获取行 r2 的排他锁（X 锁）。事务 T2 在行 r2 上有共享锁（S 锁）并等待获取行 r1 的排他锁（X 锁）。这将导致一个锁循环，其中，T1 和 T2 都等待对方释放已锁定的资源。
- 工作线程：排队等待可用工作线程的任务可能导致死锁。如果排队等待的任务拥有阻塞所有工作线程的资源，那么将导致死锁。例如，线程 1 占用了资源 1，此时线程 2 已经占用资源 2。这个时候线程 1 想要使用资源 2，线程 2 想要使用资源 1，两个线程都无法让步，这将导致程序死锁。
- 内存：当并发请求等待获得内存，而当前的可用内存无法满足其需要时，可能发生死锁。例如，两个并发查询（Q1 和 Q2）作为用户定义函数执行，分别获取 10MB 和 20MB 的内存。如果每个查询需要 30MB 内存，而可用总内存为 20MB，那么 Q1 和 Q2 必须等待对方释放内存，这将导致死锁。
- 并行查询执行的相关资源：通常与交换端口关联的处理协调器、发生器或用户线程至少包含一个不属于并行查询的进程时，可能会相互阻塞，从而导致死锁。此外，当并行查询启动执行时，Oracle 将根据当前的工作负荷确定并行度或工作线程数。如果系统工作负荷发生意外更改，例如当新查询开始在服务器中运行或系统用完工作线程时，就可能发生死锁。

3. 减少死锁的策略

复杂的系统中不可能百分之百地避免死锁，从实际出发，为了减少死锁，可以采用以下策略：

（1）在所有事务中以相同的次序使用资源。

（2）使事务尽可能简短并且在一个批处理中。

（3）为死锁超时参数设置一个合理范围，如 3～30 分钟，超时则自动放弃本次操作，避免进程挂起。

（4）避免在事务内和用户进行交互，减少资源的锁定时间。

14.3 综合案例——死锁的案例

死锁是锁等待的一个特例，通常发生在两个或者多个会话之间。下面通过案例来理解死锁的发生过程。

打开第一个 SQL Plus 窗口，修改表 pt 中 id 字段为 20 的记录，示例语句如下：

```
UPDATE pt SET id=60 WHERE id=20;
```

打开第二个 SQL Plus 窗口，修改表 pt 中 id 字段为 30 的记录，示例语句如下：

```
UPDATE pt SET id=80 WHERE id=30;
```

目前，第一个会话锁定了 id 字段为 20 的记录，第二个会话锁定了 id 字段为 30 的记录。

第一个会话修改第二个会话已经修改的记录，示例语句如下：

```
UPDATE pt SET id=60 WHERE id=30;
```

此时第一个会话出现了锁等待，因为其修改的记录被第二个会话锁定。

第二个会话修改第一个会话修改的记录，示例语句如下：

```
UPDATE pt SET id=80 WHERE id=20;
```

此时会出现死锁的情况。Oracle 会自动检测死锁的情况，并释放一个冲突锁，并把消息传给对方事务。此时第一个会话窗口中提示检测到死锁，信息如下：

```
错误报告：
SQL 错误：ORA-00068：等待资源时检测到死锁
```

此时 Oracle 自动进行处理，重新回到锁等待的情况。

14.4　疑难解惑

疑问 1：事务和锁应用上的区别是什么？

答：事务将一段语句作为一个单元来处理，这些操作要么全部成功，要么全部失败。事务包含 4 个特性：原子性、一致性、隔离性和持久性。事务分为显示事务和隐式事务，以 COMMIT 或 ROLLBACK 语句结束。锁是另一个和事务紧密联系的概念，对于多用户系统，使用锁来保护指定的资源。在事务中使用锁，可以防止其他用户修改另一个还没有完成的事务中的数据。SQL Server 中有多种类型的锁，允许事务锁定不同的资源。

疑问 2：事务和锁有什么关系？

答：Oracle 中可以使用多种机制来确保数据的完整性，例如约束、触发器以及本章介绍的事务和锁等。事务和锁的关系非常紧密。事务包含一系列操作，这些操作要么全部成功，要么全部失败。通过事务机制管理多个事务，保证事务的一致性。事务中使用锁保护指定的资源，防止其他用户修改另一个还没有完成的事务中的数据。

14.5　经典习题

（1）简述事务的原理。

（2）事务都有哪些类型？

（3）为什么会产生死锁？

（4）常用的锁类型有哪些？

第15章

Oracle 的安全管理

 学习目标 Objective

Oracle 是一个多用户数据库，具有功能强大的访问控制系统，可以为不同用户指定允许的权限。用户管理包括管理用户账户、权限等。本章将向读者介绍 Oracle 用户管理中的相关知识点，包括权限表、账户管理和权限管理。

内容导航 Navigation

- 掌握账户管理的方法
- 掌握权限管理的方法
- 掌握角色管理的用法
- 掌握概要文件的方法

15.1　账户管理

Oracle 提供许多语句用来管理用户账户，这些语句可以用来管理包括创建用户、删除用户、密码管理和权限管理等内容。Oracle 数据库的安全性需要通过账户管理来保证。本节将介绍 Oracle 中如何对账户进行管理。

15.1.1　管理账号概述

根据每个用户访问 Oracle 数据的需求不同，Oracle 需要赋予不同的操作权限，即用户所赋予的权限，这是数据库管理员经常遇到的问题。如果管理员对用户权限分配不合理，就会对数据库的安全造成一定的安全隐患。

Oracle 中用户登录数据库的主要方式有 3 种，分别说明如下：

（1）密码验证方式：把验证密码放在 Oracle 数据库中，这是常用的验证方式，同时安全性比较高。

（2）外部验证方式：这种验证的密码通常与数据库所在的操作系统的密码一致。

（3）全局验证方式：这种验证方式不是把密码放在 Oracle 数据库中，是不常用的验证方式。

15.1.2　新建普通用户

创建新用户必须有相应的权限来执行创建操作。在 Oracle 数据库中，创建用户时需要特别注意用户的密码必须以字母开头。

用户可以使用 CREATE USER 语句创建用户，语法规则如下：

```
CREATE USER username IDENTIFIED BY password
OR EXTERNALLY AS certificate_DN
OR GLOBALLY AS directory_DN
[DEFAULT TABLESPACE tablespace]
[TEMPORARY TABLESPACE tablespace| tablespace_group_name]
[QUOTA size|UNLIMITED ON tablespace]
[PROFILE profile]
[PASSWORD EXPIRE]
[ACCOUNT LOCK|UNLOCK]
```

主要参数介绍如下：

- username：表示创建的用户的名称。
- IDENTIFIED BY password：表示以密码作为验证方式。
- EXTERNALLY AS certificate_DN：表示以外部验证方式。
- GLOBALLY AS directory_DN：表示以全局验证方式。
- DEFAULT TABLESPACE：表示设置默认表空间，如果忽略该语句，创建的用户就保存在数据库的默认表空间中，如果数据库没有设置默认表空间，创建的用户就放在 SYSTEM 表空间中。
- TEMPORARY TABLESPACE：设置临时表空间或者临时表空间组，可以把临时表空间存放在临时表空间组中，如果忽略该语句，就会把临时文件存放到当前数据库中默认的临时表空间中，如果没有默认的临时表空间，就会把临时文件放到 SYSTEM 的临时表空间中。
- QUOTA：表示设置当前用户使用表空间的最大值，在创建用户时可以有多个 QUOTA 来设置用户在不同表空间中能够使用的表空间大小。如果设置成 UNLIMITED，就表示对表空间的使用没有限制。

- PROFILE：设置当前用户使用的概要文件的名称，如果忽略该子句，该用户就使用当前数据库中默认的概要文件。
- PASSWORD EXPIRE：用于设置当前用户密码立即处于过期状态，用户如果想再次登录数据库，就必须更改密码。
- ACCOUNT：用于设置锁定状态，如果设置成 LOCK，那么用户不能访问数据库，如果设置成 UNLOCK，那么用户可以访问数据库。

【例 15.1】以密码验证的方式，使用 CREATE USER 创建一个用户，用户名是 USER01，密码是 mypass，并且设置成密码立即过期的方式，具体的实现代码如下：

```
CREATE USER USER01
IDENTIFIED BY mypass
PASSWORD EXPIRE;
```

运行结果如下：

```
用户已创建。
```

【例 15.2】以外部验证的方式，使用 CREATE USER 创建一个用户，用户名是 USER02，具体的实现代码如下：

```
CREATE USER USER02
IDENTIFIED EXTERNALLY;
```

运行结果如下：

```
用户已创建。
```

上述代码创建了用户 USER02，验证方式为外部验证。

15.1.3　修改用户信息

在 Oracle 数据库中，可以使用 ALTER USER 语句修改用户信息。具体使用的语法规则如下：

```
ALTER USER username IDENTIFIED
{BY password[REPLACE old_password]
|  EXTERNALLY [AS certificate_DN]
|  GLOBALLY [AS directory_DN]
}
[DEFAULT TABLESPACE tablespace]
[TEMPORARY TABLESPACE tablespace| tablespace_group_name]
[QUOTA size|UNLIMITED ON tablespace]
[PROFILE profile]
[PASSWORD EXPIRE]
[ACCOUNT LOCK|UNLOCK]
```

上面的各个参数的含义和创建用户的参数含义一样，这里就不再重复讲述了。

【例 15.3】若要把 USER01 的密码修改为 newpassword，可执行如下的语句：

```
ALTER USER USER01 IDENTIFIED BY newpassword;
```

运行结果如下：

用户已更改

【例 15.4】若要把 USER01 的临时表空间修改为 temp，可执行如下的语句：

```
ALTER USER USER01
TEMPORARY TABLESPACE temp;
```

运行结果如下：

用户已更改

【例 15.5】若要把 USER01 的密码设置为立即过期，可执行如下的语句：

```
ALTER USER USER01
PASSWORD EXPIRE;
```

运行结果如下：

用户已更改

15.1.4　删除用户

在 Oracle 数据库中，可以使用 DROP USER 语句删除用户，具体的语法规则如下：

```
DROP USER username [CASCADE];
```

username 为用户的名称；关键字 CASCADE 是可选参数，如果要删除的用户中没有任何数据
库对象，可以省略 CASCADE 关键字。

【例 15.6】若要使用 DROP USER 删除账户 USER01，可执行如下的语句：

```
DROP USER USER01 CASCADE;
```

运行结果如下：

用户已删除。

提　示

DROP USER 不能自动关闭任何打开的用户对话。而且，如果用户有打开的对话，此时取消
用户，命令不会生效，直到用户对话被关闭后才能生效。一旦对话被关闭，用户也被取消，
此用户再次试图登录时将会失败。

15.2　权限管理

权限管理主要是对登录 Oracle 的用户进行权限验证。所有用户的权限都存储在 Oracle 的权限
表中，不合理的权限规划会给 Oracle 服务器带来安全隐患。数据库管理员要对所有用户的权限进
行合理规划管理。Oracle 权限系统的主要功能是验证连接到一台给定主机的用户，并且赋予该用户
在数据库上的 SELECT、INSERT、UPDATE 和 DELETE 权限。本节将为读者介绍 Oracle 权限管

理的内容。

15.2.1　查看系统权限

在 Oracle 中，一共有 200 多项系统权限，用户可通过数据字典 system_privilege_map 获得所有的系统权限。

【例 15.7】若要通过数据字典 system_privilege_map 获得所有的系统权限，可执行如下的语句：

```
select * from system_privilege_map;
```

执行结果的部分权限代码如下：

```
PRIVILEGE   NAME                         PROPERTY
---------   ------------------------     ----------
       -3   ALTER SYSTEM                        0
       -4   AUDIT SYSTEM                        0
       -5   CREATE SESSION                      0
       -6   ALTER SESSION                       0
       -7   RESTRICTED SESSION                  0
      -10   CREATE TABLESPACE                   0
      -11   ALTER TABLESPACE                    0
      -12   MANAGE TABLESPACE                   0
      -13   DROP TABLESPACE                     0
      -15   UNLIMITED TABLESPACE                0
      -20   CREATE USER                         0
...
...
     -392   EXEMPT DDL REDACTION POLICY         0
     -393   SELECT ANY MEASURE FOLDER           0
     -394   ALTER ANY MEASURE FOLDER            0
...
...
     -414   TEXT DATASTORE ACCESS               0
已选择 257 行。
```

15.2.2　系统权限授予

在 Oracle 中，必须是拥有 GRANT 权限的用户才可以执行 GRANT 语句。授予系统权限的语法如下：

```
GRANT system_privilege
|ALL PRIVILEGES TO {user IDENTIFIED BY password|role|}
[WITH ADMIN OPTION]
```

参数介绍如下：

（1）system_privilege：表示创建的系统权限名称。

（2）ALL PRIVILEGES：表示可以设置除 SELECT ANY DICTIONARY 权限以外的所有系统权限。

（3）{user IDENTIFIED BY password|role|}：表示设置权限的对象，role 代表设置角色的权限。

（4）WITH ADMIN OPTION：表示当前给予授权的用户还可以给其他用户进行系统授权。

【例 15.8】使用 GRANT 语句为用户 scott 赋予系统权限 create session。

下面创建一个用户 scott，并为该用户授权。创建用户 scott 的语句如下：

```
CREATE USER scott
IDENTIFIED BY Pass2020
PASSWORD EXPIRE;
```

执行结果如下：

用户已创建。

下面使用 GRANT 语句为用户 scott 赋予一个系统权限 create session，执行如下的语句：

```
GRANT create session to scott;
```

执行结果如下：

授权成功。

在授予用户系统权限时需要注意：

● 只有 DBA 用户才有 alter database 权限。

● 应用开发者一般需要拥有 create table、create view、create index 等系统权限。

● 普通用户一般只需具有 create session 权限。

● 在授权用户时带有 with admin option 子句时，用户可以将获得的权限再授予其他用户。

15.2.3　系统权限收回

收回权限就是取消已经赋于用户的某些权限，收回用户不必要的权限可以在一定程度上保证系统的安全性。Oracle 中使用 REVOKE 语句取消用户的某些权限。

只有数据库管理员才能收回系统权限，而且撤销系统权限的前提是当前的用户已经存在要撤销的系统权限。收回系统权限的语法规则如下：

```
REVOKE system_privilege
FROM user|role
```

【例 15.9】若要使用 REVOKE 语句收回用户 scott 的系统权限 session，可执行如下的语句：

```
REVOKE create session FROM scott;
```

执行结果如下：

撤销成功。

回收用户系统权限需要注意以下 3 点：

● 多个管理员授予同一个用户相同的权限，其中一个管理员回收其授予用户的系统权限，该用户将不再具有该系统权限。

- 为了回收用户系统权限的传递性（授权时使用了 with admin option），需先回收该系统权限，再重新授予用户该权限。
- 如果一个用户的权限具有传递性，并且给其他用户授权，那么该用户系统权限被收回后，其他用户的系统权限并不会受影响。

15.2.4 对象权限授予

对象权限是指对某个特定模式对象的操作权限。在 Oracle 数据库中，不同类型的对象具有不同的对象权限，而有的对象并没有对象权限，只能通过系统权限进行管理，如簇、索引、触发器、数据库链接等。

在 Oracle 数据库中，用户可以直接访问同名 Schema 下的数据库对象，如果需要访问其他 Schema 下的数据库对象，就需要具有相应的对象权限。授予对象权限的语法规则如下：

```
GRANT object_privilege|ALL
ON schema.object
TO user|role
[WITH ADMIN OPTION]
[WITH THE GRANT ANY OBJECT]
```

参数介绍如下：

（1）object_privilege：表示创建的对象权限名称；如果选择 ALL，就代表授予用户所有的对象权限，这个权限在使用的时候一定要注意。

（2）schema.object：表示为用户授予的权限所使用的表对象。

（3）user|role：user 代表用户，role 代表角色。

（4）WITH ADMIN OPTION：表示当前给予授权的用户还可以给其他用户进行系统授权。

（5）WITH GRANT ANY OBJECT：表示当前给予授权的用户还可以给其他用户进行对象授权。

【例 15.10】若要使用 GRANT 语句为用户 scott 赋予表对象 FRUITS 更新的权限，可执行如下的语句：

```
GRANT UPDATE ON FRUITS TO scott;
```

执行结果如下：

```
授权成功。
```

15.2.5 对象权限收回

使用 REVOKE 语句不仅可以收回系统权限，还可以收回对象权限。具体的语法规则如下：

```
REVOKE object_privilege|ALL
ON schema.object
FROM user|role
[CASCADE CONTRAINTS]
```

[CASCADE CONTRAINTS]：表示该用户授予其他用户的权限也一并收回。

【例 15.11】若要使用 REVOKE 语句收回用户 scott 在 FRUITS 对象上的更新权限，可执行如下的语句：

```
REVOKE UPDATE ON FRUITS FROM scott;
```

执行结果如下：

撤销成功。

提　示
收回系统权限和收回对象权限有不同的地方。如果撤销用户的系统权限，那么该用户授予其他用户的系统权限仍然存在；如果撤销用户的对象权限，那么该用户授予其他用户的对象权限也被收回。

15.2.6 查看用户权限

在 Oracle 中，用户的权限存放在数据库的数据字典中。表 15-1 所示为包含用户权限信息的数据字典。

表 15-1　包含用户权限信息的数据字典

视图名称	说　明
DBA_SYS_PRIVS	包含所有用户和角色获得的系统权限信息
ALL_SYS_PRIVS	包含当前用户可见的全部用户和角色获得的系统权限信息
USER_SYS_PRIVS	当前用户获得的系统权限信息
DBA_TAB_PRIVS	包含所有用户和角色获得的对象权限信息
ALL_TAB_PRIVS	包含当前用户可见的全部用户和角色获得的对象权限信息
USER_TAB_PRIVS	当前用户获得的对象权限信息
DBA_COL_PRIVS	包含数据库中所有列对象的权限信息
ALL_COL_PRIVS	包含当前用户可见的所有列对象的权限信息
USER_COL_PRIVS	当前用户拥有的或授予其他用户的所有列对象的权限信息
SESSION_PRIVS	当前会话可以使用的所有权限信息

用户的系统权限存放在数据字典 DBA_SYS_PRIVS 中，用户的对象权限存放在数据字典 DBA_TAB_PRIVS 中。数据库管理员可以通过用户名查看用户的权限。

【例 15.12】若要查看 ANONYMOUS 用户的系统权限，可执行如下的语句：

```
SELECT * FROM DBA_SYS_PRIVS WHERE GRANTEE='ANONYMOUS';
```

执行结果如下：

```
GRANTEE       PRIVILEGE      ADMIN_   COMMON   INHERI
---------     -------------  -------  ------   -------
ANONYMOUS     CREATE SESSION   NO      YES      YES
```

从中可以查看 ANONYMOUS 用户的系统权限。

如果想查看系统中所有用户的名称等信息，可以使用以下命令之一进行查询：

```
SELECT * FROM DBA_USERS;
SELECT * FROM ALL_USERS;
SELECT * FROM USER_USERS
```

15.3 角色管理

角色相当于 Windows 操作系统中的用户组，可以集中管理数据库或服务器的权限。

15.3.1 角色概述

数据库角色是针对某个具体数据库的权限分配的，数据库用户可以作为数据库角色的成员，继承数据库角色的权限，数据库管理人员也可以通过管理角色的权限来管理数据库用户的权限。

用户和角色是不同的，用户是数据库的使用者，角色是权限的授予对象，给用户授予角色相当于给用户授予一组权限。数据库中的角色可以授予多个用户，一个用户也可以被授予多个角色。角色是数据库中管理员定义的权限集合，可以方便地对不同用户授予权限。

例如，创建一个具有插入权限的角色，那么被赋予这个角色的用户都具备插入的权限。

15.3.2 创建角色

在实际的数据库管理过程中，通过创建角色可以分组管理用户的权限。下面将介绍角色的创建过程。

创建角色的具体语法如下：

```
CREATE ROLE role
[NOT IDENTIDIED| IDENTIFIED BY[ password]| IDENTIFIED BY
EXETERNALLY| IDENTIFIED BY GLOBALLY]
```

主要参数介绍如下：

- NOT IDENTIDIED：表示创建角色的验证方式为不需要验证。
- IDENTIFIED BY[password]：表示创建角色的验证方式为密码验证。
- IDENTIFIED BY EXETERNALLY：表示创建角色的验证方式为外部验证。
- IDENTIFIED BY GLOBALLY]：表示创建角色的验证方式为全局验证。

【例 15.13】若要创建角色 MYROLE，可执行如下的语句：

```
CREATE ROLE MYROLE;
```

执行结果如下：

```
角色已创建。
```

角色创建完成后，即可对角色赋予权限，具体语法格式如下：

```
GRANT system_privilege
|ALL PRIVILEGES TO role
[WITH ADMIN OPTION]
```

【例 15.14】若要赋予 MYROLE 角色 CREATE SESSION 权限，可执行如下的语句：

```
GRANT CREATE SESSION TO MYROLE;
```

执行结果如下：

授权成功。

给角色授予权限时，数据库管理员必须拥有 GRANT_ANY_ PRIVILEGES 权限才可以给角色赋予权限。

15.3.3　设置角色

角色创建完成后还不能直接使用，还需要把角色赋予用户才能使角色生效。将角色赋予用户的具体语法如下：

```
GRANT role TO user
```

【例 15.15】若要将角色 MYROLE 赋予 USER01，可执行如下的语句：

```
GRANT MYROLE TO USER01;
```

执行结果如下：

授权成功

一个用户可以同时被赋予多个角色，被赋予的多个角色是否生效可以自行设置，设置的方法如下：

```
SET ROLE role
SET ROLE ALL
SET ROLE ALL EXCEPT role
SET ROLE NONE
```

其中 SET ROLE role 表示指定的角色生效，SET ROLE ALL 表示设置用户的所有角色都生效，SET ROLE ALL EXCEPT role 表示设置 EXCEPT 后的角色不失效，SET ROLE NONE 表示设置用户的角色都失效。

【例 15.16】若要设置角色 MYROLE 在当前用户上生效，可执行如下的语句：

```
SET ROLE MYROLE;
```

也可执行以下语句来实现：

```
SET ROLE ALL EXCEPT MYROLE;
```

执行结果如下：

角色集

15.3.4 修改角色

角色创建完成后，还可以修改其内容。具体的语法规则如下：

```
ALTER ROLE role
[NOT IDENTIDIED| IDENTIFIED BY[ password]| IDENTIFIED BY
EXETERNALLY| IDENTIFIED BY GLOBALLY]
```

上面的代码只能修改角色本身，如果想修改已经赋予角色的权限，就要使用 GRANT 或者 REVOKE 来完成。

15.3.5 查看角色

用户可以查询数据库中已经存在的角色，也可以查询指定用户的角色的相关信息。

【例 15.17】若要查询 SYSTEM 用户的角色，可执行如下的语句：

```
SELECT GRANTED_ROLE,DEFAULT_ROLE FROM DBA_ROLE_PRIVS
WHERE GRANTEE='SYSTEM';
```

执行结果如下：

```
GRANTED_ROLE              DEFAULT_ROLE
--------------------      -----------
AQ_ADMINISTRATOR_ROLE     YES
DBA                       YES
MGMT_USER                 YES
```

15.3.6 删除角色

对于不再需要的角色可以删除。在删除角色的同时，所有拥有该角色的用户也将自动撤销该角色所授予的权限。

删除角色的语法格式如下：

```
DROP ROLE rolename
```

【例 15.18】若要使用 DROP ROLE 删除角色 MYROLE，可执行如下的语句：

```
DROP ROLE MYROLE;
```

执行结果如下：

```
角色已删除。
```

15.4 管理概要文件 PROFILE

Oracle 数据库中的概要文件为 PROFILE，为数据库的管理带来极大的便利。本节将讲述概要文件的相关操作。

15.4.1 PROFILE 概述

PROFILE 就是 Oracle 数据库中的概要文件，主要用于存放数据库中的系统资源或者数据库使用限制的内容。默认情况下，如果用户没有创建概要文件，就使用系统默认的概要文件，名称为 DEFAULT。

概要文件会给数据库管理员带来很大的便利，数据库管理员可以先对数据库中的用户分组，根据每一组的权限不同，建立不同的概要文件，这样便于管理用户。

值得注意的是，概要文件只能用于用户，不能在角色中使用。

15.4.2 创建概要文件

数据库中默认的概要文件为 PROFILE，根据实际的需要可以创建概要文件。

创建概要文件的语法格式如下：

```
CREATE PROFILE profile
LIMIT
{resource_parameters|password_parameters}
```

resource_parameters 表示资源参数，主要包括：

（1）CPU_PER_SESSION：表示一个会话占用 CPU 的总量。

（2）CPU_PER_CALL：表示允许一个调用占用 CPU 的最大值。

（3）CONNECT_TIME：表示运行一个持续的会话的最大值。

password_parameters 表示密码参数，主要包括：

（1）PASSWORD_LIFE_TIME：指多少天后密码失效。

（2）PASSWORD_REUSE_TIME：指密码保留的时间。

（3）PASSWORD_GRACE_TIME：指设置密码失效后锁定。

【例 15.19】若要创建一个概要文件 MYPROFILE，设置密码保留天数为 80 天，可执行如下的语句：

```
CREATE PROFILE MYPROFILE
LIMIT
PASSWORD_REUSE_TIME 80;
```

执行结果如下：

配置文件已创建

15.4.3　修改概要文件

使用 ALTER PROFILE 语句可以修改已经存在的概要文件，语法格式如下：

```
ALTER PROFILE profile
LIMIT
{resource_parameters|password_parameters}
```

【例 15.20】若要修改概要文件 MYPROFILE，设置 CONNECT_TIME 为 2000，可执行如下的语句：

```
ALTER PROFILE MYPROFILE
LIMIT
CONNECT_TIME 2000;
```

执行结果如下：

配置文件已更改

15.4.4　删除概要文件

对于不需要的概要文件，可以删除掉，具体的语法格式如下：

```
DROP PROFILE profile [CASCADE]
```

如果删除的概要文件已经被用户使用过，那么删除概要文件时要加上 CASCADE 关键词，这样用户使用过的概要文件也会被删除；如果概要文件没有被使用过，可以省略该关键词。

【例 15.21】若要使用 DROP PROFILE 删除概要文件，可执行如下的语句：

```
DROP PROFILE MYPROFILE CASCADE;
```

执行结果如下：

配置文件已删除

在 Oracle 中，默认的概要文件 PROFILE 是不能被删除的。

15.5　疑难解惑

疑问 1：如何查询已经存在的概要文件？

答：概要文件被保存在数据字典 DBA_PROFILES 中，如果想查询概要文件，可执行如下的 SQL 语句：

```
SELECT * FROM DBA_PROFILES;
```

疑问 2：角色如何继承？

答：一个角色可以继承其他角色的权限集合。例如角色 MYROLE 语句具备对表 fruits 的增加删除权限，此时创建一个新的角色 MYROLE01，该角色继承角色 MYROLE 的权限，具体的语句如下：

```
GRANT MYROLE TO MYROLE01;
```

15.6　经典习题

创建数据库 Team，定义数据表 player，具体的语句如下：

```
CREATE TABLE player
{
 playid    NUMBER（6）PRIMARY KEY,
 playname  VARCHAR2(30) NOT NULL,
 teamnum  NUMBER（6）NOT NULL UNIQUE,
 info      VARCHAR2(50)
};
```

执行以下操作：

（1）创建一个新账户，用户名为 account1，密码为 oldpwd1。授权该用户对数据库中 player 表具有 SELECT 和 INSERT 权限，并且授权该用户对 player 表的 info 字段具有 UPDATE 权限。

（2）更改 account1 用户的密码为 newpwd2。

（3）查看授权给 account1 用户的权限。

（4）收回 account1 用户的权限。

（5）将 account1 用户的账号信息从系统中删除。

第16章

控制文件和日志

Oracle 控制文件主要用来存放数据库的名字、数据库的位置等信息。日志记录了 Oracle 数据库的日常操作。控制文件和日志文件都存储了 Oracle 数据库中的重要信息。本章主要讲述控制文件和日志文件的使用方法和技巧。

- 了解什么是控制文件
- 了解什么是 Oracle 日志
- 掌握应用控制文件的用法
- 掌握管理日志文件的用法

16.1 控制文件简介

控制文件是数据库中最小的文件，是一个二进制文件，其中包括数据库的结构信息，同时也包括数据文件和日志文件的一些信息，控制文件虽小，但可以说是 Oracle 中最重要的文件，只有 Oracle 进程才能够更新控制文件中的内容，控制文件中主要包括数据库名称、位置、联机或者脱机状态、Redo Log File 的位置和名称、表空间名称、Archive Log File 信息、CheckPoint 信息、Undo 信息，RMAN 信息等。从控制文件中包含的内容可以看出控制文件在整个 Oracle 中的重要性。

控制文件在每个数据库中都存在，但是一个控制文件只能属于一个数据库。这就像是工作证，每个员工都有工作证，但是一个工作证只能属于一个员工。在创建数据库时，控制文件被自动创建，如果数据库的信息发生变化，控制文件也会随之改变，控制文件不能手动修改，只能由 Oracle 数据库本身来修改，控制文件在数据库启动和关闭时都要使用，如果没有控制文件，数据库将无法工作。

【例 16.1】若要在数据字典中查看控制文件的信息，可执行如下的语句：

```
desc v$controlfile
```

执行结果如下：

```
名称                      空值              类型
-----------------       ------          -------------
STATUS                                  VARCHAR2(7)
NAME                                    VARCHAR2(513)
IS_RECOVERY_DEST_FILE                   VARCHAR2(3)
BLOCK_SIZE                              NUMBER
FILE_SIZE_BLKS                          NUMBER
CON_ID                                  NUMBER
```

在数据字典前面加 V$，表示是当前实例的动态视图。从结果可以看出，控制文件的数据字典就是一组数据表和视图结构，用于存放数据库的相关信息，对用户来说是一组只读的表。

16.2　控制文件的应用案例

本节主要讲述控制文件的一些应用操作和技巧。

16.2.1　查看控制文件的内容

通过数据字典 v$controlfile 可以查看控制文件的存放位置和状态。

【例 16.2】若要在数据字典中查看控制文件的存放位置和状态，可执行如下的语句：

```
SELECT name, status FROM v$controlfile;
```

执行结果如下：

```
NAME                                            STATUS
--------------------                         --------------
D:\APP\TEST\ORADATA\MYTEST\CONTROLFILE\O1_MF_HS4JPKX4_.CTL
D:\APP\TEST\FAST_RECOVERY_AREA\MYTEST\CONTROLFILE\O1_MF_HS4JPL1F_.CTL
```

16.2.2　更新控制文件的内容

当数据文件遇到增加、重命名和删除等操作时，Oracle 服务器会立刻更新控制文件以反映数据库结构的这种变化。每次在数据库的结构发生变化后，为了防止数据丢失都要备份控制文件。 各进程根据分工的不同分别把数据库更改后的信息写入控制文件中：日志写入进程负责把当前日志序列号记录到控制文件中，校验点进程负责把校验点的信息记录到控制文件中，归档进程负责把归档日志的信息记录到控制文件中。

为了应对磁盘损坏等数据灾难的情况，用户可以对控制文件执行镜像操作，这样即使一个文件被破坏，其他的控制文件依然存在，数据也不会丢失，数据库还可以正常运行。

16.2.3 使用 init.ora 多路复用控制文件

控制文件虽然由数据库直接创建，但是在数据库初始化之前，用户可以修改初始化文件 init.ora，要修改 init.ora，需要先找到它的存放位置，这个文件的位置在安装目录的 admin\orcl\pflie 下，如图 16-1 所示。

图 16-1 init.ora 的位置

在修改 init.ora 文件之前，先把控制文件复制到不同的位置，然后用记事本打开 init.ora 文件，找到 control_files 参数后即可进行修改，如图 16-2 所示。修改时需要注意，在每个控制文件之间是用逗号分隔的，并且每一个控制文件都是用双括号括起来的。在修改控制文件的路径之前，需要复制一份控制文件以保存，以免数据库无法启动。

图 16-2 修改 init.ora 文件

16.2.4　使用 SPFILE 多路复用控制文件

除了修改 init.ora 初始化参数的方式可以实现多路复用控制文件外，还可以通过 SPFILE 方式实现多路复用，它们的原理和修改参数是一样的。

【例 16.3】使用 SPFILE 多路复用控制文件，具体操作步骤如下：

01 修改 control_files 参数。

在确保数据库是打开状态时，使用以下语句修改 control_files 参数：

```
alter system set control_files =
' D:\app\test\oradata\orcl\CONTROLFILE\CONTROL01.CTL ',
' D:\app\test\oradata\orcl\ CONTROLFILE\CONTROL02.CTL ',
' D:\app\test\oradata\orcl\ CONTROLFILE\CONTROL03.CTL ',
' D:\app\test\oradata\orcl\CONTROLFILE\CONTROL04.CTL '
scope=spfile;
```

执行结果如下：

```
系统已更改。
```

在上面的代码中，前 3 个控制文件已经创建好，第 4 个文件是用户将要手动添加的，但是目前还没有创建该文件，创建该文件前需要关闭数据库，然后将第 1 个控制文件复制过去即可。

02 关闭数据库。

下面关闭数据库，因为在数据库打开时，数据库中的文件是无法操作的。关闭数据库的 SQL 命令如下：

```
shutdown immediate;
```

执行结果如下，提示用户数据库已关闭。

```
数据库已经关闭。
已经卸载数据库。
ORACLE 例程已经关闭。
```

提示已复制 1 个文件。

03 在 DOS 下把文件复制到指定位置。

使用 host copy 复制命令在指定位置增加一个控制文件，具体命令如下：

```
host copy D:\app\test\oradata\orcl\CONTROLFILE\O1_MF_HHOLKBRP_.CTL
D:\app\test\oradata\orcl\CONTROLFILE\CONTROL04.CTL
```

执行结果如下：

```
已复制 1 个文件。
```

04 重新启动数据库。

文件复制完成后，使用 startup 命令重新启动数据库：

```
startup
```

执行结果如下：

```
ORACLE 例程已经启动。
```

提示用户 Oracle 例程已经启动。

05 查询现存的控制文件。

最后使用 v$parameter 重新查询现存的控制文件，执行如下的语句：

```
show parameter control_files;
```

提　示
为了解决控制文件一致性问题，可以在关闭数据库后再复制控制文件，这样在 startup nomout 修改控制文件并重启数据库时，就可以看到数据库已经增加了控制文件。

16.2.5　创建控制文件

虽然有多种保护控制文件的方法，但是仍然不能完全保证控制文件不出现丢失和损坏的情况。特别是以下两种情况出现时：

（1）需要永久地修改数据库的参数设置。

（2）当控制文件全部损坏，无法修复时。

当数据库所有的控制文件都丢失或者损坏时，唯一补救的方法就是手动创建一个新的控制文件。创建的语法如下：

```
create controlfile
reuse database db_name
logfile
group 1 redofiles_list1
group 2 redofiles_list2
group 3 redofiles_list3
...
datafile
datafile1
datafile2
datafile3
...
maxlogfiles max_value1
maxlogmembers max_value2
maxinstances max_value3
maxdatafiles max_value4
noresetlogs|resetlogs
archivelog|noarchivelog;
```

主要参数介绍如下：

- db_name：数据表名称，通常是 orcl。
- redofiles_list：重做日志组中的重做日志文件列表。
- datafile1：数据文件路径。
- max_value1：最大的重做日志文件数，这是一个永久性参数，一旦设置就不能修改，如果想要修改，只有重建控制文件。

【例 16.4】手动创建控制文件，具体操作步骤如下：

首先，查询当前数据库的数据文件，执行如下的语句：

```
SELECT name FROM v$datafile;
```

执行结果如下：

```
NAME
--------------------------------------------------------------------------------
D:\APP\TEST\ORADATA\MYTEST\DATAFILE\O1_MF_SYSTEM_HS4JH560_.DBF
D:\WINDOWS.X64_193000_DB_HOME\DATABASE\MYTEMM.DBF
D:\APP\TEST\ORADATA\MYTEST\DATAFILE\O1_MF_SYSAUX_HS4JJ8KB_.DBF
D:\APP\TEST\ORADATA\MYTEST\DATAFILE\O1_MF_UNDOTBS1_HS4JJQVG_.DBF
D:\WINDOWS.X64_193000_DB_HOME\DATABASE\MYBG.DBF
D:\APP\TEST\ORADATA\MYTEST\DATAFILE\O1_MF_USERS_HS4JJS4S_.DBF
D:\WINDOWS.X64_193000_DB_HOME\DATABASE\MYTT.DBF
```

接着查询当前数据库的日志文件，执行如下的语句：

```
SELECT member FROM v$logfile;
```

执行结果如下：

```
MEMBER
--------------------------------------------------------------------------------
D:\APP\TEST\ORADATA\MYTEST\ONLINELOG\O1_MF_3_HS4JPOXN_.LOG
D:\APP\TEST\FAST_RECOVERY_AREA\MYTEST\ONLINELOG\O1_MF_3_HS4JQ6V5_.LOG
D:\APP\TEST\ORADATA\MYTEST\ONLINELOG\O1_MF_2_HS4JPOWN_.LOG
D:\APP\TEST\FAST_RECOVERY_AREA\MYTEST\ONLINELOG\O1_MF_2_HS4JQ6VR_.LOG
D:\APP\TEST\ORADATA\MYTEST\ONLINELOG\O1_MF_1_HS4JPOVZ_.LOG
D:\APP\TEST\FAST_RECOVERY_AREA\MYTEST\ONLINELOG\O1_MF_1_HS4JQ6V6_.LOG
```

在创建控制文件之前，需要先关闭数据库，执行如下的语句：

```
shutdown immediate;
```

执行结果如下：

```
数据库已经关闭。
已经卸载数据库。
ORACLE 例程已经关闭。
```

提　示

为了保证数据库的安全，关闭数据库后，应该把数据库的日志文件、数据库文件、参数文件等备份到其他硬盘上。备份原来的控制文件还需要启动一个数据库实例。启动实例的语句如下：

```
startup nomount;
```

执行结果如下：

```
ORACLE 例程已经启动。
```

参数 nomount 表示只启动实例。

最后，创建新的控制文件，执行如下的 SQL 语句：

```
create controlfile
reuse database "orcl"
logfile
group 1 '/usr/oracle/app/oradata/orcl/redo01.log',
group 2 '/usr/oracle/app/oradata/orcl/redo02.log',
group 3 '/usr/oracle/app/oradata/orcl/redo03.log'
datafile
'/usr/oracle/app/oradata/orcl/system01.dbf',
'/usr/oracle/app/oradata/orcl/sysaux01.dbf',
'/usr/oracle/app/oradata/orcl/undotbs01.dbf',
'/usr/oracle/app/oradata/orcl/users01.dbf',
'/usr/oracle/app/oradata/orcl/CTRR_DATA.dbf'
maxlogfiles 50
maxlogmembers 4
maxinstances 6
maxdatafiles 200
noresetlogs
noarchivelog;
```

执行结果如下：

```
系统已更改。
```

参数 noresetlogs 表示在创建控制文件时不需要重做日志文件和重命名数据库，否则可以使用 resetlogs 参数。

执行创建命令之后，新的控制文件还是被存放在原来的目录下，可以尝试备份，然后将之前的控制文件删掉，会发现原来的目录下名字一样的控制文件又出现了。编辑 SPFILE 文件中的初始化参数 CONTROL_FILES，使其指向新建的控制文件，执行如下的 SQL 语句：

```
alter system set control_files =
'/usr/oracle/app/oradata/orcl/control01.ctl',
'/usr/oracle/app/flash_recovery_area/orcl/control02.ctl'
scope=spfile;
```

执行结果如下：

```
系统已更改。
```

重启数据库后，若要查询 v$controlfile 数据字典，检查控制文件是否全部正确加载，可执行如下的语句：

```
SELECT name FROM v$controlfile;
```

至此，控制文件创建成功。

注　意
如果数据库加载不了，可以重新启动数据库服务。

16.3　日志简介

Oracle 日志主要分为两类，包括重做日志文件和归档日志文件。重做日志文件是 Oracle 数据库正常运行不可缺少的文件。重做日志文件主要记录数据库操作的过程。在需要恢复数据库时，重做日志文件可以在备份还原的数据库上再执行一次，从而达到数据库的最新状态。

Oracle 系统在运行时有归档模式和非归档模式。在归档模式下，如果重做日志文件全部写满，就把第一个重做日志文件写入归档日志文件中，再把日志文件写到第一个重做日志文件中，使用归档方式可以方便以后的恢复操作；在非归档模式下，所有的日志文件都写在重做日志文件中，如果重做日志文件写满了，就把前面的日志文件覆盖。

【例 16.5】若要在数据字典中查看日志文件的信息，可执行如下的语句：

```
desc v$logfile;
```

执行结果如下：

名称	是否为空?	类型
GROUP#		NUMBER
STATUS		VARCHAR2(7)
TYPE		VARCHAR2(7)
MEMBER		VARCHAR2(513)
IS_RECOVERY_DEST_FILE		VARCHAR2(3)
CON_ID		NUMBER

在归档模式下，Oracle 的性能会受到一定的影响，所以 Oracle 默认情况下采用的是非归档模式。获取当前 Oracle 的归档模式可以从 v$database 数据字典中查看。

【例 16.6】若要查看 v$database 数据字典中的描述内容，可执行如下的语句：

```
desc v$database;
```

执行结果如下：

名称	是否为空?	类型
DBID		NUMBER
NAME		VARCHAR2(9)
CREATED		DATE
RESETLOGS_CHANGE#		NUMBER

RESETLOGS_TIME	DATE
PRIOR_RESETLOGS_CHANGE#	NUMBER
PRIOR_RESETLOGS_TIME	DATE
LOG_MODE	VARCHAR2(12)
CHECKPOINT_CHANGE#	NUMBER
ARCHIVE_CHANGE#	NUMBER
CONTROLFILE_TYPE	VARCHAR2(7)
CONTROLFILE_CREATED	DATE
CONTROLFILE_SEQUENCE#	NUMBER
CONTROLFILE_CHANGE#	NUMBER
CONTROLFILE_TIME	DATE
OPEN_RESETLOGS	VARCHAR2(11)
VERSION_TIME	DATE
OPEN_MODE	VARCHAR2(20)
PROTECTION_MODE	VARCHAR2(20)
PROTECTION_LEVEL	VARCHAR2(20)
REMOTE_ARCHIVE	VARCHAR2(8)
ACTIVATION#	NUMBER
SWITCHOVER#	NUMBER
DATABASE_ROLE	VARCHAR2(16)
ARCHIVELOG_CHANGE#	NUMBER
ARCHIVELOG_COMPRESSION	VARCHAR2(8)
SWITCHOVER_STATUS	VARCHAR2(20)
DATAGUARD_BROKER	VARCHAR2(8)
GUARD_STATUS	VARCHAR2(7)
SUPPLEMENTAL_LOG_DATA_MIN	VARCHAR2(8)
SUPPLEMENTAL_LOG_DATA_PK	VARCHAR2(3)
SUPPLEMENTAL_LOG_DATA_UI	VARCHAR2(3)
FORCE_LOGGING	VARCHAR2(39)
PLATFORM_ID	NUMBER
PLATFORM_NAME	VARCHAR2(101)
RECOVERY_TARGET_INCARNATION#	NUMBER
LAST_OPEN_INCARNATION#	NUMBER
CURRENT_SCN	NUMBER
FLASHBACK_ON	VARCHAR2(18)
SUPPLEMENTAL_LOG_DATA_FK	VARCHAR2(3)
SUPPLEMENTAL_LOG_DATA_ALL	VARCHAR2(3)
DB_UNIQUE_NAME	VARCHAR2(30)
STANDBY_BECAME_PRIMARY_SCN	NUMBER
FS_FAILOVER_MODE	VARCHAR2(19)
FS_FAILOVER_STATUS	VARCHAR2(22)
FS_FAILOVER_CURRENT_TARGET	VARCHAR2(30)
FS_FAILOVER_THRESHOLD	NUMBER
FS_FAILOVER_OBSERVER_PRESENT	VARCHAR2(7)
FS_FAILOVER_OBSERVER_HOST	VARCHAR2(512)
CONTROLFILE_CONVERTED	VARCHAR2(3)
PRIMARY_DB_UNIQUE_NAME	VARCHAR2(30)
SUPPLEMENTAL_LOG_DATA_PL	VARCHAR2(3)
MIN_REQUIRED_CAPTURE_CHANGE#	NUMBER
CDB	VARCHAR2(3)
CON_ID	NUMBER
PENDING_ROLE_CHANGE_TASKS	VARCHAR2(512)
CON_DBID	NUMBER
FORCE_FULL_DB_CACHING	VARCHAR2(3)
SUPPLEMENTAL_LOG_DATA_SR	VARCHAR2(3)

如果需要查看当前数据库的模式，查看当前数据库的 log_mode 的值即可。

【例 16.7】若要查看当前数据库的模式，可执行如下的语句：

```
SELECT name, log_mode FROM v$database;
```

查询结果如下：

```
NAME            LOG_MODE
--------        ------------------
MYTEST          NOARCHIVELOG
```

从结果可以看出，当前模式为非归档模式。如果结果为 ARCHIVELOG，就表示当前模式为归档模式。

16.4　管理日志文件

在 Oracle 数据库中，日志文件全部存放在日志文件组中。本节将讲述日志文件的管理方法。

16.4.1　新建日志文件组

通过日志文件组，数据库管理员可以轻松地管理日志文件。创建日志文件组的语法如下：

```
ALTER DATABASE [database_name]
ADD LOGFILE GROUP n
filename SIZE m;
```

其中参数 database_name 为要修改的数据库名，如果省略，就表示为当前数据库；参数 n 为创建日志工作组的组号，组号在日志组中必须是唯一的；参数 filename 表示日志文件组的存在位置；参数 m 表示日志文件组的大小，默认情况下大小为 50MB。

【例 16.8】若要新建日志文件组，可执行如下的语句：

```
ALTER DATABASE
ADD LOGFILE GROUP 6
('D:\app\test\oradata\orcl\mylogn.log') SIZE 20M;
```

执行结果如下：

数据库已更改。

可见数据库中已经创建了新的日志文件组。

16.4.2　把日志文件添加到日志文件组

添加日志文件和添加日志文件组的语法非常类似，语法规则如下：

```
ALTER DATABASE [database_name]
```

```
ADD LOGFILE MEMMER
Filename TO GROUP n;
```

其中参数 database_name 为要修改的数据库名，如果省略，就表示为当前数据库；参数 filename 表示日志文件的存在位置；参数 n 为日志文件填入的组号。

【例 16.9】若要新建日志文件组，可执行如下的语句：

```
ALTER DATABASE
ADD LOGFILE MEMBER
'D:\app\test\oradata\orcl\mylog.log'
TO GROUP 6;
```

执行结果如下：

数据库已更改。

此时创建的日志文件添加到日志文件组 6 中，添加的日志文件名称为 mylog.log。

16.4.3　删除日志文件组和日志文件

使用 ALTER DATABASE 语句可以删除日志文件组，具体的语法规则如下：

```
ALTER DATABASE [database_name]
DROP LOGFILE
GROUP n;
```

其中参数 n 为日志文件组的组号。

【例 16.10】若要删除日志文件组 6，可执行如下的语句：

```
ALTER DATABASE
DROP LOGFILE
GROUP 6;
```

执行结果如下：

数据库已更改。

此时日志文件组 6 被成功删除掉。

删除日志文件的语法与删除文件组的语法类似，语法格式如下：

```
ALTER DATABASE [database_name]
DROP LOGFILE MEMBER
filename;
```

其中参数 filename 表示日志文件的名称。

【例 16.11】若要删除日志文件 mylog.log，可执行如下的语句：

```
ALTER DATABASE
DROP LOGFILE MEMBER
'D:\app\test\oradata\orcl\mylog.log';
```

执行结果如下：

数据库已更改。

此时日志文件 mylog.log 被成功删除。

16.4.4 查询日志文件组和日志文件

用户可以查询已经存在的日志文件组和日志文件。

查找日志文件组主要是通过 V$LOG 来查询的。下面通过案例来讲解具体的方法。

【例 16.12】若要查询 V$LOG 中的组号（GROUP#）、成员数（MEMBERS）和状态（STATUS）的信息，可执行如下的语句：

```
SELECT GROUP#, MEMBERS,STATUS FROM V$LOG;
```

执行结果如下：

```
GROUP#  MEMBERS    STATUS
------- -------- ----------------
1          2        CURRENT
2          2        INACTIVE
3          2        INACTIVE
```

查询日志文件主要是通过 V$LOGFILE 来查询的。下面通过案例来讲解具体的方法。

【例 16.13】若要查询 V$LOGFILE 中的组号（GROUP#）、成员（MEMBER）的信息，可执行如下的语句：

```
SELECT GROUP#, MEMBER FROM V$LOGFILE;
```

执行结果如下：

```
GROUP#     MEMBER
-----  ------------------------------------------------------------------
3      D:\APP\TEST\ORADATA\MYTEST\ONLINELOG\O1_MF_3_HS4JPOXN_.LOG
3      D:\APP\TEST\FAST_RECOVERY_AREA\MYTEST\ONLINELOG\O1_MF_3_HS4JQ6V5_.LOG
2      D:\APP\TEST\ORADATA\MYTEST\ONLINELOG\O1_MF_2_HS4JPOWN_.LOG
2      D:\APP\TEST\FAST_RECOVERY_AREA\MYTEST\ONLINELOG\O1_MF_2_HS4JQ6VR_.LOG
1      D:\APP\TEST\ORADATA\MYTEST\ONLINELOG\O1_MF_1_HS4JPOVZ_.LOG
1      D:\APP\TEST\FAST_RECOVERY_AREA\MYTEST\ONLINELOG\O1_MF_1_HS4JQ6V6_.LOG
```

16.5 疑难解惑

疑问 1：联机日志文件的状态有哪些？

答：在 Oracle 日志文件中，最容易模糊的就是日志文件的 3 个状态，它们的含义如下：

current：表示 LGWR 正在写的日志文件。

active：表示 LGWR 正在写的日志文件，实例恢复时需要这种文件。

inactive：表示 LGWR 正在写的日志文件，实例恢复时也不会用到这种文件。

疑问 2：如何提高日志的切换频率？

答：通过参数 ARCHIVE_LAG_TARGET 可以控制日志切换的时间间隔，以秒为单位。通过减少时间间隔，可以提高日志的切换频率。例如以下代码：

```
SQL> ALTER SYSTEM SET ARCHIVE_LAG_TARGET=50 SCOPE=both;
```

通过上面的命令可以实现日志每 50 秒切换一次。

16.6　经典习题

（1）创建控制文件，然后验证是否成功创建。

（2）控制文件的多路复用怎么操作？

（3）创建日志文件组。

（4）创建日志文件，删除日志文件。

第17章

数据备份与还原

学习目标 | Objective

尽管采取了一些管理措施来保证数据库的安全，但是不确定的意外情况总是有可能造成数据的损失，例如意外的停电、管理员不小心的操作失误都可能会造成数据的丢失。保证数据安全的重要措施是确保对数据进行定期备份。如果数据库中的数据丢失或者出现错误，可以使用备份的数据进行还原，这样就尽可能地降低了意外原因导致的损失。Oracle 提供了多种方法对数据进行备份和还原。本章将介绍数据备份、数据还原和数据导入导出的相关知识。

内容导航 | Navigation

- 了解什么是数据备份
- 掌握各种数据备份的方法
- 掌握各种数据还原的方法
- 掌握数据表的导入和导出方法

17.1 数据备份

数据备份是数据库管理员非常重要的工作。系统意外崩溃或者硬件损坏都可能导致数据库的丢失，因此 Oracle 管理员应该定期地备份数据库，使得在意外情况发生时尽可能减少损失。

本节将介绍数据备份的两种方法。

17.1.1　冷备份

冷备份也就是脱机备份，当数据库正常关闭后，通过脱机备份可将关键性文件复制到其他的存储位置。脱机备份是一种快速、安全的备份方法。

冷备份的优点：

（1）备份快速、安全、简便。
（2）可快速执行时间点恢复。
（3）能与归档方法相结合，做数据库"最佳状态"的恢复。
（4）对备份文件维护简单、安全。

冷备份的不足：

（1）单独使用时，只能将数据库恢复到备份时的状态。
（2）在备份过程中，数据库必须处于脱机状态，对数据库要求较高的业务势必造成损失。
（3）只能进行物理备份，对存储介质造成空间浪费。
（4）在恢复过程中，只能进行完整数据库恢复，不能进行更小粒度的恢复。

冷备份需要备份的文件如下：

（1）所有数据文件。
（2）所有控制文件。
（3）init.ora 文件等参数文件。

【例 17.1】冷备份数据库。

首先正常关闭数据库，使用以下 3 行命令之一即可：

```
shutdown immediate
shutdown transactional
shutdown normal
```

然后通过操作系统命令或者手动复制文件到指定位置，此时需要较大的介质存储空间。最后重启 Oracle 数据库，执行如下的命令：

```
startup;
```

执行结果如下：

```
ORACLE 例程已经启动。
```

17.1.2　热备份

热备份也称为联机备份，在数据库的归档模式下进行备份。

【例 17.2】查看数据库中日志的状态。

```
archive log list;
```

查询结果如下：

数据库日志模式	非存档模式
自动存档	禁用
存档终点	USE_DB_RECOVERY_FILE_DEST
最早的联机日志序列	2
当前日志序列	4

从结果可以看出，目前数据库的日志模式是不存档模式，同时自动存档也是禁用的。

【例 17.3】设置数据库日志模式为归档模式。

设置数据库日志模式为归档模式，首先修改系统的日志方式为归档模式，执行如下的语句：

```
alter system set log_archive_start=true scope=spfile;
```

执行结果如下：

系统已更改。

提示用户系统已更改。

接着关闭数据库，执行如下的语句：

```
shutdown immediate;
```

执行结果如下：

数据库已经关闭。
已经卸载数据库。
ORACLE 例程已经关闭。

提示用户数据库已关闭。

下面启动 mount 实例，但是不启动数据库，执行如下的语句：

```
startup mount;
```

执行结果如下：

```
ORACLE 例程已经启动。
Total System Global Area 1694496280 bytes
Fixed Size                  9029144 bytes
Variable Size            1006632960 bytes
Database Buffers          671088640 bytes
Redo Buffers                7745536 bytes
数据库装载完毕。
```

提示用户 Oracle 实例已启动。

最后更改数据库为归档模式，执行如下的语句：

```
alter database archivelog;
```

执行结果如下：

数据库已更改。

提示用户数据库已更改。

设置完成后，再次查询当前数据库的归档模式，执行如下的语句：

```
archive log list;
```

执行结果如下：

```
数据库日志模式            存档模式
自动存档                 启用
存档终点                 USE_DB_RECOVERY_FILE_DEST
最早的联机日志序列         2
下一个存档日志序列         1
当前日志序列             4
```

从结果可以看出，当前日志模式已经修改为归档模式，并且自动存档已经启动。

把数据库设置成归档模式后，就可以进行数据库的备份与恢复操作了。

【例 17.4】备份表空间 MYTEM。

将数据库的状态设置为打开状态，改变数据库的状态为 open，执行如下的语句：

```
alter database open;
```

执行结果如下：

```
数据库已更改。
```

备份表空间 MYTEM，执行开始备份命令：

```
alter tablespace MYTEM begin backup;
```

打开数据库中的 oradata 文件夹，把文件复制到磁盘中的另一个文件夹或其他磁盘上。

执行结束备份的命令：

```
alter tablespace MYTEM end backup;
```

17.2   数据还原

管理人员操作的失误、计算机故障以及其他意外情况都会导致数据丢失和破坏。当数据丢失或意外破坏时，可以通过还原已经备份的数据尽量减少数据丢失或意外损坏造成的损失。本节将介绍数据还原的方法。

【例 17.5】恢复表空间 MYTEM 中的数据文件。

对当前的日志进行归档，执行如下的语句：

```
alter system archive log current;
```

执行结果如下：

```
系统已更改。
```

一般情况下，一个数据库中包含 3 个日志文件，所以需要执行下面的语句 3 次来切换日志文件：

```
alter system switch logfile;
```

执行结果如下：

系统已更改。

若要关闭数据库服务，可执行如下的命令：

```
shutdown immediate;
```

删除数据文件并重新启动数据库。首先找到数据库文件的存放位置，默认情况下，数据库文件存放在数据库的 oradata 文件夹中。如果不清楚数据库文件的存放位置，可以在 V$datafile 数据字典中查看表空间中数据文件的位置，找到数据文件后删除即可，然后启动数据库。启动数据库的命令如下：

```
startup;
```

此时如果缺少数据库文件，就会显示错误信息。

在恢复数据文件之前，先把数据文件设置成脱机状态，并且删除该数据文件，可执行如下的命令：

```
alter database datafile 6 offline drop;
```

若要把数据库设置成 OPEN 状态，可执行如下的命令：

```
alter database open;
```

执行结果如下：

数据库已更改。

在数据库的状态是 OPEN 时就可以恢复数据库了。若要恢复表空间 MYTEM 的数据文件，可执行如下的命令：

```
recover datafile 6;
```

这里的编号 6 是数据文件的编号。

数据恢复完成后，若要把数据文件设置为联机状态，可执行如下的命令：

```
alter database datafile 6 online;
```

至此，数据文件恢复完成。在恢复数据库中的数据时，把数据库文件设置成脱机状态后，就需要把之前备份好的数据复制到原来的数据文件存放的位置，否则系统会提示错误。

17.3 数据表的导出和导入

有时需要将 Oracle 数据库中的数据导出到外部存储文件中，Oracle 数据库中的数据表可以导出，同样这些导出文件也可以导入 Oracle 数据库中。本节将介绍数据导出和导入的常用方法。

17.3.1 用 EXP 工具导出数据

在 DOS 窗口下，输入以下命令，然后根据提示即可导出表：

```
C:\> EXP username/password
```

其中 username 是登录数据库的用户名，password 为用户密码。注意这里的用户不能为 SYS。

【例 17.6】若要导出数据表 fruits，可执行如下的命令：

```
C:\> EXP scott/Pass2020 file=f: \mytest.dmp tables=fruits;
```

这里指出了导出文件的名称和路径，然后指出了导出表的名称。如果要导出多个表，可以在各个表之间用逗号隔开。

导出表空间和导出表不同，导出表空间的用户必须是数据库的管理员角色。导出表空间的命令如下：

```
C:\> EXP username/password  FILE=filename.dmp  TABLESPACES = tablespaces_name
```

其中参数 username/password 表示具有数据库管理员权限的用户名和密码，filename.dmp 表示存放备份的表空间的数据文件，tablespaces_name 表示要备份的表空间名称。

【例 17.7】若要导出表空间 TEMP，可执行如下的命令：

```
C:\> EXP scott/Pass2020 file=f: \mytest01.dmp  TABLESPACES=TEMP
```

17.3.2 用 EXPDP 导出数据

EXPDP 是从 ORCALE 10g 开始提供的导入导出工具，采用的是数据泵技术，该工具可以实现在数据库之间或者数据库与操作系统之间传输数据。

数据泵技术的主要特性如下：

（1）支持并行处理导入、导出任务。

（2）支持暂停和重启动导入、导出任务。

（3）支持通过联机的方式导出或导入远端数据库中的对象。

（4）支持在导入时实现自动修改对象属主、数据文件或数据所在的表空间。

（5）导入、导出时提供了非常细粒度的对象控制，甚至可以详细制定是否包含或不包含某个对象。

下面开始讲述使用 EXPDP 导出数据的过程。

1. 创建目录对象

使用 EXPDP 工具之前必须创建目录对象，具体的语法规则如下：

```
SQL> CREATE DIRECTORY directory_name AS 'file_name';
```

其中参数 directory_name 为创建目录的名称，file_name 表示存放数据的文件夹名。

【例 17.8】若要创建目录对象 MYDIR，可执行如下的语句：

```
SQL> CREATE DIRECTORY MYDIR AS 'DIRMP';
```

执行结果如下：

目录已创建。

2. 给使用目录的用户赋予权限

新创建的目录对象不是所有用户都可以使用，只有拥有该目录权限的用户才可以使用。假设备份数据库的用户是 SCOTT，那么赋予权限的具体语法如下：

```
SQL> GRANT READ,WRITE ON DIRECTORY directory_name TO SCOTT;
```

其中参数 directory_name 表示目录的名称。

【例 17.9】若要将目录对象 MYDIR 权限赋予 SCOTT，可执行如下的语句：

```
SQL> GRANT READ,WRITE ON DIRECTORY MYDIR TO SCOTT;
```

执行结果如下：

授权成功。

3. 导出指定的数据表

创建完目录后，即可使用 EXPDP 工具导出数据，操作也是在 DOS 的命令窗口中完成的。指定备份表的语法格式如下：

```
C:\> EXP username/password DIRECTORY= directory_name DUMPFILE = file_name
TABLE=table_name;
```

其中参数 directory_name 表示存放导出数据的目录名称；file_name 表示导出数据存放的文件名；table_name 表示准备导出的表名，如果导出多个表，可以用逗号隔开。

【例 17.10】若要导出数据表 fruits，可执行如下的语句：

```
C:\> EXP scott/Pass2020 DIRECTORY= MYDIR DUMPFILE=mytemp.dmp TABLE=fruits;
```

17.3.3　用 IMP 导入数据

导入数据和导出数据是逆过程，使用 EMP 导出的数据可以使用 IMP 导入。

【例 17.11】若要使用 EXP 导出 fruits 表，可执行如下的命令：

```
C:\> EXP scott/Pass2020 file=f: \mytest2.dmp tables=fruits;
```

【例 17.12】若要使用 IMP 导入 fruits 表，可执行如下的命令：

```
C:\> IMP scott/Pass2020 file= mytest2.dmp  tables=fruits;
```

17.3.4　用 IMPDP 导入数据

使用 EXPDP 导出数据后，可以使用 IMPDP 将数据导入。

【例 17.13】若要使用 IMPDP 导入 fruits 表，可执行如下的命令：

```
C:\>IMPDP scott/Pass2020 DIRECTORY= MYDIR DUMPFILE=mytemp.dmp TABLE= fruits;
```

如果数据库中已经存在 fruits 表，此时会报错，解决方式是在上面的代码后加上 ignore=y。

17.4 疑难解惑

疑问 1：如何判断数据导出是否成功？

答：在进行导出操作时，无论是否成功，都会有提示信息。常见的信息的含义如下：

（1）导出成功，没有任何错误，将会提示如下信息：

```
Export terminated successfully without warnings
```

（2）导出完成，但是某些对象有问题，将会提示如下信息：

```
Export terminated successfully with warnings
```

（3）导出失败，将会提示如下信息：

```
Export terminated unsuccessfully
```

疑问 2：如何把数据导出到磁盘上？

答：Oracle 的导出工具 EXP 支持把数据直接备份到磁盘上，这样可以减少把数据备份到本地磁盘，再备份到磁盘上的中间环节。其命令如下：

```
EXP system/ Manager123 file=/dev/rmt0 tables=books;
```

其中参数 file 指定的就是磁盘的设备名。

17.5 经典习题

（1）使用冷备份的方式备份数据文件。
（2）使用热备份的方式备份数据文件。
（3）还原备份的数据。
（4）使用各种方法导出和导入数据文件。

第18章

Oracle 性能优化

学习目标 | Objective

　　Oracle 性能优化就是通过合理安排资源调整系统参数，使 Oracle 运行得更快，更节省资源。Oracle 性能优化包括查询速度优化、更新速度优化、Oracle 服务器优化等。本章将为读者讲解：性能优化、查询优化、数据库结构优化、Oracle 服务器优化。

内容导航 | Navigation

- 了解什么是优化
- 掌握优化查询的方法
- 掌握优化数据库结构的方法
- 掌握优化 Oracle 服务器的方法

18.1　优化简介

　　优化 Oracle 数据库是数据库管理员和数据库开发人员的必备技能。Oracle 优化一方面是找出系统的瓶颈，提高 Oracle 数据库整体的性能；另一方面需要合理的结构设计和参数调整，以提高用户操作响应的速度；同时还要尽可能节省系统资源，以便系统可以提供更大负荷的服务。本节将为读者介绍优化的基本知识。

　　Oracle 数据库优化是多方面的，原则是减少系统的瓶颈，减少资源的占用，增加系统的反应速度。例如，通过优化文件系统提高磁盘 I/O 的读写速度，通过优化操作系统调度策略提高 Oracle

在高负荷情况下的负载能力，优化表结构、索引、查询语句等使查询响应更快。

众所周知，从内存中直接读取数据的速度远远大于从磁盘中读取数据。然而影响内存读取速度的因素有两个，包括内存的大小以及内存的分配、使用和管理方法。由于 Oracle 提供了自动内存管理机制，因此用户只需要手动分配内存即可。Oracle 中的内存主要包括两部分：系统全局区和进程全局区。它们既可以在数据库启动时进行加载，又可以在数据库使用中进行设置。下面将详细讲述这两部分的具体管理方法。

18.1.1 修改系统全局区

系统全局区（System Global Area，SGA）是共享的内存机构，主要存储的是数据库的公用信息，因此系统全局区也被称为共享全局区。SGA 主要包括共享池、缓冲区、大型池、Java 池和日志缓冲区。

【例 18.1】若要查看当前数据库的 SGA 状态，可执行如下的命令：

```
SQL> show parameter sga;
```

查询结果如下：

```
NAME                          TYPE          VALUE
----------------------------- ------------- -----------
allow_group_access_to_sga     boolean       false
lock_sga                      boolean       false
pre_page_sga                  boolean       true
sga_max_size                  big integer   1616M
sga_min_size                  big integer   0
sga_target                    big integer   0
unified_audit_sga_queue_size  integer       1048576
```

其中需要注意的结果有两个，即 sga_max_size 和 sga_target。其中 sga_max_size 是为 SGA 分配的最大内存，sga_target 指定的是数据库可管理的最大内存。如果 sga_target 值为 0，就表示关闭共享内存区。

在 Oracle 中，管理员还可以通过视图 V$sgastat 来查看 SGA 的具体分配情况，命令如下：

```
SQL> SELECT * FROM v$sgastat;
```

客户端接收到查询语句后，首先进行语法分析，然后进行语义分析，最后才执行步骤。在执行步骤以前的操作是 SQL 语句的预处理，这些预处理都是在共享池中进行缓存的，缓存的标示是根据 SQL 语句所形成的 Hash 值。服务器收到 SQL 语句时根据 Hash 值在共享池中查找是否已经有预处理的 SQL 语句，如果存在，就直接进行数据库操作，否则将进行语法分析。对于共享池来说，存在命中率的概念，也就是直接从共享池中获取执行计划的成功率。成功率越高，代表数据库的性能越高。因此，共享池命中率是影响 SQL 语句的重要指标。

```
NAMESPACE          GETHITRATIO      PINHITRATIO
----------------   -------------    -------------
SQL AREA           0.4170824773     0.8984711785
TABLE/PROCEDURE    0.7304022819     0.7962924099
BODY               0.8535031847     0.8787401575
```

```
TRIGGER            0.6666666667       0.6666666667
INDEX              0.1353383459       0.1407407407
CLUSTER            0.9551569507       0.9611650485
DIRECTORY          0.8125             0.8125
QUEUE              0.6666666667       0.6
RULESET            0                  0.6666666667
SUBSCRIPTION       0                  0
EDITION            0.9950248756       0.9946380697
DBLINK             0.9864864865       1
OBJECT ID          0                  1
SCHEMA             0.995688726        1
DBINSTANCE         0                  1
SQL AREA STATS     0.05980528512      0.05980528512
SQL AREA BUILD     0.1088339223       1
PDB                0.5                1
AUDIT POLICY       0.98               0.98
PDBOPER            0.1666666667       1
```

其中 GETHITRATIO 为 SQL 语句解析时，直接获得的是计划的命中率；PINHITRATIO 是执行命中率。

【例 18.2】若要修改 SGA 内存大小，可执行如下的命令：

```
SQL> alter system set sga_max_size=2000m scope=spfile;
```

执行结果如下：

系统已变更。

其中 scope=spfile 表示设置作用到数据库启动文件中，一旦数据库重启，该参数将立即重启。若要把参数 sga_target 修改为 2000MB，可执行如下的命令：

```
SQL> alter system set sga_target =2000m scope=spfile;
```

执行结果如下：

系统已变更。

数据库重启后，SGA 的大小已经被成功修改了。

18.1.2　修改进程全局区

进程全局区简称为 PGA。每个客户端连接到 Oracle 服务器都由服务器分配一定内存来保持连接，并将在该内存中实现用户的私有操作。所有用户连接的内存集合就是 Oracle 数据库的 PGA。

【例 18.3】若要查看 PGA 的状态，可执行如下的命令：

```
show parameter pga;
```

查询结果如下：

```
NAME                             TYPE                 VALUE
---------------                  ---------------      -------------
pga_aggregate_limit              big integer          2G
```

pga_aggregate_target	big integer	0

参数 pga_aggregate_target 可以制定 PGA 内存的最大值。当 pga_aggregate_target 值大于 0 时，Oracle 将自动管理 PGA 内存。

【例 18.4】若要修改 PGA 的大小，可执行如下的命令：

```
SQL>alter system set pga_aggregate_target=500M scope=both;
```

执行结果如下：

```
系统已变更。
```

其中 scope=both 表示同时修改当前环境与启动文件 spfile。

18.2   优化查询

查询是数据库中最频繁的操作，提高查询速度可以有效地提高 Oracle 数据库的性能。本节将为读者介绍优化查询的方法。

18.2.1   分析查询语句的执行计划

如果想要分析 SQL 语句的性能，可以查看该语句的执行计划，从而分析每一步执行是否存在问题。

查看执行计划的方法有以下两种：

1. 通过设置 AUTOTRACE 查看执行计划

设置 autotrace 的具体含义如下：

（1）SET AUTOTRACE OFF：此为默认值，即关闭 AUTOTRACE。

（2）SET AUTOTRACE ON EXPLAIN：只显示执行计划。

（3）SET AUTOTRACE ON STATISTICS：只显示执行的统计信息。

（4）SET AUTOTRACE ON：包含（2）（3）两项内容。

（5）SET AUTOTRACE TRACEONLY：与（4）相似，但不显示语句的执行结果。

【例 18.5】若要通过设置 AUTOTRACE 查看执行计划，可执行如下的命令：

```
SQL> set autotrace on;
```

执行结果如下：

```
已启用自动跟踪
显示执行计划以及语句的统计信息。
```

若要执行查询语句，可执行如下的命令：

```
SQL> select * from fruits;
```

执行结果如下：

F_ID	S_ID	F_NAME	F_PRICE
a1	101	苹果	5.2
b1	101	香蕉	3.2
bs1	102	橘子	4.2
bs2	105	火龙果	8.2
t1	102	香蕉	4.3
t2	102	葡萄	5.3
o2	103	山竹	9.2
c0	101	草莓	8.2
a2	103	丑橘	6.2
l2	104	甘蔗	6.4
b2	104	柚子	7.6
m1	106	苹果	6.6
m2	105	香蕉	2.6
t4	107	榴莲	23.6
m3	105	冬枣	11.6
b5	107	芒果	8.6
b6	108	杨梅	13.6

已选择 17 行。

执行计划

```
--------------------------------------------------------------
Plan hash value: 1063410116
```

```
-----------------------------------------------------------------------------
| Id  | Operation         | Name   | Rows | Bytes | Cost (%CPU)| Time     |
-----------------------------------------------------------------------------
|   0 | SELECT STATEMENT  |        |   17 |   680 |    2   (0)| 00:00:01 |
|   1 | TABLE ACCESS FULL | FRUITS |   17 |   680 |    2   (0)| 00:00:01 |
-----------------------------------------------------------------------------
```

```
Note
-----
   - dynamic statistics used: dynamic sampling (level=2)
```

统计信息

```
--------------------------------------------------------------
      0  recursive calls
      0  db block gets
      5  consistent gets
      0  physical reads
      0  redo size
   1417  bytes sent via SQL*Net to client
    393  bytes received via SQL*Net from client
      3  SQL*Net roundtrips to/from client
      0  sorts (memory)
```

```
 0  sorts (disk)
17  rows processed
```

在查询结果中，ID 表示一个序号，但不是执行的先后顺序，执行的先后顺序根据缩进来判断；Operation 表示当前操作的内容；Rows 表示当前操作的数据表中的行数，Cost（%CPU）表示 Oracle 计算出来的一个数值，用于说明 SQL 执行的代价；Time 表示 Oracle 估计当前操作的时间。

2. 使用 EXPLAIN PLAN FOR 语句查看执行计划

使用 EXPLAIN PLAN FOR 语句可以查看执行计划，具体语法格式如下：

```
EXPLAIN PLAN FOR SQL 语句;
```

【例 18.6】若要通过设置 EXPLAIN PLAN FOR 语句来查看执行计划，可执行如下的命令：

```
SQL> EXPLAIN PLAN FOR SELECT * FROM fruits;
```

执行结果如下：

```
plan FOR 成功。
Statistics
----------------------------------
0  user rollbacks
0  global enqueue gets async
0  physical read total IO requests
0  physical read partial requests
5  consistent gets pin
0  gc current blocks served
0  gc current block pin time
0  gc current blocks pinned
0  gc cr blocks received
0  gc cr block receive time
```

18.2.2　索引对查询速度的影响

Oracle 中提高性能的一个最有效的方式就是对数据表设计合理的索引。索引提供了高效访问数据的方法，并且可以加快查询的速度，因此索引对查询的速度有着至关重要的影响。使用索引可以快速地定位表中的某条记录，从而提高数据库查询的速度，提高数据库的性能。本小节将为读者介绍索引对查询速度的影响。

如果查询时没有使用索引，查询语句将扫描表中的所有记录。在数据量大的情况下，这样查询速度会很慢。如果使用索引进行查询，查询语句可以根据索引快速定位到待查询的记录，从而减少查询的记录数，达到提高查询速度的目的。

18.2.3　使用索引查询

索引可以提高查询的速度。但并不是使用带有索引的字段查询时，索引都会起作用。本小节将向读者介绍索引的使用。

使用索引有几种特殊情况，在这些情况下，有可能使用带有索引的字段查询时，索引并没有起作用。下面重点介绍这几种特殊情况。

1. 使用 LIKE 关键字的查询语句

在使用 LIKE 关键字进行查询的查询语句中，如果匹配字符串的第一个字符为"%"，索引就不会起作用。只有"%"不在第一个位置，索引才会起作用。

2. 使用多列索引的查询语句

Oracle 可以为多个字段创建索引，一个索引可以包括 16 个字段。对于多列索引，只有查询条件中使用了这些字段中的第 1 个字段时，索引才会被使用。

3. 使用 OR 关键字的查询语句

查询语句的查询条件中只有 OR 关键字，且 OR 前后的两个条件中的列都是索引时，查询中才使用索引，否则查询将不使用索引。

18.2.4　优化子查询

Oracle 支持子查询，使用子查询可以进行 SELECT 语句的嵌套查询，即一个 SELECT 查询的结果作为另一个 SELECT 语句的条件。子查询可以一次性完成很多逻辑上需要多个步骤才能完成的 SQL 操作。子查询虽然可以使查询语句很灵活，但执行效率不高。执行子查询时，Oracle 需要为内层查询语句的查询结果建立一个临时表。然后外层查询语句从临时表中查询记录。查询完毕后，再撤销这些临时表。因此，子查询的速度会受到一定影响。如果查询的数据量比较大，这种影响就会随之增大。

在 Oracle 中，可以使用连接（JOIN）查询来替代子查询。连接查询不需要建立临时表，其速度比子查询要快，如果查询中使用索引的话，性能会更好。连接之所以更有效率，是因为 Oracle 不需要在内存中创建临时表来完成查询工作。

18.3　优化数据库结构

一个好的数据库设计方案对于数据库的性能常常会达到事半功倍的效果。合理的数据库结构不仅可以使数据库占用更小的磁盘空间，而且能够使查询速度更快。数据库结构的设计需要考虑数据冗余、查询和更新的速度、字段的数据类型是否合理等多方面的内容。本节将为读者介绍优化数据库结构的方法。

18.3.1　将字段很多的表分解成多个表

对于字段较多的表，如果有些字段的使用频率很低，可以将这些字段分离出来形成新表。因为当一个表的数据量很大时，会由于使用频率低的字段的存在而变慢。本小节将为读者介绍这种优化表的方法。

【例 18.7】假设会员表存储会员登录认证信息，该表中有很多字段，如 id、姓名、密码、地址、电话、个人描述等字段。其中地址、电话、个人描述等字段并不常用。可以将这些不常用的字段分解出另一个表。将这个表取名叫 members_detail。表中有 member_id、address、telephone、description 等字段。其中，member_id 是会员编号，address 字段存储地址信息，telephone 字段存储电话信息，description 字段存储会员个人描述信息。这样就把会员表分成两个表，分别为 members 表和 members_detail 表。

创建这两个表的 SQL 语句如下：

```
CREATE TABLE members (
  Id  number(11) NOT NULL,
  username varchar2(255) DEFAULT NULL ,
  password varchar2(255) DEFAULT NULL ,
  last_login_time date DEFAULT NULL ,
  last_login_ip varchar2(255) DEFAULT NULL ,
  PRIMARY KEY (id)
) ;
CREATE TABLE members_detail (
  member_id number (11) DEFAULT 0,
  address varchar2(255) DEFAULT NULL ,
  telephone varchar2(16) DEFAULT NULL ,
  description  varchar2(255)
) ;
```

这两个表的结构如下：

```
SQL> desc members;
名称              空值            类型
------          --------        --------------
ID              NOT NULL        NUMBER(11)
USERNAME                        VARCHAR2(255)
PASSWORD                        VARCHAR2(255)
LAST_LOGIN_TIME                 DATE
LAST_LOGIN_IP                   VARCHAR2(255)


SQL> DESC members_detail;
 名称             空值           类型
-----------      --            -------------
MEMBER_ID                       NUMBER(11)
ADDRESS                         VARCHAR2(255)
TELEPHONE                       VARCHAR2(16)
DESCRIPTION                     VARCHAR2(255)
```

如果需要查询会员的详细信息，可以用会员的 id 来查询。如果需要将会员的基本信息和详细信息同时显示，可以将 members 表和 members_detail 表进行联合查询，查询语句如下：

```
SELECT * FROM members LEFT JOIN members_detail ON members.id =
members_detail.member_id;
```

通过这种分解可以提高表的查询效率。对于字段很多且有些字段使用不频繁的表，可以通过这种分解的方式来优化数据库的性能。

18.3.2　增加中间表

对于需要经常联合查询的表，可以建立中间表以提高查询效率。通过建立中间表，把需要经常联合查询的数据插入中间表中，然后将原来的联合查询改为对中间表的查询，以此来提高查询效率。本小节将为读者介绍增加中间表优化查询的方法。

首先，分析经常联合查询的表中的字段。然后，使用这些字段建立一个中间表，并将原来联合查询的表的数据插入中间表中。最后，使用中间表来进行查询。

【例 18.8】创建会员信息表和会员组信息表的 SQL 语句如下：

```
CREATE TABLE vip(
  id number(11) NOT NULL,
  username varchar2(255) DEFAULT NULL,
  password varchar2(255) DEFAULT NULL,
  groupId number (11) DEFAULT 0,
  PRIMARY KEY (Id)
) ;
CREATE TABLE vip_group (
  Id  number(11) NOT NULL,
  name varchar2(255) DEFAULT NULL,
  remark varchar2(255) DEFAULT NULL,
  PRIMARY KEY (Id)
) ;
```

查询会员信息表和会员组信息表：

```
SQL> DESC vip;
名称              空值              类型
------          --------          -------------
ID              NOT NULL          NUMBER(11)
USERNAME                          VARCHAR2(255)
PASSWORD                          VARCHAR2(255)
GROUPID                           NUMBER(11)

SQL> DESC vip_group;
名称              空值              类型
------          --------          -------------
ID              NOT NULL          NUMBER(11)
NAME                              VARCHAR2(255)
REMARK                            VARCHAR2(255)
```

已知现在有一个模块需要经常查询带有会员组名称、会员组备注（remark）、会员用户名等会员信息。根据这种情况可以创建一个 temp_vip 表。temp_vip 表中存储用户名（user_name）、会员组名称（group_name）和会员组备注（group_remark）等信息。创建表的语句如下：

```
CREATE TABLE temp_vip (
  id number (11) NOT NULL,
  user_name varchar2(255) DEFAULT NULL,
  group_name varchar2(255) DEFAULT NULL,
  group_remark varchar2(255) DEFAULT NULL,
  PRIMARY KEY (Id)
```

```
);
```

接下来，把从会员信息表和会员组表中查询到的相关信息存储到临时表中：

```
SQL> INSERT INTO temp_vip(user_name, group_name, group_remark)
    SELECT v.username,g.name,g.remark
    FROM vip v ,vip_group g
    WHERE v.groupId =g.Id;
```

以后，可以直接从 temp_vip 表中查询会员名、会员组名称和会员组备注，而不用每次都进行联合查询。这样可以提高数据库的查询速度。

18.3.3　增加冗余字段

设计数据表时应尽量遵循范式理论的规约，尽可能减少冗余字段，让数据库的设计看起来精致、优雅。但是，合理地加入冗余字段可以提高查询速度。本小节将为读者介绍通过增加冗余字段来优化查询速度的方法。

数据表的规范化程度越高，表与表之间的关系就越多，需要连接查询的情况也就越多。例如，员工的信息存储在 staff 表中，部门信息存储在 department 表中。通过 staff 表中的 department_id 字段与 department 表建立关联关系。如果要查询一个员工所在部门的名称，就必须从 staff 表中查找员工所在部门的编号（department_id），然后根据这个编号去 department 表查找部门的名称。如果经常需要进行这个操作，连接查询会浪费很多时间。可以在 staff 表中增加一个冗余字段 department_name，该字段用来存储员工所在部门的名称，这样就不用每次都进行连接操作了。

> **提　示**
>
> 冗余字段会导致一些问题。比如，冗余字段的值在一个数据表中被修改了，就要想办法在其他表中更新该字段。否则就会使原本一致的数据变得不一致。分解表、增加中间表和增加冗余字段都浪费了一定的磁盘空间。从数据库性能来看，为了提高查询速度而增加少量的冗余大部分时候是可以接受的。是否通过增加冗余来提高数据库的性能，这要根据实际需求综合分析。

18.3.4　优化插入记录的速度

插入记录时，影响插入速度的主要是索引、唯一性校验、一次插入记录的条数等。根据这些情况可以分别进行优化。本小节将为读者介绍优化插入记录速度的几种方法。

对于 MyISAM 引擎的表，常见的优化方法如下：

1. 禁用索引

对于非空表，插入记录时，Oracle 会根据表的索引对插入的记录建立索引。如果插入大量数据，建立索引会降低插入记录的速度。为了解决这种情况，可以在插入记录之前禁用索引，数据插入完毕后再开启索引。禁用索引的语句如下：

```
ALTER index index_name  unusable;
```

其中 index _name 是禁用索引的名称。

重新开启索引的语句如下：

```
ALTER index index_name usable;
```

2. 禁用唯一性检查

插入数据时，Oracle 会对插入的记录进行唯一性校验。这种唯一性校验会降低插入记录的速度。为了降低这种情况对查询速度的影响，可以在插入记录之前禁用唯一性检查，等到记录插入完毕后再开启。禁用唯一性检查的语句如下：

```
ALTER TABLE table_name
DISABLE CONSTRAINT constraint_name;
```

其中 table_name 是数据表的名称，constraint_name 是唯一性约束的名称。

开启唯一性检查的语句如下：

```
ALTER TABLE table_name
ENABLE CONSTRAINT constraint_name;
```

3. 使用批量插入

插入多条记录时，可以使用一条 INSERT 语句插入一条记录，也可以使用一条 INSERT 语句插入多条记录。插入一条记录的示例 INSERT 语句如下：

```
INSERT INTO fruits VALUES('x1', '101 ', 'mongo2 ', '5.6');
INSERT INTO fruits VALUES('x2', '101 ', 'mongo3 ', '5.6')
INSERT INTO fruits VALUES('x3', '101 ', 'mongo4 ', '5.6')
```

使用一条 INSERT 语句插入多条记录的示例如下：

```
INSERT INTO fruits VALUES
SELECT 'x1', '101 ', 'mongo2 ', '5.6' from dual
Union all
SELECT 'x2', '101 ', 'mongo3 ', '5.6' from dual
Union all
SELECT 'x3', '101 ', 'mongo4 ', '5.6' from dual;
```

第 2 种方式的插入速度要比第 1 种方式的插入速度快。

18.4　优化 Oracle 服务器

优化 Oracle 服务器主要从两个方面来优化，一方面是对硬件进行优化，另一方面是对 Oracle 服务的参数进行优化。这部分内容需要较全面的知识，一般只有专业的数据库管理员才能进行这一类的优化。对于可以定制参数的操作系统，也可以针对 Oracle 进行操作系统优化。本节将为读者介绍优化 Oracle 服务器的方法。

18.4.1　优化服务器硬件

服务器的硬件性能直接决定着 Oracle 数据库的性能。硬件的性能瓶颈直接决定 Oracle 数据库的运行速度和效率。针对性能瓶颈，提高硬件配置可以提高 Oracle 数据库查询、更新的速度。本小节将为读者介绍优化服务器硬件的方法。

（1）配置较大的内存。足够大的内存是提高 Oracle 数据库性能的方法之一。内存的速度比磁盘 I/O 快得多，可以通过增加系统的缓冲区容量使数据在内存停留的时间更长，以减少磁盘 I/O。

（2）配置高速磁盘系统，以减少读盘的等待时间，提高响应速度。

（3）合理分布磁盘 I/O，把磁盘 I/O 分散在多个设备上，以减少资源竞争，提高并行操作的能力。

（4）配置多处理器，Oracle 是多线程的数据库，多处理器可同时执行多个线程。

18.4.2　优化 Oracle 的参数

通过优化 Oracle 的参数可以提高资源利用率，从而达到提高 Oracle 服务器性能的目的。为了访问数据库中的数据，Oracle 数据库为所有用户提供一组后台进程，并且有一些存储结构专门用来存储最近的有关对数据库访问的数据。这些存储区域可以通过减少对数据库文件的 I/O 次数来改善数据库的性能。

数据库实例就是用来访问数据库文件集的一个存储结构以及后台进程的集合。它使一个单独的数据库可以被多个实例访问。决定实例的组成以及大小的参数存储在文件 init.ora 中。这个文件在实例启动时需要加载，也可以在运行中被加载。

通常需要设置的参数如下：

1. DB_BLOCK_BUFFERS

该参数决定了数据库缓冲区的大小，这部分内存的作用主要是在内存中缓存从数据库中读取的数据块，数据库缓冲区越大，为用户在内存中的共享数据提供的内存就越大，这样可以减少所需要的磁盘物理读写次数。

2. shared_pool_size

参数 shared_pool_size 的作用是缓存已经被解析过的 SQL 语句，使其能被重用，而不用再解析。SQL 语句的解析非常消耗 CPU 的资源，如果一条 SQL 语句已经存在，那么进行的仅是软解析，这将大大提高数据库的运行效率。当然，这部分内存也并非越大越好，如果分配的内存太大，Oracle 数据库为了维护共享结构，将付出更大的管理开销。

这个参数的设置建议在 150MB～500MB。如果系统内存为 1GB，该值可设为 150MB～200MB；如果为 2GB，该值建议设为 250MB～300MB；每增加 1GB 内存，该值增加 100MB；但该值最大不应超过 500MB。

3. sort_area_size

该参数是当查询需要排序时，Oracle 将使用这部分内存进行排序，当内存不足时，使用临时表空间进行排序。这个参数是针对会话（Session）设置的，不是针对整个数据库。即如果应用有 170 个数据库连接，假设这些连接都进行排序操作，那么 Oracle 会分配 1360MB（8×170）的内存进行排序，而这些内存是在 Oracle 的 SGA 区之外分配的，即如果 SGA 区分配了 1.6GB 内存，Oracle 还需要额外的 1.3GB 内存进行排序。

建议该值设置不超过 3MB，当物理内存为 1GB 时，该值宜设为 1MB 或更低（如 512KB）；当物理内存为 2GB 时可设为 2MB。但不论物理内存多大，该值也不应超过 3M。

4. sort_area_retained_size

这个参数的含义是当排序完成后，至少为会话继续保留排序内存的最小值，该值最大可设为等于 sort_area_size。这样设置的好处是可以提高系统性能，因为下次再进行排序操作时不需要再临时申请内存，缺点是如果 sort_area_size 设置得过大并且会话数很多时，将导致系统内存不足。建议该值设置为 sort_area_size 的 10%～20%，或者不设置（默认为 0）。

5. log_buffer

log_buffer 是重做日志缓冲区，对数据库的任何修改都按顺序被记录在该缓冲中，然后由进程将它写入磁盘。当用户提交后，有 1/3 重做日志缓冲区未被写入磁盘。建议不论物理内存多大，该值统一设置为 1MB。

6. SESSION_CACHED_CURSOR

该参数指定要高速缓存的会话游标的数量。对同一条 SQL 语句进行多次语法分析后，它的会话游标将被移到该会话的游标高速缓存中。这样可以缩短语法分析的时间，因为游标被高速缓存，无须重新打开。设置该参数有助于提高系统的运行效率，建议无论在任何平台都应被设为 50。

7. re_page_sga

该参数表示将把所有 SGA 加载到内存中，以便使该实例迅速达到最佳性能状态。这将增加例程启动和用户登录的时间，但在内存充足的系统上能减少缺页故障的出现。建议在 2GB 以上（含 2GB）内存的系统中都将该值设为 true。

8. ML_LOCKS

该参数表示所有用户获取的表锁的最大数量。对每个数据表执行 DML 操作均需要一个 DML 锁。例如，如果 3 个用户修改两个表，就要求该值为 6。该值过小可能会引起死锁问题。建议该参数不应该低于 600。

9. DB_FILE_MULTIBLOCK_READ_ COUNT

该参数主要同全表扫描有关。当 Oracle 在请求大量连续数据块的时候，该参数控制块的读入速率。该参数能对系统性能产生较大的影响，建议把 DB_FILE_MULTIBLOCK_READ_COUNT 设为 8。

10. OPEN_CURSORS

指定一个会话一次可以打开游标的最大数量，并且限制游标高速缓存的大小，以避免用户再次执行语句时重新进行语法分析。建议将该值设置得足够高，这样才能防止应用程序耗尽打开的游标。此值建议设置为 250～300。

合理地配置这些参数可以提高 Oracle 服务器的性能。配置完参数以后，需要重新启动 Oracle 服务才会生效。

18.5　疑难解惑

疑问 1：是不是索引建立得越多越好？

答：合理的索引可以提高查询的速度，但不是索引越多越好。在执行插入语句的时候，Oracle 要为新插入的记录建立索引。所以过多的索引会导致插入操作变慢。原则上只有查询用的字段才建立索引。

疑问 2：为什么查询语句中的索引没有起作用？

答：在一些情况下，查询语句中使用了带有索引的字段，但索引并没有起作用。例如，WHERE 条件的 LIKE 关键字匹配的字符串以"%"开头，这种情况下索引不会起作用。又如，WHERE 条件中，使用 OR 关键字连接查询条件，如果有一个字段没有使用索引，那么其他的索引也不会起作用。如果使用多列索引，但没有使用多列索引中的第一个字段，那么多列索引也不会起作用。

18.6　经典习题

（1）练习修改系统全局区。

（2）练习修改进错全局区。

（3）分析查询遇见的执行计划。

（4）练习将很大的数据表分解成多个表，并观察分解表对性能的影响。

（5）练习使用中间表优化查询。

（6）练习优化 Oracle 服务器的配置参数。

第**19**章

Java 操作 Oracle 数据库

学习目标 Objective

Java 是由 Sun 公司开发的面向对象的程序设计语言。Java 技术具有卓越的通用性、高效性、平台移植性和安全性，广泛应用于 PC、数据中心、游戏控制台、科学超级计算机、移动电话和互联网，同时拥有全球最大的开发者专业社群。Java 语言可以通过 Oracle 数据库的接口操作 Oracle 数据库。

内容导航 Navigation

- 了解 JDBC 的基本概念
- 掌握 Java 连接 Oracle 数据库的方法
- 掌握 Java 操作 Oracle 数据库的方法

19.1　JDBC 概述

在 Java 程序中，对数据库的操作都是通过 JDBC 组件完成的。JDBC 在 Java 程序和数据库之间充当一个桥梁的作用。Java 程序可以通过 JDBC 向数据库发出命令，数据库管理系统获得命令后，执行请求，并将请求结果通过 JDBC 返回给 Java 程序。

JDBC（Java Data Base Connectivity，Java 数据库连接）是一种用于执行 SQL 语句的 Java API，可以为多种关系数据库提供统一访问，它由一组用 Java 语言编写的类和接口组成。JDBC 提供了一种基准，据此可以构建更高级的工具和接口，使数据库开发人员能够使用纯 Java 语言编写完整的数据库应用程序。

JDBC 是 Sun 提供的一套数据库编程接口 API 函数，由 Java 语言编写的类、界面组成。用 JDBC 写的程序能够自动地将 SQL 语句传送给相应的数据库管理系统。不但如此，使用 Java 编写的应用程序还可以在任何支持 Java 的平台上运行，不必在不同的平台上编写不同的应用。

JDBC 主要完成以下工作：

（1）完成数据库的连接创建。

（2）传送 SQL 命令给数据库，完成数据库操作及数据表操作。

（3）接受和处理数据库所执行的结果。

JDBC 在使用中常见的有以下 3 类：

1. JDBC-ODBC 桥连接（JDBC-ODBC Bridge）

本套连接是 SUN 在 JDK 的开发包中提供的最标准的一套 JDBC 操作类库。要在 JDBC 与数据库之间进行有效的连接访问，中间要经过一个 ODBC 的连接，但这意味着整体的性能将会降低，当读者接触的项目很大或者用户很多的时候，维护 ODBC 所需的工作量庞大而繁杂，需要 JDBC 于 ODBC 之前进行数据之间的传递与转换，容易造成性能的下降。所以，在开发中是绝对不会使用 JDBC-ODBC 的连接方式的。但 ODBC 连接简单易学，所以初学者学习 JDBC 时可以从 ODBC 开始。

2. JDBC 连接

使用各个数据库提供商给定的数据库驱动程序完成 JDBC 的开发，这个时候需要在 classpath 中配置数据库的驱动程序。这种数据连接方式在性能上比 JDBC-ODBC 桥连接要好很多。Java 是利用本地的函数库与数据库驱动程序的函数库进行沟通，因而能够大大提升效率。但同样，在进行数据库的连接时，用户必须有 JDBC 的驱动程序以及数据库驱动程序的函数库，而且不同的数据库拥有多个不同的驱动程序。在进行数据维护时，工作量是很大的。

有了 JDBC，向各种关系数据库发送 SQL 语句就是一件很容易的事。只要数据库厂商支持 JDBC，并为数据库预留 JDBC 接口驱动程序，就不必为访问 Oracle 数据库专门编写一个程序。Java 程序访问 Oracle 数据库的过程如图 19-1 所示。

图 19-1　Java 程序访问 Oracle 数据库的过程

其中 ojdbc6.jar 是 JDBC 的驱动程序，由 Oracle 数据库开发商提供。

3. JDBC 网络连接

这种连接方式主要使用网络连接数据库，这就要求驱动程序必须有一个中间层服务器（Middleware Server）。用户与数据库沟通时会通过此中间层服务器与数据库连接。而且这种连接方式只需要同中间层服务器进行有效连接，便可以连接上数据库，所以在更新维护时会大大地减少工作量。

19.2　Java 连接数据库

连接数据库之前，需要加载数据库驱动程序，然后通过 Connection 接口和 DriverManager 类连接数据库和控制数据源。本节将详细讲述具体的操作方法和技巧。

19.2.1　加载数据库驱动程序

不同的数据库供应商拥有不同数据库的驱动程序。Oracle 数据库软件提供了 Java 环境下的数据库驱动程序。首先找到 Oracle 目标目录下的 db_1 文件夹，可以看到提供给 Java 的驱动程序包 jdbc，打开 jdbc 中的 lib 文件夹，其中的 ojdbc8.jar 就是我们需要的驱动程序，如图 19-2 所示。

图 19-2　Oracle 提供的驱动程序

如果此时使用命令行的方式开发，就需要在属性中增加 Classpath，具体操作步骤如下：

01 在桌面上右击【此电脑】图标，在弹出的快捷菜单中选择【属性】菜单命令，如图 19-3 所示。

02 打开【系统】窗口，并选择【高级系统设置】链接，如图 19-4 所示。

图 19-3　【此电脑】属性菜单

图 19-4　【系统】窗口

03 打开【系统属性】对话框，并选择【高级】选项卡，如图 19-5 所示。

04 单击【环境变量】按钮，打开【环境变量】对话框，在【Administrator 的用户变量】列表中单击【新建】按钮，如图 19-6 所示。

图 19-5　【系统属性】对话框

图 19-6　【环境变量】对话框

05 打开【新建用户变量】对话框，在【变量名】中输入 "Classpath"，在【变量值】中输入驱动程序所在的路径 "D:\WINDOWS.X64_193000_db_home\jdbc\lib\ojdbc8.jar"，如图 19-7 所示。

图 19-7　【新建用户变量】对话框

06 添加完成之后，单击【确定】按钮，这样就完成了配置 Classpath 变量的操作，如图 19-8

所示。

图 19-8 配置 Classpath 变量

如果使用 Eclipse 开发工具,则直接在项目的属性中增加需要的类库文件即可,如图 19-9 所示。

图 19-9 添加数据库驱动程序

提　示
如果没有把 ojdbc8.jar 文件加载到工程中,就会提示数据库驱动有问题。上面的方法是临时的,用户可以把该包文件直接复制到工程下,然后加载即可。

19.2.2 以 Thin 方式连接 Oracle 数据库

企业中 Java 连接 Oracle 常用的是第 4 类驱动,也叫 JDBC Thin 类型。该方式主要是通过包含在 Java API 包下的 Class 类中的方法进行的。在 JDBC 的操作过程中,进行数据库连接的主要步骤如下：

（1）通过 Class.forName()加载数据库的驱动程序。首先需要利用来自 Class 类中的静态方法 forName()加载需要使用的 Driver 类。

（2）通过 DriverManager 类进行数据库的连接。成功加载 Driver 类以后，Class.forName()会向 DriverManager 注册该类，此时可通过 DriverManager 中的静态方法 getConnection 建立数据库的连接。同时，连接的时候需要输入数据库的连接地址、用户名、密码。

（3）通过 Connection 接口接收连接。当成功进行数据库的连接之后，getConnection 方法会返回一个 Connection 的对象，而 JDBC 主要就是利用这个 Connection 对象与数据库进行沟通的。

（4）此时输出的是一个对象，表示数据库已经连接上了。

【例 19.1】 连接本地计算机的 Oracle 数据库，Oracle 使用的端口号是 1521，连接的数据库为 orcl，使用用户 sys 连接，密码为"fei123456"。连接 Oracle 的语句如下：

创建数据库连接类，代码如下：

```java
import java.sql.Connection;
import java.sql.DriverManager;
import java.sql.SQLException;

public class ConnectJDBC {
    // 驱动程序就在 classpath 指向目录下的 jdbc 驱动程序的 jar 包中
    public static final String DBDRIVER = "oracle.jdbc.driver.OracleDriver";
    // 连接地址是由各个数据库生产商单独提供的，所以需要单独记住
    public static final String DBURL =
"jdbc:oracle:thin:@localhost:1521:orcl";
    // 连接数据库的用户名
    public static final String DBUSER = "sys";
    // 连接数据库的密码
    public static final String DBPASS = "fei123456";
    public static void main(String[] args) throws Exception {
        Connection conn = null;        // 表示数据库连接的对象
        // 1. 使用 Class 类加载驱动程序
        Class.forName(DBDRIVER);
        // 2. 连接数据库
        conn = DriverManager.getConnection(DBURL, DBUSER, DBPASS);
        System.out.println(conn);
        // 3. 关闭数据库
        conn.close();
    }
}
```

19.2.3　以 JDBC-ODBC 桥方式连接 Oracle 数据库

如果用户计算机上有 ODBC 驱动程序，并且已经安装了 Oracle 用户端程序，就可以使用 JDBC-ODBC 桥方式连接 Oracle 数据库。具体操作步骤如下：

01 单击【开始】按钮，在弹出的菜单中选择【控制面板】选项，打开【控制面板】窗口，如图 19-10 所示。

图 19-10　【控制面板】窗口

02 选择【管理工具】选项，打开【管理工具】窗口，如图 19-11 所示。

图 19-11　【管理工具】窗口

03 双击【ODBC 数据源】选项，打开【ODBC 数据源管理程序】对话框，如图 19-12 所示。

图 19-12　【ODBC 数据源管理程序】对话框

04 选择【系统 DSN】选项卡，然后单击【添加】按钮，打开【创建新数据源】对话框，如图 19-13 所示。

图 19-13　【创建新数据源】对话框

05 选择【Oracle in OraDB19Home1】选项，打开【Oracle ODBC Driver Configuration】对话框，输入相关的信息后，单击【OK】按钮即可，如图 19-14 所示。

图 19-14　【Oracle ODBC Driver Configuration】对话框

在该对话框中，在【Data Source Name】文本框中输入数据源的名称，根据实际情况输入即可；在【Description】文本框中输入对数据源的描述；在【TNS Service Name】文本框中输入服务器名称，如果 Oracle 服务器和 ODBC 数据源在一台计算上，此处输入的服务器名称就是 SID；UserID 是指用户名。

06 ODBC 数据源配置完成后，只需要修改数据库连接属性文件，修改如下：

```
#Oracle,jdbc-odbc
drivers=sun.jdbc.odbc.JdbcOdbcDriver
url=jdbc:odbc:Oracle
user=用户名
pwd=用户密码
```

其中 url 对应的值是配置数据源的名称。

19.3　Java 操作 Oracle 数据库

连接 Oracle 数据库以后，就可以对 Oracle 数据库中的数据进行查询、插入、更新和删除等操作。Statement 接口主要用来执行 SQL 语句。SQL 语句执行后返回的结果由 ResultSet 接口管理。Java 主要通过这两个接口来操作数据库。

19.3.1　创建 Statement 对象

Connection 对象调用 createStatement()方法来创建 Statement 对象，该方法的语法格式如下：

```
Statement mystatement=connection.createStatement();
```

其中 mystatement 是 Statement 对象，connection 是 Connection 对象，createStatement()方法返回 Statement 对象。通过这个 Java 语句就可以创建 Statement 对象。Statement 对象创建成功后，可以调用其中的方法来执行 SQL 语句。

19.3.2　使用 SELECT 语句查询数据

Statement 对象创建完成后，就可以调用 executeQuery()方法执行 SELECT 语句，查询结果会返回给 ResultSet 对象。调用 executeQuery()方法的语法格式如下：

```
ResultSet rs = statement.executeQuery("SELECT 语句");
```

通过该语句可以将查询结果存储到 rs 中。如果查询包括多条记录，可以使用循环语句来读取所有的记录。示例代码如下：

```
while(rs.next()){
    String ss=rs.getString("字段名");
    System.out.print(ss);
}
```

其中"字段名"参数表示查询出来的记录的字段名称。调用 getString()函数可以将指定字段的值取出来。

【例 19.2】从 fruits 表中查询水果的名称和价格。示例代码如下：

```
Statement mystatement=connection.createStatement();        //创建 Statement 对象
//执行 SELECT 语句，并且将查询结果传递到 Statement 对象中
ResultSet rs = statement.executeQuery("SELECT f_name,f_price FROM fruits");
while(rs.next()){                                          //判断是否还有记录
    String fn=rs.getString("f_name");                     //获取 f_name 字段的值
    String fp=rs.getString("f_price");                    //获取 f_name 字段的值
    System.out.print(fn+" "+ fp);                         //输出字段的值
}
```

19.3.3 插入、更新和删除数据

若要插入、更新和删除数据，就需要 Statement 对象调用 executeUpdate()方法来实现，该方法执行后，返回影响数据表的行数。

调用 executeUpdate()方法的语法格式如下：

```
int result=statement.executeUpdate(sql);
```

其中，sql 参数可以是 INSERT 语句，也可以是 UPDATE 语句或者 DELECT 语句。该语句的结果为数字。

【例 19.3】向 fruits 表中插入一条新记录，示例代码如下：

```
Statement mystatement=connection.createStatement();        //创建 Statement 对象
String sql="INSERT INTO fruits VALUES ('h1',166,'blackberry',20.2);  //获取
INSERT 语句
int result=statement.executeUpdate(sql);          //执行 INSERT 语句，返回插入的记录数
System.out.print(result);                         //输出插入的记录数
```

上述代码执行后，新记录将插入 fruits 表中，同时返回数字 1。

【例 19.4】更新 fruits 表中 f_id 为'h1'的记录，将该记录的 f_price 改为 33.5，示例代码如下：

```
Statement mystatement=connection.createStatement();        //创建 Statement 对象
String sql="UPDATE fruits SET f_price=33.5 WHERE f_id='h1';  //获取 UPDATE 语
句
int result=statement.executeUpdate(sql);        //执行 UPDATE 语句，返回更新的记录数
System.out.print(result);                        //输出更新的记录数
```

上述代码执行后，f_id 为'h1'的记录被更新，同时返回数字 1。

【例 19.5】删除 fruits 表中 f_id 为'h1'的记录，示例代码如下：

```
Statement mystatement=connection.createStatement();     //创建 Statement 对象
String sql="DELECT FROM fruits WHERE f_id='h1';         //获取 DELECT 语句
int result=statement.executeUpdate(sql);        //执行 DELECT 语句，返回删除的记录数
System.out.print(result);                       //输出删除的记录数
```

上述代码执行后，f_id 为'h1'的记录被删除，同时返回数字 1。

19.3.4 执行任意 SQL 语句

如果无法确定 SQL 语句是查询还是更新，可以调用 execute()函数。该函数的返回结果是 Boolean 类型的值，返回值为 true 表示执行查询语句，返回值为 false 表示执行更新语句。下面是调用 execute()方法的代码：

```
boolean result=statement.execute(sql);
```

如果要获取 SELECT 语句的查询结果，需要调用 getResultSet()方法。要获取 INSERT 语句、UPDATE 语句或者 DELECT 语句影响数据表的行数，则需调用 getUpdateCount()方法。这两个方法的调用语句如下：

```
ResultSet result01=statement.getResultSet();
int result02= statement.getUpdate();
```

【例 19.6】调用 execute()函数执行 SQL 语句，示例代码如下：

```
Statement mystatement=connection.createStatement();    //创建 Statement 对象
sql=("SELECT f_name,f_price FROM fruits");         //定义 sql 变量，获取 SELECT 语句
boolean rst=statement.execute(sql);                    //执行 SELECT 语句
//如果执行 SELECT 语句，execute()方法就会返回 true
if(rst==true) {
    ResultSet result = statement. getResultSet();    //将查询结果传递给 result
    while(result.next()){                            //判断是否还有记录
        String fn=rs.getString("f_name");            //获取 f_name 字段的值
        String fp=rs.getString("f_price");           //获取 f_name 字段的值
        System.out.print(fn+" "+ fp);                //输出字段的值
    }
}
//如果执行 UPDATE 语句、INSERT 语句或者 DELECT 语句，execute()方法就会返回 false
else {
    int ss=stat.getUpdateCount();                    //获取发生变化的记录的条数
    System.out.println(ss);                          //输出记录的条数
}
```

若执行的是 SELECT 语句，则 rst 的值为 true，将执行 if 语句中的代码；如果执行的是 INSERT 语句、UPDATE 语句或者 DELECT 语句，则将执行 else 语句中的代码。

19.3.5　关闭创建的对象

当所有的语句执行完毕后，需要关闭创建的对象，包括 Connection 对象、Statement 对象和 ResultSet 对象。关闭对象的顺序是先关闭 ResultSet 对象，然后关闭 Statement 对象，最后关闭 Connection 对象，这个和创建对象的顺序是相反的。关闭对象调用的是 close()方法，将对象的值设为空。关闭对象的示例代码如下：

```
if(result!=null) {
    result.close();                //判断 ResultSet 对象是否为空
    result=null;                   //调用 close()方法关闭 ResultSet 对象
}
if(statement!=null) {
    statement.close();             //判断 Statement 对象是否为空
    statement=null;                //调用 close()方法关闭 Statement 对象
}
if(connection!=null) {
    connection.close();            //判断 Connection 对象是否为空
    connection =null;              //调用 close()方法关闭 Connection 对象
}
```

19.4   疑难解惑

疑问 1：执行查询语句后，如何获取查询到的记录的条数？

答：在 executeQuery()方法执行 SELECT 语句后，查询结果会返回给 ResultSet 对象，而该对象没有定义获取结果集中记录条数的方法。如果需要知道记录的条数，就需要使用循环读取的方法来计算记录的条数。假如 ResultSet 对象为 rst，可以使用下面的方法来计算记录的条数：

```
int a=0;
while(rst.next())
i++;
```

疑问 2：Java 如何备份与还原 Oracle 数据库？

答：Java 语言的 Runtime 类中的 exec()方法可以运行外部的命令。调用 exec()方法的代码如下：

```
Runtime rr=Runtime.getRuntime();
rr.exec("外部命令语句");
```

其中外部命令语句为备份与还原 Oracle 数据库的命令即可。

19.5   经典习题

（1）编写 DB.java 类连接 Oracle 数据库。

（2）操作 test 数据库下的 fruits 数据表，包括查询、插入、更新和删除操作。

（3）练习以 JDBC-ODBC 桥方式连接 Oracle 数据库。

第20章

项目实训1——设计新闻发布系统数据库

学习目标 | Objective

Oracle 数据库的使用非常广泛，很多网站和管理系统都使用 Oracle 数据库存储数据。本章主要讲述新闻发布系统的数据库设计过程。通过本章的学习，读者可以在新闻发布系统的设计过程中学会如何使用 Oracle 数据库。

内容导航 | Navigation

- 了解新闻发布系统
- 熟悉新闻发布系统的功能
- 掌握如何设计新闻发布系统的数据表
- 掌握如何设计新闻发布系统的索引
- 掌握如何设计新闻发布系统的视图
- 掌握如何设计新闻发布系统的触发器

20.1　系统概述

本章介绍的是一个小型的新闻发布系统，管理员可以通过该系统发布新闻信息、管理新闻信息。一个典型的新闻发布系统网站至少应包含新闻信息管理、新闻信息显示和新闻信息查询 3 种功能。

新闻发布系统所要实现的功能具体包括：新闻信息添加、新闻信息修改、新闻信息删除、显示全部新闻信息、按类别显示新闻信息、按关键字查询新闻信息、按关键字进行站内查询。

一个简单的新闻信息发布系统具有以下特点：

- 实用：系统实现了一个完整的信息查询过程。
- 简单易用：为了使用户尽快掌握和使用整个系统，系统结构简单，但功能齐全，简洁的页面设计使操作起来非常简便。
- 代码规范：作为一个实例，文中的代码规范简洁、清晰易懂。

本系统主要有发布新闻信息、管理用户、管理权限、管理评论等功能。这些信息的录入、查询、修改和删除等操作都是该系统重点解决的问题。

本系统的主要功能包括以下几点：

（1）具有用户注册及个人信息管理功能。

（2）管理员可以发布新闻、删除新闻。

（3）用户注册后可以对新闻进行评论、发表留言。

（4）管理员可以管理留言和对用户进行管理。

20.2 系统功能

新闻发布系统分为 5 个管理部分，即用户管理、管理员管理、权限管理、新闻管理和评论管理。本系统的功能模块如图 20-1 所示。

图 20-1 系统功能模块图

图 20-1 中模块的详细介绍如下：

（1）用户管理模块：实现新增用户，查看和修改用户信息的功能。
（2）管理员管理模块：实现新增管理员，查看、修改和删除管理员信息的功能。
（3）权限管理模块：实现对管理员、管理的模块和管理的评论的赋权功能。
（4）新闻管理模块：实现有相关权限的管理员对新闻的增加、查看、修改和删除的功能。
（5）评论管理模块：实现有相关权限的管理员对评论的审核和删除的功能。

通过本节的介绍，读者对这个新闻发布系统的主要功能有了一定的了解，下一节将会向读者介绍本系统所需要的数据库及其数据表。

20.3　数据库设计和实现

数据库设计是开发管理系统一个重要的步骤。如果数据库设计得不够合理，就会为后续的开发工作带来很大的麻烦。本节为读者介绍新闻发布系统的数据库开发过程。

数据库设计时要确定设计哪些数据表、数据表中包含哪些字段、字段的数据类型和长度。通过本节的学习，读者可以对 Oracle 数据库的知识有全面的了解。

20.3.1　设计数据表

数据库下总共存放 9 个数据表，分别是 user、admin、roles、news、category、comment、admin_Roles、news_Comment 和 users_Comment。

1. user 表

user 表中存储用户 ID、用户名、密码和用户 Email 地址，所以 user 表设计了 4 个字段。user 表每个字段的信息如表 20-1 所示。

表 20-1　user 表的内容

字段名称	数据类型	允许 NULL 值	说　明
userID	NUMBER（9）	否	用户编号
userName	VARCHAR2(20)	否	用户名称
userPassword	VARCHAR2(20)	否	用户密码
userEmail	VARCHAR2(20)	否	用户 Email

根据表 20-1 的内容创建 user 表。创建 user 表的 SQL 语句如下：

```
CREATE TABLE user(
 userID NUMBER（9） PRIMARY KEY UNIQUE NOT NULL,
 userName VARCHAR2(20) NOT NULL,
 userPassword VARCHAR2(20) NOT NULL,
 userEmail VARCHAR2(20) NOT NULL
);
```

创建完成后，可以使用 DESC 语句查看 user 表的基本结构。

2. admin 表

管理员信息（admin）表主要用来存放用户账号信息，如表 20-2 所示。

表 20-2　admin 表的内容

字段名称	数据类型	允许 NULL 值	说　明
adminID	NUMBER（9）	否	管理员编号
adminName	VARCHAR2(20)	否	管理员名称
adminPassword	VARCHAR2(20)	否	管理员密码

根据表 20-2 的内容创建 admin 表。创建 admin 表的 SQL 语句如下：

```
CREATE TABLE admin(
  adminID NUMBER（9）PRIMARY KEY UNIQUE NOT NULL,
  adminName VARCHAR2(20) NOT NULL,
  adminPassword VARCHAR2(20) NOT NULL
);
```

创建完成后，可以使用 DESC 语句查看 admin 表的基本结构。

3. roles 表

权限信息（roles）表主要用来存放权限信息，如表 20-3 所示。

表 20-3　roles 表的内容

字段名称	数据类型	允许 NULL 值	说　明
roleID	NUMBER（9）	否	权限编号
roleName	VARCHAR2(20)	否	权限名称

根据表 20-3 的内容创建 roles 表。创建 roles 表的 SQL 语句如下：

```
CREATE TABLE roles(
  roleID NUMBER（9）PRIMARY KEY UNIQUE NOT NULL,
  roleName VARCHAR2(20) NOT NULL
);
```

创建完成后，可以使用 DESC 语句查看 roles 表的基本结构。

4. news 表

新闻信息（news）表主要用来存放新闻信息，如表 20-4 所示。

表 20-4　news 表的内容

字段名称	数据类型	允许 NULL 值	说　明
newsID	NUMBER（9）	否	新闻编号
newsTitle	VARCHAR2(50)	否	新闻标题
newsContent	VARCHAR2(500)	否	新闻内容
newsDate	DATE	是	发布时间
newsDesc	VARCHAR2(50)	否	新闻描述

（续表）

字段名称	数据类型	允许 NULL 值	说　明
newsImagePath	VARCHAR2(50)	是	新闻图片路径
newsRate	VARCHAR2(50)	否	新闻级别
newsIsCheck	VARCHAR2(2)	否	新闻是否检验
newsIsTop	VARCHAR2(2)	否	新闻是否置顶

根据表 20-4 的内容创建 news 表。创建 news 表的 SQL 语句如下：

```
CREATE TABLE news(
  newsID NUMBER（9）PRIMARY KEY UNIQUE NOT NULL,
  newsTitle VARCHAR2(50) NOT NULL,
  newsContent VARCHAR2(500) NOT NULL,
  newsDate DATE,
  newsDesc VARCHAR2(50) NOT NULL,
  newsImagePath VARCHAR2(50),
  newsRate NUMBER（9）,
  newsIsCheck VARCHAR2(2),
  newsIsTop VARCHAR2(2)
);
```

创建完成后，可以使用 DESC 语句查看 news 表的基本结构。

5. category 表

栏目信息（category）表主要用来存放新闻栏目信息，如表 20-5 所示。

表 20-5　category 表的内容

字段名称	数据类型	允许 NULL 值	说　明
categoryID	NUMBER（9）	否	栏目编号
categoryName	VARCHAR2(50)	否	栏目名称
categoryDesc	VARCHAR2(50)	否	栏目描述

根据表 20-5 的内容创建 category 表。创建 category 表的 SQL 语句如下：

```
CREATE TABLE category (
  categoryID NUMBER（9）PRIMARY KEY UNIQUE NOT NULL,
  categoryName VARCHAR2(50) NOT NULL,
  categoryDesc VARCHAR2(50) NOT NULL
);
```

创建完成后，可以使用 DESC 语句查看 category 表的基本结构。

6. comment 表

评论信息（comment）表主要用来存放新闻评论信息，如表 20-6 所示。

表 20-6　comment 表的内容

字段名称	数据类型	允许 NULL 值	说　明
categoryID	NUMBER（9）	否	评论信息编号
commentTitle	VARCHAR2(50)	否	评论标题

（续表）

字段名称	数据类型	允许 NULL 值	说　明
commentContent	VARCHAR2(500)	否	评论内容
commentDate	DATE	否	评论日期

根据表 20-6 的内容创建 comment 表。创建 comment 表的 SQL 语句如下：

```
CREATE TABLE comment (
  commentID NUMBER(9) PRIMARY KEY UNIQUE NOT NULL,
  commentTitle VARCHAR2(50) NOT NULL,
  commentContent TEXT NOT NULL,
  commentDate DATE NOT NULL
);
```

创建完成后，可以使用 DESC 语句查看 comment 表的基本结构。

7. admin_Roles 表

管理员_权限（admin_Roles）表主要用来存放管理员和权限的关系，如表 20-7 所示。

表 20-7　admin_Roles 表的内容

字段名称	数据类型	允许 NULL 值	说　明
aRID	NUMBER（9）	否	管理员_权限编号
adminID	NUMBER（9）	否	管理员编号
roleID	NUMBER（9）	否	权限编号

根据表 20-7 的内容创建 admin_Roles 表。创建 admin_Roles 表的 SQL 语句如下：

```
CREATE TABLE admin_Roles (
  aRID NUMBER(9) PRIMARY KEY UNIQUE NOT NULL,
  adminID NUMBER(9) NOT NULL,
  roleID NUMBER(9) NOT NULL
);
```

创建完成后，可以使用 DESC 语句查看 admin_Roles 表的基本结构。

8. news_Comment 表

新闻_评论（news_Comment）表主要用来存放新闻和评论的关系，如表 20-8 所示。

表 20-8　news_Comment 表的内容

字段名称	数据类型	允许 NULL 值	说　明
nCommentID	NUMBER（9）	否	新闻_评论编号
newsID	NUMBER（9）	否	新闻编号
commentID	NUMBER（9）	否	评论编号

根据表 20-8 的内容创建 news_Comment 表。创建 news_Comment 表的 SQL 语句如下：

```
CREATE TABLE news_Comment (
  nCommentID NUMBER(9) PRIMARY KEY UNIQUE NOT NULL,
  newsID NUMBER(9) NOT NULL,
  commentID NUMBER(9) NOT NULL
```

```
);
```

创建完成后，可以使用 DESC 语句查看 news_Comment 表的基本结构。

9. users_Comment 表

用户_评论（users_Comment）表主要用来存放用户和评论的关系，如表 20-9 所示。

表 20-9　users_Comment 表的内容

字段名称	数据类型	允许 NULL 值	说　明
uCID	NUMBER（9）	否	用户_评论编号
userID	NUMBER（9）	否	用户编号
commentID	NUMBER（9）	否	评论编号

根据表 20-9 的内容创建 users_Comment 表。创建 users_Comment 表的 SQL 语句如下：

```
CREATE TABLE news_Comment (
 uCID  NUMBER(9) PRIMARY KEY UNIQUE NOT NULL,
 userID NUMBER(9) NOT NULL,
 commentID NUMBER(9) NOT NULL
);
```

创建完成后，可以使用 DESC 语句查看 users_Comment 表的基本结构。

20.3.2　设计索引

索引是创建在数据表上的，是对数据库中一列或者多列的值进行排序的一种结构。索引可以提高查询的速度。新闻发布系统需要查询新闻的信息，这就需要在某些特定字段上建立索引，以便提高查询速度。

1. 在 news 表上建立索引

在新闻发布系统中，需要按照 newsTitle 字段、newsDate 字段和 newsRate 字段查询新闻信息。在本书前面的章节中介绍了几种创建索引的方法。本小节将使用 CREATE INDEX 语句和 ALTER TABLE 语句创建索引。

下面使用 CREATE INDEX 语句在 newsTitle 字段上创建名为 index_new_title 的索引：

```
CREATE INDEX index_new_title ON news(newsTitle);
```

然后，使用 CREATE INDEX 语句在 newsDate 字段上创建名为 index_new_date 的索引：

```
CREATE INDEX index_new_date  ON news(newsDate);
```

最后，使用 ALTER TABLE 语句在 newsRate 字段上创建名为 index_new_rate 的索引：

```
ALTER TABLE news  ADD INDEX index_new_rate (newsRate);
```

2. 在 category 表上建立索引

在新闻发布系统中，需要通过栏目名称查询该栏目下的新闻，因此需要在这个字段上创建索引。创建索引的 SQL 语句如下：

```
CREATE INDEX index_category_name ON category (categoryName);
```

代码执行完成后，读者可以使用 SHOW CREATE TABLE 语句查看 category 表的详细信息。

3. 在 comment 表上建立索引

在新闻发布系统中，需要通过 commentTitle 字段和 commentDate 字段查询评论内容。因此，可以在这两个字段上创建索引。创建索引的 SQL 语句如下：

```
CREATE INDEX index_ comment _title  ON comment (commentTitle);
CREATE INDEX index_ comment _date  ON comment (commentDate);
```

代码执行完成后，读者可以通过 SHOW CREATE TABLE 语句查看 comment 表的结构。

20.3.3 设计视图

视图是由数据库中一个表或者多个表导出的虚拟表。其作用是方便用户对数据进行操作。在这个新闻发布系统中，设计了一个视图用于改善查询操作。

在新闻发布系统中，如果直接查询 news_Comment 表，显示信息时会显示新闻编号和评论编号。这种显示不直观，为了以后查询方便，可以建立一个视图 news_view。这个视图显示评论编号、新闻编号、新闻级别、新闻标题、新闻内容和新闻发布时间。创建视图 news_view 的 SQL 代码如下：

```
CREATE VIEW news_view
AS SELECT c.commentID,n.newsID,n.newsRate, n.newsTitle,n.newsContent,
n.newsDate
FROM news_Comment c,news n
WHERE news_Comment.newsID=news.newsID;
```

上面的 SQL 语句中给每个数据表都取了别名，news_Comment 表的别名为 c，news 表的别名为 n，这个视图从这两个表中取出相应的字段。视图创建完成后，可以使用 SHOW CREATE VIEW 语句查看 news_view 视图的详细信息。

20.3.4 设计触发器

触发器是由 INSERT、UPDATE 和 DELETE 等事件来触发某种特定的操作。满足触发器的触发条件时，数据库系统就会执行触发器中定义的程序语句。这样做可以保证某些操作之间的一致性。为了使新闻发布系统的数据更新得更加快速和合理，可以在数据库中设计几个触发器。

1. 设计 UPDATE 触发器

在设计数据表时，news 表和 news_Comment 表的 newsID 字段的值是一样的。如果 news 表中的 newsID 字段的值更新了，那么 news_Comment 表中的 newsID 字段的值必须同时更新。这可以通过一个 UPDATE 触发器来实现。创建 UPDATE_NEWSID 触发器的 SQL 代码如下：

```
CREATE TRIGGER UPDATE_NEWSID
AFTER UPDATE
ON news
```

```
FOR EACH ROW
  BEGIN
    UPDATE news_Comment SET newsID=NEW.newsID;
  END
```

其中 NEW.newsID 表示 news 表中更新的记录的 newsID 值。

2. 设计 DELETE 触发器

如果从 user 表中删除一个用户的信息，那么这个用户在 users_Comment 表中的信息必须同时删除。这可以通过一个 DELETE 触发器来实现。在 user 表上创建 DELETE_USER 触发器，只要执行 DELETE 操作，就可删除 users_Comment 表中相应的记录。创建 DELETE_USER 触发器的 SQL 语句如下：

```
CREATE TRIGGER DELETE_USER
AFTER DELETE
ON user
FOR EACH ROW
  BEGIN
    DELETE FROM users_Comment WHERE userID=OLD. userID;
  END
```

其中，OLD. userID 表示新删除的记录的 userID 值。

20.4　小　结

本章介绍了设计新闻发布涉及系统数据库的方法。本章的重点是数据库的设计部分。因为本书主要介绍 Oracle 数据库的使用，所以数据库设计部分是本章的主要内容。在数据库设计方面，不仅涉及表和字段的设计，还涉及索引、视图和触发器等内容。其中，为了提高数据表的查询速度，有意识在表中增加了冗余字段，这是数据库性能优化的内容。希望通过本章的学习，读者可以对 Oracle 数据库有一个全新的认识。

第21章

项目实训2——设计论坛管理系统数据库

随着论坛的出现，人们的交流有了新的变化。在论坛中，人们之间的交流打破了空间、时间的限制。在论坛系统中，用户可以注册成为论坛会员，取得发表言论的资格，也需要论坛信息管理工作系统化、规范化、自动化。通过这样的系统可以做到信息的规范管理、科学统计和快速地发表言论。为了实现论坛系统规范和运行稳健，需要数据库的设计非常合理才行。本章主要讲述论坛管理系统数据库的设计方法。

- 了解论坛系统
- 熟悉论坛系统的功能
- 掌握如何设计论坛系统的方案图表
- 掌握如何设计论坛发布系统的数据表
- 掌握如何设计论坛发布系统的索引
- 掌握如何设计论坛发布系统的视图
- 掌握如何设计论坛发布系统的触发器

21.1　系统概述

论坛又名BBS，全称为Bulletin Board System（电子公告板）或者Bulletin Board Service（公

告板服务），它是 Internet 上的一种电子信息服务系统。论坛提供一块公共电子白板，每个用户都可以在上面书写，可发布信息或提出看法。

论坛是一种交互性强、内容丰富而及时的电子信息服务系统。用户在 BBS 站点上可以获得各种信息服务、发布信息、进行讨论、聊天等。像日常生活中的黑板报一样，论坛按不同的主题分为许多版块，版块的设立依据是大多数用户的要求和喜好，用户可以阅读别人关于某个主题的看法，也可以将自己的想法毫无保留地贴到论坛中。随着计算机网络技术的不断发展，BBS 的功能越来越强大，目前 BBS 的主要功能有以下几点：

（1）供用户自我选择阅读若干感兴趣的专业组和讨论组内的信息。

（2）可随意检查是否有新消息发布并选择阅读。

（3）用户可在站点内发布消息或文章供他人查阅。

（4）用户可就站点内其他人的消息或文章进行评论。

（5）同一站点内的用户互通电子邮件，设定好友名单。

现实生活中的交流存在时间和空间上的局限性，交流人群范围的狭小以及间断的交流不能保证信息的准确性和可取性。因此，用户需要通过网上论坛，也就是 BBS 的交流扩大交流面，同时可以从多方面获得自己的及时需求。同时，信息时代迫切要求信息传播速度加快，局部范围的信息交流只会减缓前进的步伐。

BBS 系统的开发能为分散于五湖四海的人提供一个共同交流、学习、倾吐心声的平台，实现来自不同地方用户的极强的信息互动性，用户在获得自己所需要的信息的同时也可以广交朋友，拓展自己的视野和扩大自己的社交面。

论坛系统的基本功能包括用户信息的录入、查询、修改和删除，用户留言及头像的前台显示，管理员的登录。

21.2　系统功能

论坛管理系统的重要功能是管理论坛帖子的基本信息。通过本管理系统可以提高论坛管理员的工作效率。本节将详细介绍本系统的功能。

论坛系统主要分为 5 个管理部分，包括用户管理、管理员管理、版块管理、主帖管理和回复帖管理。本系统的功能模块图如图 21-1 所示。

图 21-1　系统功能模块图

图 21-1 中模块的详细介绍如下：

（1）用户管理模块：实现新增用户、查看和修改用户信息的功能。

（2）管理员管理模块：实现新增管理员，查看、修改和删除管理员信息的功能。

（3）版块管理模块：实现对管理员、管理的模块和管理的评论赋权的功能。

（4）主帖管理模块：实现对主帖的增加、查看、修改和删除功能。

（5）回复帖管理模块：实现有相关权限的管理员对回复帖的审核和删除的功能。

通过本节的介绍，读者对这个论坛系统的主要功能有了一定的了解，下一节会向读者介绍本系统所需要的数据库及其数据表。

21.3　数据库设计和实现

数据库设计时要确定设计哪些数据表、数据表中包含哪些字段、字段的数据类型和长度。本节主要讲述论坛数据库设计和实现的过程。

21.3.1 设计方案图表

在设计数据表之前，用户可以先设计出方案图表。

1. 用户表的 E-R 图

用户管理的表为 user，E-R 图如图 21-2 所示。

图 21-2 user 表的 E-R 图

2. 管理员表的 E-R 图

管理员管理的表为 admin，E-R 图如图 21-3 所示。

图 21-3 admin 表的 E-R 图

3. 版块表的 E-R 图

版块管理的表为 section，E-R 图如图 21-4 所示。

图 21-4　section 表的 E-R 图

4. 主帖表的 E-R 图

主帖管理的表为 topic，E-R 图如图 21-5 所示。

图 21-5　topic 表的 E-R 图

5. 回复帖表的 E-R 图

回复帖管理的表为 reply，E-R 图如图 21-6 所示。

图 21-6　reply 表的 E-R 图

21.3.2　设计数据表

数据库下总共存放 5 个数据表，分别是 user、admin、section、topic 和 reply。

1. user 表

user 表中存储用户 ID、用户名、密码和用户 Email 地址等，所以 user 表设计了 10 个字段。user 表每个字段的信息如表 21-1 所示。

表 21-1　user 表的内容

字段名称	数据类型	允许 NULL 值	说　明
uID	NUMBER(9)	否	用户编号
userName	VARCHAR2(20)	否	用户名称
userPassword	VARCHAR2(20)	否	用户密码
userEmail	VARCHAR2(20)	否	用户 Email
userBirthday	DATE	否	用户生日
userSex	VARCHAR2(2)	否	用户性别
userClass	NUMBER(9)	否	用户等级
userStatement	VARCHAR2(150)	否	用户个人说明
userRegDate	DATE	否	用户注册时间
userPoint	NUMBER(9)	否	用户积分

根据表 21-1 的内容创建 user 表。创建 user 表的 SQL 语句如下：

```
CREATE TABLE user(
uID NUMBER(9) PRIMARY KEY UNIQUE NOT NULL,
userName VARCHAR2(20) NOT NULL,
userPassword VARCHAR2(20) NOT NULL,
sex VARCHAR2(10) NOT NULL,
```

```
userEmail VARCHAR2(20) NOT NULL,
userBirthday DATE NOT NULL,
userSex VARCHAR(2) NOT NULL,
userClass  NUMBER(9) NOT NULL,
userStatement VARCHAR2(150) NOT NULL,
userRegDate  DATE NOT NULL,
userPoint  NUMBER(9) NOT NULL
);
```

创建完成后，可以使用 DESC 语句查看 user 表的基本结构。

2. admin 表

管理员信息（admin）表主要用来存放用户账号信息，如表 21-2 所示。

表 21-2　admin 表的内容

字段名称	数据类型	允许 NULL 值	说　明
adminID	NUMBER(9)	否	管理员编号
adminName	VARCHAR2(20)	否	管理员名称
adminPassword	VARCHAR2(20)	否	管理员密码

根据表 21-2 的内容创建 admin 表。创建 admin 表的 SQL 语句如下：

```
CREATE TABLE admin(
  adminID NUMBER(9) PRIMARY KEY UNIQUE NOT NULL,
  adminName VARCHAR2(20) NOT NULL,
  adminPassword VARCHAR2(20) NOT NULL
 );
```

创建完成后，可以使用 DESC 语句查看 admin 表的基本结构。

3. section 表

版块信息（section）表主要用来存放板块信息，如表 21-3 所示。

表 21-3　section 表的内容

字段名称	数据类型	允许 NULL 值	说　明
sID	NUMBER(9)	否	版块编号
sName	VARCHAR2(20)	否	版块名称
sMasterID	NUMBER(9)	否	版主编号
sStatement	VARCHAR2(20)	否	版块说明
sClickCount	NUMBER(9)	否	版块点击次数
sTopicCount	NUMBER(9)	否	版块主题数

根据表 21-3 的内容创建 section 表。创建 section 表的 SQL 语句如下：

```
CREATE TABLE section (
  sID NUMBER(9) PRIMARY KEY UNIQUE NOT NULL,
  sName VARCHAR2(20) NOT NULL,
  sMasterID NUMBER2(9) NOT NULL,
  sStatement VARCHAR2(20) NOT NULL,
  sClickCount NUMBER(9) NOT NULL,
  sTopicCount NUMBER(9) NOT NULL
```

```
);
```

创建完成后，可以使用 DESC 语句查看 section 表的基本结构。

4. topic 表

主帖信息（topic）表主要用来存放主帖信息，如表 21-4 所示。

表 21-4　topic 表的内容

字段名称	数据类型	允许 NULL 值	说　明
tID	NUMBER(9)	否	主帖编号
sID	NUMBER(9)	否	主帖版块编号
uid	NUMBER(9)	否	主帖用户编号
tReplyCount	NUMBER(9)	否	主帖回复次数
tEmotion	VARCHAR2(20)	否	主帖表情
tTopic	VARCHAR2(20)	否	主帖标题
tContents	VARCHAR2(500)	否	主帖内容
tTime	DATE	否	发帖时间
tClickCount	NUMBER(9)	否	主帖点击次数
tLastClickT	DATE	否	主帖最后点击时间

根据表 21-4 的内容创建 topic 表。创建 topic 表的 SQL 语句如下：

```
CREATE TABLE topic (
  tID NUMBER(9) PRIMARY KEY UNIQUE NOT NULL,
  tSID NUMBER(9) NOT NULL,
  tuid NUMBER(9) NOT NULL,
  tReplyCount NUMBER(9) NOT NULL,
  tEmotion VARCHAR2(20) NOT NULL,
  tTopic VARCHAR2(20) NOT NULL,
  tContents VARCHAR2(500) NOT NULL,
  tTime DATE NOT NULL,
  tClickCount  NUMBER(9) NOT NULL,
  tLastClickT DATE NOT NULL
  );
```

创建完成后，可以使用 DESC 语句查看 topic 表的基本结构。

5. reply 表

回复帖信息（reply）表主要用来存放回复帖的信息，如表 21-5 所示。

表 21-5　reply 表的内容

字段名称	数据类型	允许 NULL 值	说　明
rID	NUMBER(9)	否	回复编号
tID	NUMBER(9)	否	回复帖编号
uID	NUMBER(9)	否	回复用户编号
rEmotion	VARCHAR2（4）	否	回帖表情

（续表）

字段名称	数据类型	允许 NULL 值	说　明
rTopic	VARCHAR2（20）	否	回帖主题
rContents	VARCHAR2（200）	否	回帖内容
rTime	DATE	否	回帖时间
rClickCount	NUMBER(9)	否	回帖点击次数

根据表 21-5 的内容创建 reply 表。创建 reply 表的 SQL 语句如下：

```
CREATE TABLE reply (
  rID NUMBER(9) PRIMARY KEY UNIQUE NOT NULL,
  rtID NUMBER(9) NOT NULL,
  ruID NUMBER(9) NOT NULL,
  rEmotion VARCHAR2(4) NOT NULL,
  rTopic VARCHAR2(20) NOT NULL,
  rContents VARCHAR2(200) NOT NULL,
  rTime DATE NOT NULL,
  rClickCount   NUMBER(9) NOT NULL
  );
```

创建完成后，可以使用 DESC 语句查看 reply 表的基本结构。

21.3.3　设计索引

索引是创建在数据表上的，是对数据库中一列或者多列的值进行排序的一种结构。索引可以提高查询的速度。论坛系统需要查询论坛的信息，这就需要在某些特定字段上建立索引，以便提高查询速度。

1. 在 topic 表上建立索引

新闻发布系统中需要按照 tTopic 字段、tTime 字段和 tContents 字段查询新闻信息。在本书前面的章节中介绍了几种创建索引的方法。本小节将使用 CREATE INDEX 语句和 ALTER TABLE 语句创建索引。

下面使用 CREATE INDEX 语句在 tTopic 字段上创建名为 index_topic_title 的索引：

```
CREATE INDEX index_topic_title ON topic(tTopic);
```

然后，使用 CREATE INDEX 语句在 tTime 字段上创建名为 index_topic_time 的索引：

```
CREATE INDEX index_topic_date  ON topic(tTime);
```

最后，使用 ALTER TABLE 语句在 tContents 字段上创建名为 index_topic_contents 的索引：

```
ALTER TABLE topic  ADD INDEX index_new_contents (contents);
```

2. 在 section 表上建立索引

在论坛系统中，需要通过版块名称查询该版块下的帖子信息，因此需要在这个字段上创建索引。创建索引的 SQL 语句如下：

```
CREATE INDEX index_section_name ON section (sName);
```

代码执行完成后，读者可以使用 SHOW CREATE TABLE 语句查看 section 表的详细信息。

3. 在 reply 表上建立索引

在论坛系统中，需要通过 rTime 字段、rTopic 字段和 tID 字段查询回复帖子的内容。因此，可以在这 3 个字段上创建索引。创建索引的 SQL 语句如下：

```
CREATE INDEX index_reply_rtime  ON comment (rTime);
CREATE INDEX index_reply _rtopic  ON comment (rTopic);
CREATE INDEX index_reply _rid  ON comment (tID);
```

代码执行完成后，读者可以通过 SHOW CREATE TABLE 语句查看 reply 表的结构。

21.3.4　设计视图

在论坛系统中，如果直接查询 section 表，显示信息时会显示版块编号和版块名称等信息。这种显示不直观显示主帖的标题和发布时间，为了以后查询方便，可以建立一个视图 topic_view。这个视图显示版块的编号、版块的名称、同一版块下主帖的标题、主帖的内容和主帖的发布时间。创建视图 topic_view 的 SQL 语句如下：

```
CREATE VIEW topic_view
AS SELECT s.ID,s.Name,t.tTopic,t.tContents,t.tTime
FROM section s,topic t
WHERE section.sID=topic.sID;
```

上面的 SQL 语句中给每个数据表都取了别名，section 表的别名为 s，topic 表的别名为 t，这个视图从这两个表中取出相应的字段。视图创建完成后，可以使用 SHOW CREATE VIEW 语句查看 topic_view 视图的详细信息。

21.3.5　设计触发器

触发器是由 INSERT、UPDATE 和 DELETE 等事件来触发某种特定的操作。满足触发器的触发条件时，数据库系统就会执行触发器中定义的程序语句。这样做可以保证某些操作之间的一致性。为了使论坛系统的数据更新得更加快速和合理，可以在数据库中设计几个触发器。

1. 设计 INSERT 触发器

如果向 section 表插入记录，说明版块的主题数目要相应地增加。这可以通过触发器来完成。在 section 表上创建名为 SECTION_COUNT 的触发器，其 SQL 语句如下：

```
CREATE TRIGGER SECTION_COUNT
AFTER INSERT
ON section
FOR EACH ROW
  BEGIN
    UPDATE section SET sTopicCount= sTopicCount+1
    WHERE sID=NEW.sID;
```

```
END
```

其中 NEW.sID 表示 section 表中增加的记录 sID 值。

2. 设计 UPDATE 触发器

在设计数据表时，user 表和 reply 表的 uID 字段的值是一样的。如果 user 表中的 uID 字段的值更新了，那么 reply 表中的 uID 字段的值必须同时更新。这可以通过一个 UPDATE 触发器来实现。创建 UPDATE_USERID 触发器的 SQL 语句如下：

```
CREATE TRIGGER UPDATE_USERID
AFTER UPDATE
ON user
FOR EACH ROW
  BEGIN
     UPDATE reply SET uID=NEW.uID;
   END
```

其中 NEW.uID 表示 user 表中更新的记录的 uID 值。

3. 设计 DELETE 触发器

如果从 user 表中删除一个用户的信息，那么这个用户在 topic 表中的信息必须同时删除。这也可以通过触发器来实现。在 user 表上创建 DELETE_USER 触发器，只要执行 DELETE 操作，就可以删除 topic 表中相应的记录。创建 DELETE_USER 触发器的 SQL 语句如下：

```
CREATE TRIGGER DELETE_USER
AFTER DELETE
ON user
FOR EACH ROW
  BEGIN
     DELETE FROM top WHERE uID=OLD.uID;
   END
```

其中，OLD.uID 表示新删除的记录的 uID 值。

21.4 小 结

本章介绍了设计论坛系统数据库的方法。本章的重点是数据库的设计部分。在数据库设计方面，不仅涉及数据表和字段的设计，还涉及索引、视图和触发器等内容。特别是新增加了设计方案图表，通过图表的设计，用户可以清晰地看到各个数据表设计的字段和各个字段的关系。希望通过本章的学习，读者可以对论坛数据库的设计有一个清晰的思路。

第 **22** 章

项目实训 3——开发综合购物网站系统

学习目标|Objective

　　在线购物网站是当前比较流行的一类网站。随着网络购物、互联网交易的普及，如淘宝、亚马逊等在线网站在近几年越来越风靡，越来越多的公司和企业开始着手架设在线购物网站平台。通过这样的系统可以做到商品信息的规范管理、科学统计和快速地实现商品交易。为了实现在线购物网站系统的规范和稳健运行，需要数据库的设计非常合理才行。本章主要讲述在线购物网站系统的开发过程。

内容导航|Navigation

- 了解在线购物网站系统的总体设计知识
- 熟悉在线购物网站系统的界面设计
- 熟悉在线购物网站系统的主要功能
- 了解在线购物网站系统的文件结构
- 掌握在线购物网站系统的数据库设计方法
- 掌握在线购物网站系统实现的主要技术方法
- 掌握在线购物网站系统的测试方法

22.1　在线购物网站系统分析

　　该案例介绍一个在线购物网站系统，是一个以 Java +Oracle 为后台的 B/S 系统，包括前台的分级搜索商品功能。游客可以浏览商品，普通顾客可以进入前台购买界面购买商品，系统管理人员可以进入后台管理界面进行管理操作。

22.1.1　系统总体设计

在线购物系统在移动互联时代的案例层出不穷，是应用广泛的一个项目。本例从买家的角度实现相关的管理功能。

在前台购买界面，首先会按分类显示商品信息，包括商品的名称、品牌、图片以及价格等基本信息。游客可以浏览商品信息，也可以将其加入购物篮，并且在登录之后购物篮的信息不变更。游客通过输入用户名和密码登录系统成为普通用户。普通用户可以选择将商品加入购物车，可以返回继续添加商品。选择好要购买的商品后，进入购物车界面单击"购买"按钮，系统会将购物车内的商品以及用户信息生成一个订单，普通用户还可以进入订单界面查看订单是否发货。

在线购物系统结构图如图 22-1 所示。

图 22-1　在线购物系统结构图

22.1.2　系统界面设计

在业务操作类型系统界面设计过程中，一般使用单色调，考虑使用习惯，不能对系统使用产生影响，要以行业特点为依据，用户习惯为基础。基于以上考虑，在线购物系统主界面如图 22-2 所示。

图 22-2　在线购物系统主界面

22.2　在线购物网站系统功能分析

本节将对在线购物系统的功能进行简单的分析和探讨。

22.2.1　系统主要功能

在线购物网站可以在线购物进行交易，其主要功能应包括商品管理、用户管理、商品查询、订单管理、购物车管理、后台管理等。具体描述如下：

（1）商品管理：商品分类的管理包括商品种类的添加和删除、类别名称更改等，商品信息的管理包括商品的添加和删除、商品信息（包括优惠商品、最新热销商品等信息）的变更等。

（2）用户管理：用户注册，如果用户注册为会员，就可以使用在线购物的功能；用户信息管理，用户可以更改个人私有信息，如密码等。

（3）商品查询：商品速查，根据查询条件快速查询用户所需的商品；商品分类浏览，按照商品的类别列出商品目录。

（4）订单管理：包括查询订单信息，浏览订单结算结果，订单的添加、删除、修改等。

（5）购物车管理：购物车中商品的增加与删除，采购数量的修改，生成采购订单等。

（6）后台管理：商品分类管理、商品基本信息管理、订单处理、会员信息管理等。

22.2.2 系统文件结构图

项目开发时，为了方便对文件进行管理，对文件进行了分组管理。在编写代码前，规划好系统文件组织结构，把窗体、公共类、数据模型、工具类或者图片资源放到不同的文件包中。本项目的文件包如图 22-3 所示。

```
▲ 🗁 shop
  ▲ 🗁 src ——————————————————— 源文件
    ▷ 🗁 cn.CITCfy.shop.cart.action ————————————— 购物车控制器
    ▷ 🗁 cn.CITCfy.shop.cart.vo ——————————————— 购物车实体类
    ▷ 🗁 cn.CITCfy.shop.category.action ————————— 商品类别控制器
    ▷ 🗁 cn.CITCfy.shop.category.dao ———————— 商品类别数据访问
    ▷ 🗁 cn.CITCfy.shop.category.service ——————— 商品类别业务层
    ▷ 🗁 cn.CITCfy.shop.category.vo ————————— 商品类别实体类
    ▷ 🗁 cn.CITCfy.shop.categorysecond.vo
    ▷ 🗁 cn.CITCfy.shop.index.action
    ▷ 🗁 cn.CITCfy.shop.product.action
    ▷ 🗁 cn.CITCfy.shop.product.dao
    ▷ 🗁 cn.CITCfy.shop.product.service
    ▷ 🗁 cn.CITCfy.shop.product.vo
    ▷ 🗁 cn.CITCfy.shop.user.action
    ▷ 🗁 cn.CITCfy.shop.user.dao
    ▷ 🗁 cn.CITCfy.shop.user.service
    ▷ 🗁 cn.CITCfy.shop.user.vo
    ▷ 🗁 cn.CITCfy.shop.utils ———————————— 公共类
    ▷ 🗁 META-INF
      📄 applicationContext.xml
      📄 jdbc.properties
      📄 log4j.properties
      ⚙ struts.xml
  ▷ 🗁 Web App Libraries ————————————————— 项目类库
  ▷ 🗁 JavaEE 5.0 Generic Library ————— JavaEE 类
  ▷ 🗁 JSTL 1.2 Library ——————————— JSTL 类库
  ▷ 🗁 JRE System Library [J2SE-1.5] ———— Java 类库
  ▷ 🗁 Referenced Libraries
  ▷ 🗁 WebRoot ——————————————— 视图
```

图 22-3　系统文件结构图

22.3　数据库与数据表设计

在线购物系统是购物信息系统，数据库是其基础组成部分，系统的数据库是由基本功能需求制定的。

22.3.1　数据库分析

本系统采用一个数据库，数据库的命名为 orcl 数据库。整个数据库包含系统几大模块的所有数据信息。orcl 数据库总共分为 6 个数据表，如表 22-1 所示。使用 Oracle 19c 数据库进行数据存储管理。

表 22-1　orcl 数据库中的数据表

数据表名称	说　明
adminuser	管理员表
category	商品类别表
categorysecond	二级分类表
orderitem	订单表
product	商品表
User	用户表

22.3.2　创建数据库和数据表

数据库设计创建是系统开发的首要步骤，在 Oracle 中创建数据库 orcl，然后在已创建的数据库 orcl 中创建 6 个所需的数据表，它们的表结构如下：

1. 管理员表

管理员表用于存储后台管理用户信息，表名为 adminuser，结构如表 22-2 所示。

表 22-2　adminuser 表的内容

字段名称	字段类型	说　明	允许 NULL 值
uid	NUMBER(11)	唯一标识符	否
username	NVARCHAR2(255)	用户名称	是
password	NVARCHAR2(255)	用户密码	是

根据表 22-2 的内容创建 adminuser 表。创建 adminuser 表的 SQL 语句如下：

```
CREATE TABLE  adminuser(
 uid NUMBER(11) NOT NULL ,
 username NVARCHAR2(255) NULL ,
 password NVARCHAR2(255) NULL
 );
```

创建完成后，可以使用 DESC 语句查看 adminuser 表的基本结构。

2. 商品分类表

商品分类表用于存储商品大类信息，表名为 category，结构如表 22-3 所示。

表 22-3 category 表的内容

字段名称	字段类型	说　明	允许 NULL 值
cid	NUMBER(11)	一级商品目录唯一标识符	否
cname	NVARCHAR2(255)	一级商品目录名称	是

根据表 22-3 的内容创建 category 表。创建 category 表的 SQL 语句如下：

```
CREATE TABLE category (
  cid NUMBER(11) NOT NULL ,
  cname NVARCHAR2(255) NULL
  );
```

3. 二级商品分类表

二级商品分类表用来存储商品大类下的小类信息，表名为 categorysecond，结构如表 22-4 所示。

表 22-4 categorysecond 表的内容

字段名称	字段类型	说　明	允许 NULL 值
csid	NUMBER(11)	二级商品目录唯一标识符	否
csname	NVARCHAR2(255)	二级商品目录名称	是
cid	NUMBER(11)	一级商品目录唯一标识符	是

根据表 22-4 的内容创建 categorysecond 表。创建 categorysecond 表的 SQL 语句如下：

```
CREATE TABLE categorysecond (
  csid NUMBER(11) NOT NULL ,
  csname NVARCHAR2(255) NULL ,
  cid NUMBER(11) NULL
  );
```

4. 订单表

订单表用来存储用户下单信息，表名为 orderitem，结构如表 22-5 所示。

表 22-5 orderitem 表的内容

字段名称	字段类型	说　明	允许 NULL 值
itemid	NUMBER(11)	唯一标识符	否
count	NUMBER(11)	商品数量	是
subtotal	NUMBER	商品总计	是
pid	NUMBER(11)	商品 id	是
oid	NUMBER(11)	订单 id	是

根据表 22-5 的内容创建 orderitem 表。创建 orderitem 表的 SQL 语句如下：

```
CREATE TABLE orderitem(
  itemid NUMBER(11) NOT NULL ,
```

```
count  NUMBER(11) NULL ,
subtotal  NUMBER NULL ,
pid  NUMBER(11) NULL ,
oid  NUMBER(11) NULL
);
```

5. 商品明细表

商品明细表用于存储出售的商品信息，表名为 product，结构如表 22-6 所示。

表 22-6　product 表的内容

字段名称	字段类型	说　明	允许 NULL 值
pid	NUMBER(11)	商品 id	否
pname	NVARCHAR2(255)	商品名称	是
market_price	NUMBER	商品单价	是
shop_price	NUMBER	商品售价	是
image	NVARCHAR2(255)	订单 id	是
pdesc	NVARCHAR2(255)	商品描述	是
is_hot	NUMBER(11)	是否为热卖商品	是
pdate	DATE	商品生产日期	是
csid	NUMBER(11)	一级商品分类目录	是

根据表 22-6 的内容创建 product 表。创建 product 表的 SQL 语句如下：

```
CREATE TABLE product (
 pid NUMBER(11) NOT NULL ,
 pname NVARCHAR2(255) ,
 market_price NUMBER,
 shop_price NUMBER,
 image NVARCHAR2(255) ,
 pdesc NVARCHAR2(255) ,
 is_hot NUMBER(11) ,
 pdate DATE,
 csid NUMBER(11)
 );
```

6. 用户表

用户表存储买家个人信息，表名为 User，结构如表 22-7 所示。

表 22-7　User 表的内容

字段名称	字段类型	说　明	允许 NULL 值
uid	NUMBER(11)	唯一标识符	否
username	NVARCHAR2(255)	用户名	是
password	NVARCHAR2(255)	用户密码	是
name	NVARCHAR2(255)	用户姓名	是
email	NVARCHAR2(255)	用户邮箱	是
phone	NVARCHAR2(255)	用户电话	是

（续表）

字段名称	字段类型	说　明	允许 NULL 值
addr	NVARCHAR2(255)	用户地址	是
state	DATE	注册日期	是
code	NVARCHAR2(64)	用户身份标识码	是

根据表 22-7 的内容创建 User 表。创建 User 表的 SQL 语句如下：

```
CREATE TABLE User (
  uid NUMBER(11) NOT NULL ,
  username NVARCHAR2(255
  password NVARCHAR2(255
  name NVARCHAR2(255
  email NVARCHAR2(255
  phone NVARCHAR2(255
  addr NVARCHAR2(255
  state DATE
  code NVARCHAR2(64)
  );
```

22.4　系统主要功能实现

本节将对在线购物系统功能的实现方法进行分析和探讨，引领大家学习如何使用 Java+Oracle 开发在线购物网站系统。

22.4.1　实体类创建

实体类是对必须存储的信息和相关行为建模的类。实体对象（实体类的实例）用于保存和更新一些现象的有关信息，本项目中的实体对象放在 cn.CITCfy.shop.vo 类包中，具体有购物篮实体类 cart.java、一级目录实体类 category.java、二级目录实体类 categorysecond.java、商品实体类 product.java、 用户实体类 user.java。

例如用户实体类 user.java 代码如下：

```
public class User {
    private Integer uid;
    private String username;
    private String password;
    private String name;
    private String email;
    private String phone;
    private String addr;
    private Integer state;
    private String code;
    public Integer getUid() {
        return uid;
```

```java
        }
        public void setUid(Integer uid) {
            this.uid = uid;
        }
        public String getUsername() {
            return username;
        }
        public void setUsername(String username) {
            this.username = username;
        }
        public String getPassword() {
            return password;
        }
        public void setPassword(String password) {
            this.password = password;
        }
        public String getName() {
            return name;
        }
        public void setName(String name) {
            this.name = name;
        }
        public String getEmail() {
            return email;
        }
        public void setEmail(String email) {
            this.email = email;
        }
        public String getPhone() {
            return phone;
        }
        public void setPhone(String phone) {
            this.phone = phone;
        }
        public String getAddr() {
            return addr;
        }
        public void setAddr(String addr) {
            this.addr = addr;
        }
        public Integer getState() {
            return state;
        }
        public void setState(Integer state) {
            this.state = state;
        }
        public String getCode() {
            return code;
        }
        public void setCode(String code) {
            this.code = code;
        }
    }
```

22.4.2　数据库访问类

数据库访问使用 Dao 包，用来操作数据库驱动、连接、关闭等，这些方法包括不同数据表的操作方法。本例使用 Hibernate 框架操作数据库，在数据访问层需要继承 HibernateDaoSupport，其中 UserDao.java 的实现代码如下：

```java
public class UserDao extends HibernateDaoSupport{

    // 按名次查询是否有该用户
    public User findByUsername(String username){
        String hql = "from User where username = ?";
        List<User> list = this.getHibernateTemplate().find(hql, username);
        if(list != null && list.size() > 0){
            return list.get(0);
        }
        return null;
    }

    // 注册用户存入数据库的代码实现
    public void save(User user) {
        this.getHibernateTemplate().save(user);
    }

    // 根据激活码查询用户
    public User findByCode(String code) {
        String hql = "from User where code = ?";
        List<User> list = this.getHibernateTemplate().find(hql,code);
        if(list != null && list.size() > 0){
            return list.get(0);
        }
        return null;
    }

    // 修改用户状态的方法
    public void update(User existUser) {
        this.getHibernateTemplate().update(existUser);
    }

    // 用户登录的方法
    public User login(User user) {
        String hql = "from User where username = ? and password = ? and state = ?";
        List<User> list = this.getHibernateTemplate().find(hql,
user.getUsername(),user.getPassword(),1);
        if(list != null && list.size() > 0){
            return list.get(0);
        }
        return null;
    }
}
```

24.4.3　控制器实现

控制器使用 Action 包，存放在 cn.CITCfy.shop.action 类包中，设置各个类的响应类，如 user.java 实体类的响应实现代码如下：

```java
/**
 *
 * @项目名称:UserAction.java
 * @java 类名:UserAction
 * @描述:
 * @时间:2017-10-20 下午 6:44:17
 * @version:
 */
public class UserAction extends ActionSupport implements ModelDriven<User> {
    // 模型驱动使用的对象
    private User user = new User();

    public User getModel() {
        return user;
    }
    // 接收验证码
    private String checkcode;

    public void setCheckcode(String checkcode) {
        this.checkcode = checkcode;
    }
    // 注入 UserService
    private UserService userService;

    public void setUserService(UserService userService) {
        this.userService = userService;
    }

    /**
     * 跳转到注册页面的执行方法
     */
    public String registPage() {
        return "registPage";
    }

    /**
     * AJAX 进行异步校验用户名的执行方法
     *
     * @throws IOException
     */
    public String findByName() throws IOException {
        // 调用 Service 进行查询
        User existUser = userService.findByUsername(user.getUsername());
        // 获得 response 对象，向页面输出
        HttpServletResponse response = ServletActionContext.getResponse();
        response.setContentType("text/html;charset=UTF-8");
```

```
        // 判断
        if (existUser != null) {
            // 查询到该用户:用户名已经存在
            response.getWriter().println("<font color='red'>用户名已经存在
</font>");
        } else {
            // 没查询到该用户:用户名可以使用
            response.getWriter().println("<font color='green'>用户名可以使用
</font>");
        }
        return NONE;
    }

    /**
     * 用户注册的方法
     */
    public String regist() {
        // 判断验证码程序
        // 从session中获得验证码的随机值
        String checkcode1 = (String) ServletActionContext.getRequest()
                .getSession().getAttribute("checkcode");
        if(!checkcode.equalsIgnoreCase(checkcode1)){
            this.addActionError("验证码输入错误!");
            return "checkcodeFail";
        }
        userService.save(user);
        this.addActionMessage("注册成功!请去邮箱激活!");
        return "msg";
    }

    /**
     * 用户激活的方法
     */
    public String active() {
        // 根据激活码查询用户
        User existUser = userService.findByCode(user.getCode());
        // 判断
        if (existUser == null) {
            // 激活码是错误的
            this.addActionMessage("激活失败:激活码错误!");
        } else {
            // 激活成功
            // 修改用户的状态
            existUser.setState(1);
            existUser.setCode(null);
            userService.update(existUser);
            this.addActionMessage("激活成功:请去登录!");
        }
        return "msg";
    }

    /**
     * 跳转到登录页面
     */
```

```
    public String loginPage() {
        return "loginPage";
    }

    /**
     * 登录的方法
     */
    public String login() {
        User existUser = userService.login(user);
        // 判断
        if (existUser == null) {
            // 登录失败
            this.addActionError("登录失败:用户名或密码错误或用户未激活!");
            return LOGIN;
        } else {
            // 登录成功
            // 将用户的信息存入 session 中
            ServletActionContext.getRequest().getSession()
                .setAttribute("existUser", existUser);
            // 页面跳转
            return "loginSuccess";
        }

    }

    /**
     * 用户退出的方法
     */
    public String quit(){
        // 销毁 session
        ServletActionContext.getRequest().getSession().invalidate();
        return "quit";
    }

}
```

24.4.4　业务数据处理

业务逻辑使用 Service 包，存放在 cn.CITCfy.shop.service 类包中，如 UserService.java 定义了用户实体类所有的数据访问操作，并实现对 UserDao 的调用，实现代码如下：

```
/**
 *
 * @项目名称:UserService.java
 * @java 类名:UserService
 * @描述:
 * @时间:2020-11-20 下午 6:44:39
 * @version:
 */
@Transactional
public class UserService {
    // 注入 UserDao
```

```java
    private UserDao userDao;

    public void setUserDao(UserDao userDao) {
        this.userDao = userDao;
    }


    // 按用户名查询用户的方法
    public User findByUsername(String username){
        return userDao.findByUsername(username);
    }

    // 业务层完成用户注册代码
    public void save(User user) {
        // 将数据存入数据库
        user.setState(0);  // 0:代表用户未激活；1:代表用户已经激活
        String code = UUIDUtils.getUUID()+UUIDUtils.getUUID();
        user.setCode(code);
        userDao.save(user);
        // 发送激活邮件
        MailUitls.sendMail(user.getEmail(), code);
    }

    // 业务层根据激活码查询用户
    public User findByCode(String code) {
        return userDao.findByCode(code);
    }

    // 修改用户状态的方法
    public void update(User existUser) {
        userDao.update(existUser);
    }

    // 用户登录的方法
    public User login(User user) {
        return userDao.login(user);
    }
}
```

22.5 系统的测试

本章通过一个在线购物系统来讲述 Oracle 项目开发的应用技巧。下面讲述案例运行中环境的配置方法。

22.5.1 系统运行

首先大家要学会如何运行本系统，对本程序的功能有所了解。下面讲述案例运行的具体步骤。

第 1 步：安装服务器软件。

安装 Tomcat 8.0 版本，安装在 E:\Program Files\Apache Software Foundation\Tomcat 8.0，该目录记为 TOMCAT_HOME。

第 2 步：部署程序文件。

01 把素材中的 ch22/shop 文件夹复制到 TOMCAT_HOME\webapps\。

02 运行 Tomcat，进入目录 TOMCAT_HOME\bin，运行 startup.bat，若终端打印输出 "Info: Server startup in xxx ms"，则表明 Tomcat 启动成功，如图 22-4 所示。

图 22-4　正确运行 Tomcat

03 安装 Oracle 数据库管理工具 PLSQL Developer 软件。

04 运行 PLSQL Developer 软件，双击桌面上的 PLSQL Developer 快捷方式图标，如图 22-5 所示。

05 在 Oracle Logon 界面中，在【Username】文本框中选择【System】选项，在【Password】文本框中输入【orcl】，在【Database】下拉列表框中选择【ORCL】选项（密码和数据库名在数据库安装时设置），在【Connect as】下拉列表框中选择【SYSDBA】选项，完成设置后，单击【OK】按钮登录数据库，如图 22-6 所示。

图 22-5　启动 PLSQL Developer 软件

图 22-6　登录数据库

06 数据库成功登录后，右击【Object】选项卡下的【Users】选项，在弹出的快捷菜单中选择【New】选项，如图 22-7 所示。

图 22-7　新建用户

07 在打开的【Create user】对话框的【Name】文本框中输入用户名：shop，在【Password】
文本框中输入密码：1234，其他选项如图 22-8 所示设置，单击【Apply】按钮，应用设置。

图 22-8　用户设置

08 在【Role privileges】选项卡进行如图 22-9 所示的设置，赋予新用户权限，赋予其角色权
限：connect、dba、resource，这样用户才能登录操作数据库。

图 22-9　设置用户权限

09 使用新建用户登录 PLSQL Developer 数据库管理工具后，单击此工具项并在展开的菜单中选择【SQL Window】菜单项，如图 22-10 所示。

10 在【SQL Window】窗口的【SQL】选项卡中，把本例创建的数据表与数据的 SQL 语句（在素材 ch22/dbsql 下）粘贴进来，如图 22-11 所示。

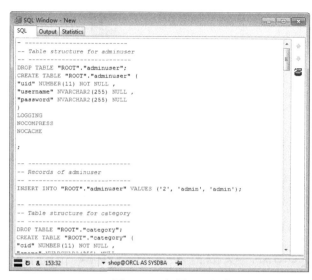

图 22-10　选择【SQL Window】菜单项

图 22-11　复制 SQL 语句

11 按 Enter 键，完成数据表与数据的创建，如图 22-12 所示。

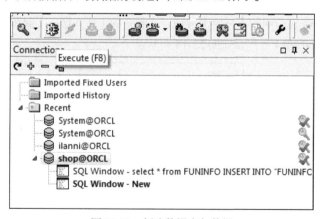

图 22-12　创建数据表与数据

12 打开浏览器，访问 http://localhost:8080/shop，登录进入主界面，如图 22-13 所示。

图 22-13 【在线购物系统】主界面

25.5.2 项目开发及导入步骤

下面讲述如何在 MyEclipse Professional 2014 中导入和开发项目，具体操作步骤如下：

01 把素材中的"ch22"目录复制到硬盘中，本例使用"D:\ts\"。

02 单击 Windows 窗口中的【开始】按钮，在展开的【所有程序】菜单项中，依次展开并选择 MyEclipse Professional 2014 程序，如图 22-14 所示。

图 22-14 启动 MyEclipse 程序

03 双击 MyEclipse Professional 2014 程序，启动 MyEclipse 开发工具，如图 22-15 所示。

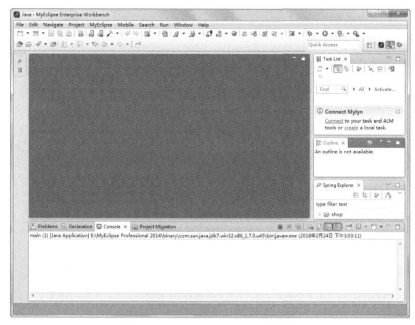

图 22-15 MyEclipse 开发工具界面

04 在菜单栏中执行【File】→【Import】菜单命令，如图 22-16 所示。

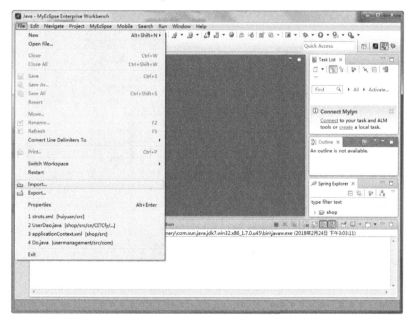

图 22-16 执行 Import 菜单命令

05 在打开的窗口中，选择【Existing Projects into Workspace】选项并单击【Next】按钮，执行下一步操作，如图 22-17 所示。

图 22-17 选择项目工作区

06 在【Import Projects】选项中，单击【Select root directory】单选按钮右边的【Browse】按钮，在打开的【浏览文件夹】对话框中依次选择项目源码根目录，本例选择 D:\ts\ ch22\shop 目录，单击【确定】按钮，确认选择，如图 22-18 所示。

图 22-18 选择项目源码根目录

07 完成项目源码根目录的选择后，单击【Finish】按钮，完成项目导入操作，如图 22-19 所示。

图 22-19　完成项目导入

08　在 MyEclipse 项目现有的包资源管理器中，可发现和展开 shop 项目包资源管理器，如图 22-20 所示。

09　把项目加载到 Web 服务器。在 MyEclipse 主界面中，单击【Manage Deployments】按钮，打开【Manage Deployments】选项窗口，如图 22-21 所示。

图 22-20　项目包资源管理器　　　　　　　图 22-21　【Manage Deployments】选项窗口

10 单击【Manage Deployments】选项窗口【Server】选项右边的下三角按钮，并在弹出的选项菜单中选择【MyEclipse Tomcat 7】选项。单击【Add】按钮，打开【New Deployment】选项窗口，如图 22-22 所示。

11 在【New Deployment】选项卡的 Project 项目中选择 shop 后，单击【Finish】按钮，再单击【OK】按钮，如图 22-23 所示。

图 22-22　【New Deployment】选项窗口

图 22-23　完成项目加载

12 在 MyEclipse 主界面中，单击【Run/Stop/Restart MyEclipse Servers】菜单，在展开的菜单中执行【MyEclipse Tomcat 7】→【Start】菜单命令，启动 Tomcat，如图 22-24 所示。

图 22-24　启动 Tomcat

13 Tomcat 启动成功，如图 22-25 所示。

图 22-25　Tomcat 启动成功

22.6　项目的打包发行

经过以上章节的学习，读者了解了不少开发的知识。下面讲述项目如何打包发行。打包发行的具体操作步骤如下：

01 右击需要打包发行的项目，选择【Export】菜单命令，如图 22-26 所示。

图 22-26　选择【Export】菜单命令

02 在 Export 窗口中，如果是 Java Application 项目，需要选择【Java】→【JAR file】；如果是 Java Web 项目，选择【MyEclipse JEE】→【WAR file】，本例是一个 Java Web 项目，因此这里选择【MyEclipse JEE】→【WAR file】，单击【Next】按钮，如图 22-27 所示。

03 在窗口中设定 Destination 后，文本框值为 D:\ts\ch22\shop.war，单击【Finish】按钮完成项目打包，如图 22-28 所示。

图 22-27　选择导出格式

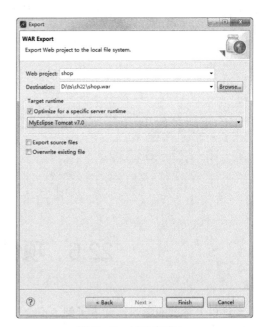

图 22-28　导出完成

04 将打包后的 shop.war 复制到 TOMCAT_HOME\webapps\目录下，如图 22-29 所示。

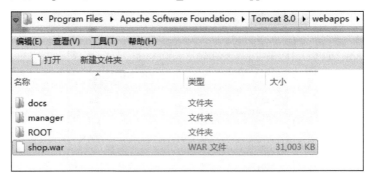

图 22-29　部署包文件到 Web 服务器

05 在该目录下使用 WinRAR 创建一个 ZIP 文件，如图 22-30 和图 22-31 所示。

图 22-30　创建压缩文件 1

图 22-31　创建压缩文件 2

06 双击新建的 WinRAR ZIP 压缩文件，打开解压页面，展开解压项目文件夹，如图 22-32 所示。

07 选中项目文件 shop.war，单击【解压到】按钮，在弹出的窗口中单击【确定】按钮，如图 22-33 所示。

图 22-32　导航到包文件目录

图 22-33　解压包文件

08 文件解压到相应的目录中，如图 22-34 所示。

图 22-34　解压后的项目文件夹

至此，读者就可以启动 Tomcat 浏览相应项目了。